本书受“教育部人文社会科学研究项目(23YJAZH135)”
“地理科学国家级一流本科专业建设经费”资助出版

晋南地区史前环境与文明

田庆春　著

气象出版社
China Meteorological Press

内 容 简 介

本书通过对晋南地区全新世遗址时空分布与演化特征以及考古资料进行分析研究，并结合气候环境变化特征，探讨晋南地区全新世古气候变化对古文明演化的影响，探寻不同时期自然环境演化对人类活动和人类文化的影响及人类文化的反馈机制，重建人地关系历史，试图从理论上建立人地相互作用的机制。本书不仅有助于了解中华文明的形成过程，还可以进一步揭示当今的人地关系，为促进人与自然协调发展提供科学的参考与借鉴。

本书主要供环境考古、第四纪地质及自然地理学等专业的高年级本科生和研究生阅读，也可供相关和相近专业的人员参考。

图书在版编目（CIP）数据

晋南地区史前环境与文明 / 田庆春著. -- 北京 : 气象出版社, 2025. 4. -- ISBN 978-7-5029-8444-1

Ⅰ. P532; X21

中国国家版本馆 CIP 数据核字第 2025RZ5713 号

晋南地区史前环境与文明

Jinnan Diqu Shiqian Huanjing yu Wenming

出版发行：气象出版社

地　　址：北京市海淀区中关村南大街 46 号　　**邮政编码**：100081

电　　话：010-68407112(总编室)　010-68408042(发行部)

网　　址：http://www.qxcbs.com　　**E-mail**：qxcbs@cma.gov.cn

责任编辑：王萃萃　　**终　　审**：张　斌

责任校对：张硕杰　　**责任技编**：赵相宁

封面设计：艺点设计

印　　刷：北京中石油彩色印刷有限责任公司

开　　本：787 mm×1092 mm　1/16　　**印　　张**：9.25

字　　数：236 千字

版　　次：2025 年 4 月第 1 版　　**印　　次**：2025 年 4 月第 1 次印刷

定　　价：48.00 元

前 言

本书基于 ArcGIS 10.8 平台系统分析了晋南地区新石器时期以来古人类文化遗址的空间分布特征、濒河度、高程、地形地貌等环境要素。结果显示：从仰韶时期到夏商时期，晋南地区古人类文化遗址共计 1450 处，文化遗址分布集中在 165～500 m 高程范围、0°～6°平缓坡度区、90°～270°光照条件较好的环境下。随着时间推移，文化遗址向高海拔处和高坡度地区转移。各时期遗址规模均以中型为主，其次是大型遗址，数量最少的是特大型遗址。从仰韶时期到夏商时期，不同规模遗址分布均以平原和台地类型为主，而山地和丘陵类型遗址分布较少。就河流缓冲区而言，遗址主要集中分布于距离河流 2 km 的缓冲区域内，在 5～8 km 和大于 8 km 范围内的遗址比例随着时间变化呈现递减的趋势。再利用最近邻指数、核密度估计、标准差椭圆、泰森多边形和地貌 TIN 图等空间分析方法，深入探讨遗址的空间分布规律。从仰韶时期到夏商时期，遗址在空间上皆呈现集聚分布的特征，且随着时间的推移，呈现逐渐减弱的趋势。各时期均有遗址点高密度集中区域，主要分布在汾河流域附近的盆地地形区，但是不同时期遗址高密度集中区仍有差异。从遗址的整体分布方向来看：新石器时期，呈现与汾河流向基本一致的东北—西南走向，而在夏商时期，整体分布转变为西北—东南走向，遗址分布的方向趋势更加明显。文化的交流程度和集中程度随着遗址数量变化有所不同。

通过对晋南地区陶寺遗址附近的中梁黄土剖面沉积物高分辨率的研究，在 AMS^{14}C 测年的基础上，分析了粒度、磁化率、微量化学元素等环境代用指标，重建了晋南地区全新世以来气候演化史。同时结合国内外不同地质载体记录的气候环境信息进行区域气候变化的对比分析，探讨全新世气候变化的过程和特征。晋南地区 11.5～3.1 ka BP 以来的气候环境演化分为以下四个时期：11.5～8.5 ka BP 阶段虽然开始向暖湿过渡，但整体上仍然较为干燥寒冷。8.5～5.0 ka BP 阶段环境温度升高，强盛的夏季风带来了丰富的降水，古土壤发育，其中 7.0～6.0 ka BP 时期为暖期鼎盛期，暖湿程度达到顶峰后开始降低，5.5 ka BP 气候恶化事件后冬季风的影响明显加强，古人类开始步入新冰期阶段。5.0～3.9 ka BP 期间，夏季风不断减弱，温度和降水都逐渐降低，气候较之前温干，黄土沉积，4.2 ka BP 出现明显的降温干旱现象，之后暖湿程度稍有恢复，直到 4.0 ka BP 之后暖湿程度呈现快速降低的趋势。3.9～3.1 ka BP 早期气候暖湿程度稍有增加，但并不稳定且程度微弱，整体上仍处于环境恶化阶段，并在 3.7 ka BP 之后冷干化加剧。

通过对晋南地区的全新世气候变化与古人类遗址时空分布特征的关系，以及考古学揭示史前人类活动过程、文化发展的特点等研究，发现晋南地区古文化的演变过程在很大程度上受外部气候环境变化的影响，但同时也受社会生产力发展水平等其他内部社会因素的影响。仰韶文化时期(7.0～5.0 ka BP)水热条件优越，古人类活动范围大且生活安宁稳定，早中阶段气候最为暖湿，促进了文明的产生、发展与扩张，农业由刀耕火种步入熟荒耕作，遗址数量呈现快速增加的趋势；晚期处于气候过渡期，暖湿程度降低，文明发展步入低谷期。庙底沟二期文化时期(5.0～4.5 ka BP)冷干化加深，但古人类发挥主观能动性，通过施肥、迁居等行动改善耕作、居住条件，生产技术进一步提高，广泛吸纳周边文明并有一定创新。龙山文化时期(4.5～3.9 ka BP)前期气候曾有过短暂的暖湿期，遗址数量最多，步入犁耕时代，晋南地区陶寺类型文化空前繁荣；后期气候干旱及水患灾害频发迫使人群迁居，社会动荡，经济下行，文明衰落。夏商文化时期(3.9～3.1 ka BP)气候持续干凉，社会不平等加剧、冲突矛盾频发，文化发展明显受到制约，遗址数量占比最小。一般来说，相对暖湿稳定的气候条件会促进原始文化发展，正如持续了上千年的仰韶文化繁荣发展，而极端冷干或者不稳定的气候环境则不利于文化发展，甚至与文化中断或消失相吻合。

本书在编写过程中，得到了山西师范大学地理科学学院老师和同学以及气象出版社老师们的大力帮助，在此表示衷心的感谢！

本书出版得到了教育部人文社会科学研究项目(23YJAZH135)、地理科学国家级一流本科专业建设经费的联合资助。

由于作者水平有限，本书内容难免有失偏颇，错漏之处亦难以避免，因此恳请第四纪环境和考古学等相关学科的同行及读者批评指正。

作者

2024年10月

目 录

1 绪 论

近年来，随着全球范围内生态环境的日趋恶化，人类生存的危机感日益加深。为此，科学家们不断探寻各种方法来保护我们人类赖以生存的生态环境，而充分地了解、认识地球历史上生态环境的变迁与人类社会演变的关系，从而为当今的人与自然协调发展提供参考与借鉴愈发显得重要而迫切。1986 年，国际科学理事会(International Council for Science，ICSU)组织实施了以全球环境变化研究为核心的国际地圈生物圈计划(International Geosphere-Biosphere Program，IGBP)。“过去全球变化”(Past Global Changes，PAGES)被列为 IGBP 的一个核心计划，已经成为当前地学和全球变化研究的热点领域。其中，过去人类-气候-生态系统相互作用之间的关系是“过去全球变化”研究的重点内容之一。由此诞生了一门考古学与地理学相互交叉的学科——环境考古学，着重研究古代文化和其所处的生态系统之间的动态关系(Reitz et al.，1996)，主要是揭示人类及其文化形成的环境和人类与自然界的相互影响(周昆叔，1993)。环境考古学(environmental archaeology)作为考古学与古地理学的交叉学科，最早出现于 20 世纪初(夏正楷 等，2019)，以人类生态学(human ecology)为理论基础(Park，1936)，研究古人类遗址所在区域的自然环境状况、古人类对自然环境的适应和改造过程，探讨古人类及其文化形成、发展和演变的环境背景和动因，阐述古人类与环境之间的相互关系(张东菊 等，2013；Reitz et al.，1996)。它以人类与自然环境的相互关系为重点研究内容，在推进关于人类的起源和演化，文明的起源，考古学文化分区，文化类型的划分，经济形态的确立、生业模式的选择，人地关系发展阶段，人类社会变革、文化的兴衰与演替，文化断层产生的原因，古人类及古代民族生存空间的选择和迁徙，农牧交错带或游牧文化带的形成的历史过程，非农业经济新石器时代文化的形成原因，农业起源与传播等重大考古学问题方面起着显著作用。国际上环境考古研究方兴未艾，国内发展势头强劲，21 世纪考古学和人地关系研究将受益于环境考古学的开展。

全新世作为环境考古研究的重要时段，处于气候环境与人类社会演化的关键时期(杨晓燕 等，2005)，期间伴随着明显气候不稳定性和周期性波动等气候变化(王绍武，2011)，先后经历了原始采集、渔猎、农业经济等发展模式(郭正堂 等，2016)，人地关系复杂化程度逐渐提高。因此，研究该时期文化演化和环境之间的关系，有利于深入了解文明兴替，对认识古文明发展过程中外部环境机制、内部社会因素的耦合机制有着重要的意义。

1.1 研究背景与研究意义

21 世纪以来，关于第四纪的研究逐步深入，其中一个重要特点就是对与人类息息相关的全新世环境变化的研究受到重视。全新世(Holocene)是第四纪最后一次冰期结束至今的这段时间，因而又被称为冰后期。这个时期人类社会迅速发展，人类史上所创造的数次文明都是在这一时期完成的，因此这段时期的气候变化成为国际过去气候变化研究(International Past

Climate Change Research,PAGES)的重点。全新世以来气候和环境经历了多次变化幅度大、持续时间长、影响范围广的气候事件;同时,人类社会也经历了农业的起源与发展、古代文明社会兴起与衰落等一系列对人类发展进程产生重大影响的演化阶段(Menocal,2001;Chen et al.,2020;Dong et al.,2021)。一些学者认为社会因素是导致古文化兴衰的重要原因,即主要是文化发展的内部因素驱动了古文化的兴衰(Carneiro,1970;Dow et al.,2015),并认为区域文明的衰退是由于人类活动导致的(Mischke et al.,2017)。但是,更多的研究发现古文明兴衰与古环境变化关系密切(Kajita et al.,2018;Xu et al.,2019),人类社会发展固然有其内在的演化规律,但气候和环境因素的影响作用不可忽视(Song,2015;Qi et al.,2017)。其中部分研究者认为环境变化可能是驱动古文化兴衰的主要因素(Borrero,1999;Weiss et al.,2001)。但是在如何解释这种耦合关系时,研究者往往容易陷入"气候好,文化就发展;气候不好,文化就衰退"的单一模式,把气候视为导致文化演变的主要原因。这也在一定程度上造成"环境决定论"的假象。实际上人类文化的形成、发展和更替是一个复杂的过程,它不仅与气候有关,而且也与自然环境的其他要素以及人类社会自身的发展有关(夏正楷 等,2019)。Dong 等(2017)认为,导致上述问题的一个重要原因是讨论的时空尺度的差异,在人类文明演化的不同阶段人与环境相互作用的特征是不一样的,而不同空间尺度影响古代社会演化的主导因素同样存在差异。当特定区域人口数量增长到一定程度时,自然生态系统和人类社会系统达到平衡状态,随后的气候环境变化和人类活动变化都有可能打破其平衡状态。研究全新世以来的气候变化不仅有利于理解气候的变化机理,也对认识未来气候变化的趋势和人类社会的发展具有重要意义。因此,如何将不同研究时段的工作结合在一起,探讨过去人地关系演变的总体规律和机制,是亟待开展的研究工作。

近几十年来,不少学者们对史前人类进化与环境变化之间的联系进行了深入研究(Chen et al.,2015a;Kidder et al.,2018;Wiener,2014)。在古文化集中分布的地区,深入展开环境考古的研究为探讨不同时间尺度上人与环境相互作用提供参考,也对理解人地演化背后的关系有了一个更好的认识。探索这一问题有两个关键:即气候变化如何影响人类和文化的演化;人类又如何适应气候和它们周围环境的变化。全新世作为地质时代的最新时期,也是频繁出现古人类活动较为紧密的时期,人类社会在此期间取得了飞跃式的进步与发展(胡传东 等,2013)。而这种发展,不仅仅是历史规律的必然趋势,更离不开整个全新世大环境背景下的气候演变。其中,文化遗址一直是古人类居住和日常生产生活的地方,其分布选址通常极大地受制于自然环境。一般而言,一个地区考古遗址数量的增减变化在某种程度上可以反映这一地区人口数量的变化情况(Li et al.,2015),文化遗址的规模和等级能够反映人口密度和社会文化的复杂程度(Liu et al.,2019),对文化遗址的研究也为人类与自然环境的关系提供了新的视角。因此,研究史前时期文化遗址的空间变化与气候环境演化的关系,对于实现人地和谐发展有着重要的作用。

山西晋南地区地处黄土高原东南部(图 1.1a),是黄土高原的重要组成部分,亦是我国传统的农业耕作区。该区属于中原文明区,是华夏文明的重要发源地之一,自古交通便利,且集地貌过渡带、气候过渡带、植被过渡带于一身,自然条件得天独厚,为华夏文明的起源与形成提供了一个十分有利的生态环境(周昆叔,1993)。该区全新世以来仰韶时期—龙山时期—夏商时期—两周时期文化连续发展而不间断,为环境考古研究提供了丰厚的古文化资料(国家文物局,2007)。

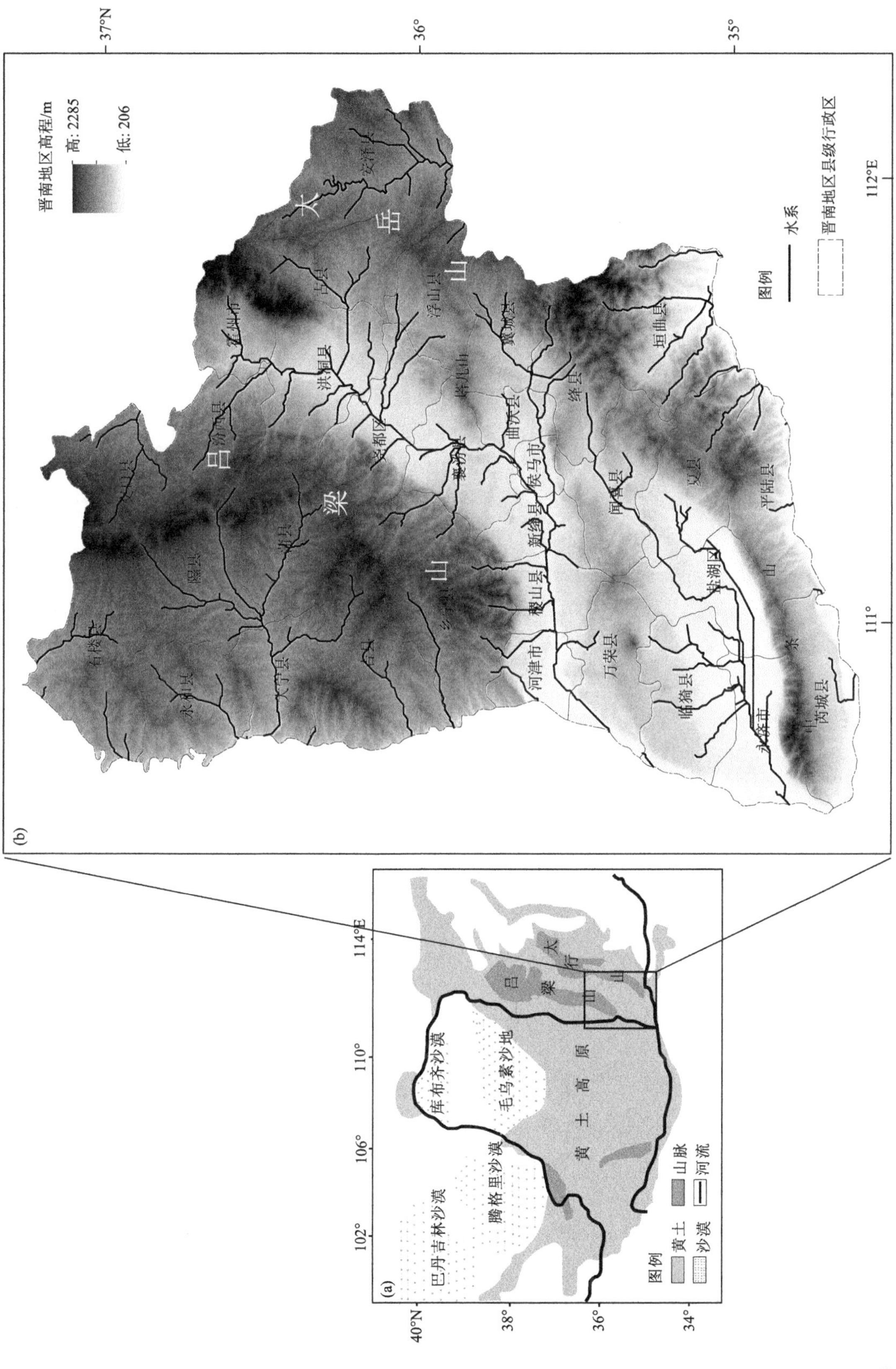

图 1.1 研究区地理位置及其周边地形示意图

在地理位置上，晋南地区周围被众多山地环绕，形成一个较为封闭的地理单元（图 1.1b），有利于文化序列的完整连续。再加上当地历史悠久，考古学遗存十分丰富，是中国新石器以来人类文化发展的核心地区之一。文明发展方面，晋南地区属中原文化区，在史前文明中具有根脉性、核心性，是各文化区中的“花心”，占据了主源地位（严文明，1987）；晋南地区所在的黄河中游不仅是新石器时代文明的重要发源地（丁新，2015），甚至夏、商、周至唐宋时期也以该区域作为经济、政治与文化的中心（连丽聪，2020）。因此，晋南地区具有丰富的史前人类遗存，为环境考古研究提供了大量的考古资料。其中，属于龙山时代晚期的陶寺遗存是山西省文物工作委员会在 20 世纪 50 年代调查时发现的（张德光，1956），无论是就目前已经掌握了的考古发现，还是古史传说材料中的各类记述来看，这支文化在中华文明起源的过程中都极有可能扮演着非常重要，甚至是关键性的角色（苏家寅，2014）。同时这里的黄土—古土壤提供了古气候研究的理想区域，可以追溯到第四纪以来的东亚季风演化（丁仲礼 等，1989），为晋南地区环境考古的开展提供了理想的材料。

经过多年的考古发掘和调查，晋南地区自仰韶时期、庙底沟二期、龙山时期到夏商时期已经发现大量的古文化遗址，而且夏商以后的华夏文化、晋南的铜和盐两大资源的利用都与中国早期文明发展息息相关（戴向明，2021）。晋南作为我国古代文明繁衍和孕育的重要研究区，是研究环境考古与环境演变所关注的重要地区之一。因此，本书以晋南地区作为研究区，基于该区域全新世中期文化遗址数据统计，以本区域黄土地层作为重建区域气候变化的材料，结合周边地区的气候环境记录信息，利用 ArcGIS 空间分析技术分析遗址与地形地貌、河流之间的关系，能更全面地了解晋南地区遗址环境的时空分布特征；尝试分析该区全新世中期文化遗址的空间分布过程及其与气候演化的关系，探讨不同时代文化的产生、发展、演化、扩张和消亡过程，对于不同环境下古人类响应与适应、文化的演化机制具有重要意义。从而为理解晋南地区人地关系的相关问题提供有益探索，以期为其他地区的研究提供参考意见。

1.2 国内外研究现状

1.2.1 全新世气候变化

全新世，又称“冰后期”。法国哲尔瓦于 19 世纪 60 年代提出“全新世”这一名词，并于 19 世纪 80 年代国际地质学大会上通过（王绍武，2011）。全新世是第四纪冰期—间冰期旋回中最新的一次间冰期，仅占整个旋回的 1/10，约距今 1 万多年，学术界通常将新仙女木事件（Younger Dryas impact hypothesis）的结束作为全新世的开始。2013 年，国际地层委员会将全新统地层底界年龄划分为距今 11700 年（Cohen et al.，2013）。

1946 年，孢粉学家 L. Von Post 将全新世气候分为 3 个阶段：阶段Ⅰ：气温持续上升；阶段Ⅱ：气温最高；阶段Ⅲ：气温下降（刘嘉麒 等，2001；Von Post，1946）。在此之后，E. Antevs 也将全新世气候划分为三个阶段，分别为：变暖期、高温期（北半球中纬度地区的年均气温比现在高 3～5 ℃）和中温期。目前国外常用的划分方法是经典的 Blytt-Sernander 冰后期气候分期方案（刘嘉麒 等，2001），1876 年，挪威植物学家 Axel Blytt 在研究北欧沼泽沉积植物化石和孢粉时发现，全新世气候具有波动特征，并用树桩层代表干旱气候，大量泥炭发育代表湿润气候，划分为包括现代在内的 6 个不同气候期。此后瑞典科学家 Sernander 在 1910 年通过放射性碳（碳-14，^{14}C）测年手段确定了瑞典全新世地层年代，证实了 Blytt 的分期，形成了经典的

Blytt-Sernander 冰后期气候分期方案。在中国，我国学者常利用全新世发生的 2 次明显的全球性气候变化事件——8.2 ka BP 冷事件的结束和 4.2 ka BP 干旱事件的结束来作为全新世气候划分依据。即早全新世（11.7～8.0 ka BP）、中全新世（8.0～4.0 ka BP）和晚全新世（4.0 ka BP 至今）；施雅风先生（1992）在研究了冰芯、考古资料、湖泊、孢粉、古土壤等大量资料的基础上，指出中国全新世气候的变化可划分为 3 个阶段；即早全新世（10.5～8.5 ka BP）、中全新世（8.5～3.0 ka BP）和晚全新世（3.0 ka BP 至今），并根据气候的波动将中全新世划分为 4 个不同的气候阶段，见表 1.1。

表 1.1　全新世气候划分方案（施雅风 等，1992）

<table>
<tr><th colspan="3">分期方案</th><th colspan="4">中国全新世分期方案</th></tr>
<tr><th colspan="2">时段</th><th>气候特征（北欧）</th><th colspan="2">时段</th><th colspan="2">气候特征</th></tr>
<tr><td>前北方期</td><td>10.3～9.5 ka BP*</td><td>较冷较干</td><td colspan="2" rowspan="2">早全新世
10.5～8.0 ka BP</td><td colspan="2" rowspan="2">升温期较温干，
气温低于现代 2～4 ℃</td></tr>
<tr><td>北方期</td><td>9.5～7.5 ka BP</td><td>较暖较干</td></tr>
<tr><td rowspan="2">大西洋期</td><td rowspan="2">7.5～5.0 ka BP</td><td rowspan="2">高温期：温暖潮湿，平均气温比现在高 2 ℃</td><td rowspan="4">中全新世
8.5～3.0 ka BP</td><td>8.5～7.3 ka BP
冷、暖波动阶段</td><td>温度不定，由暖变冷，降水增加并伴随植物的北迁西移，新石器文化迅速发展</td><td rowspan="4">大暖期，包含多次的气候和环境波动暖湿，气候高于现代 2～5 ℃</td></tr>
<tr><td>7.2～6.0 ka BP
稳定的暖湿阶段</td><td>鼎盛阶段，气候稳定温热，夏季风增强降水显著增加，当时长江流域温度比现在高 2 ℃，东北、西北和华北地区高 3 ℃，华南高 1 ℃，植被繁茂，仰韶文化空前繁荣</td></tr>
<tr><td rowspan="2">亚北方期</td><td rowspan="2">5.0～2.5 ka BP</td><td rowspan="2">气候干凉多变，下降温暖干燥，冬季寒冷</td><td>6.0～5.0 ka BP
气候剧烈波动阶段</td><td>出现强降温事件，环境较差，影响文化发展</td></tr>
<tr><td>5.0～3.0 ka BP
气候有所改善阶段</td><td>气候和温度缓和，文化蓬勃发展，4 ka BP 气候恶化，发生大洪水，3 ka BP 气候变化暖湿</td></tr>
<tr><td>北大西洋</td><td>2.5～0.0 ka BP</td><td>凉爽潮湿</td><td colspan="2">晚全新世 3.0～0 ka BP</td><td colspan="2">温干，温暖/寒冷气候交替并出现小冰期，后期与现代相似</td></tr>
</table>

在气候变化的研究过程中，由于全球气候系统复杂性，不能笼统的用某一地区的气候重建结果概括全球。不同区域受不同的气候系统控制，因此即便是处于全新世同一时期，也会表现出明显的地域差异（Chen et al.，2019）。从大尺度大气环流角度，亚洲大陆大致可以划分为主要受季风环流控制的亚洲季风区和主要受西风环流控制的亚洲内陆区（Dando，2005；Chen et al.，2008a，2010）。亚洲季风区还可以进一步划分为印度季风区和东亚季风区两个主要的系统。在东亚夏季风主导地区，暖湿鼎盛期发生于中全新世：孙爱芝等人研究黄土高原西部，发现该地区于 9.8 ka BP 进入全新世，7.6～4.0 ka BP 达到整个地区暖湿程度最高值，4.0 ka BP 以来气候不稳定，曾有多次干旱期与湿润期交替出现的情况（孙爱芝 等，2008）。赵景波

* 1 ka BP 代表距今 1 千年。

(2003)对陕西岐山剖面古土壤类型研究利用高分辨率孢粉资料分析得到中全新世气温最高阶段比如今高出 3 ℃左右，年降水量多 200 mm 左右。贺秀斌等(2000)对位于黄土高原中南部的延安地区进行研究，重建了其全新世以来的植被演化，发现该地区早全新世气候干冷，中全新世最为温暖湿润，且植被茂盛，晚全新世以来出现变冷变干的趋势。李拓宇等(2014)重建了黄土高原东南部陶寺地区的全新世降水，发现该地区中全新世水热条件优越，尤其是 8.6～7.2 ka BP 最为暖湿。Lu 等(2013)通过对榆林剖面有机碳同位素和磁化率分析显示，降水量的峰值出现在 8～3 ka BP，并认为东亚夏季风降水的这些变化与北纬高纬度冰量/冰盖和大气二氧化碳的变化是同步的。Xia 等(2014)对耀县黄土反映降水强度和夏季季风强度的细粒磁性矿物产生敏感的磁性测量重建的降水量显示在中全新世约 7.8～3.5 ka BP 降水量最大。Yang 等(2015)通过对黄土高原东南部的河南荥阳、陕西渭源和蓝田，一直到黄土高原中西部的甘肃景泰和庆阳等黄土剖面的 ^{14}C 测年结果进行了系统的研究，认为全新世土壤最发育层位大约在 4 ka BP 之前，因此东亚夏季风(East Asian summer monsoon，EASM)在中全新世最强。来自中国黄土高原 77 个剖面的 81 个黄土和 229 个古土壤数据，并对数据进行了统计综合，调查全新世期间的 EASM 历史。由此产生的全新世黄土沉积和古土壤发育历史表明：(1)11.5 ka BP 后，整个黄土高原的黄土沉积减少，古土壤形成增加，表明全新世早期 EASM 逐渐增强；(2)8.8 ka BP～3.4 ka BP 期间，CLP 发育了大量古土壤，表明全新世中期普遍存在强烈的 EASM；(3)古土壤成壤强度在 3 ka BP 左右迅速减弱，表明全新世晚期 EASM 突然退缩(Wang et al.，2014b)。Kang 等(2020)根据中国黄土高原东南部地区的三个黄土剖面的光释光测年和粒度分析，对全新世 EAWM 强度进行了高分辨率重建。EAWM 在全新世早期(11.7～6.5 ka BP)表现出持续的减弱趋势，在全新世中后期(自约 6.5 ka BP 以来)表现出增强趋势。认为，这分别是由北半球高纬度冰量和北半球中高纬度大气温度的变化引起的。同时还观察到东亚夏季风与东亚冬季风之间存在反相关关系。此外在黄土高原东部边缘地区湖泊沉积也为东亚夏季风的变化提供了重要的补充。

Chen 等(2015b)对山西北部一个高山湖泊，基于高分辨率的孢粉分析(约 20 a 分辨率)定量降水重建了这一地区末次冰消期以来东亚季风降水，首次提供了自 14.7 ka BP 以来 EASM 演变的直接记录。记录显示，从 14.7～7.0 ka BP 开始，季风逐渐增强，从 7.8～5.3 ka BP 开始出现最大季风(降水量比现在高 30%)，从大约 3.3 ka BP 开始迅速下降。季风边缘区的岱海沉积物岩芯花粉组合和浓度分析显示从大约 10250 a BP 到 7900 a BP，干旱的草本植物和灌木与成片的松阔叶混交林一起主导了湖盆，表明气候温和干燥。7900～4450 a BP 之间，针叶林和阔叶林大规模覆盖，标志着温暖湿润的气候。在 4450～2900 a BP 期间，木本植物减少，气候普遍比前一时期更凉爽、更干燥。青海湖沉积物岩芯包括孢粉、总有机碳、总氮和有机碳同位素等多环境指标分析显示温暖湿润期始于约 14.1 ka BP，最终到 6.5 ka BP 达到峰值，结束于约 4.5 ka BP。在那之后，气候逐渐变得更冷、更干燥。从晚冰期到全新世的过渡期，气候波动频繁。青海湖沉积记录中似乎记录了短期气候振荡，包括博林期、阿勒罗德期、新仙女木期和约 8.2 ka BP 的冷却事件，达连海湖泊沉积记录重建的全新世植被变化也指示全新世最好的森林覆盖度和最为湿润的气候条件出现在 8.0～4.0 ka BP(Cheng et al.，2013)。之后，Li 等(2017)通过对青海湖-达连海湖泊孢粉综合重建的降水量进行了系统的分析，也得到中全新世气候的暖湿程度最大。除了湖泊、黄土沉积记录外，在东亚季风边缘的毛乌素、浑善达克、科尔沁沙丘区 4 个地区的风成沉积物并辅以光释光测年，结果表明，这些沙丘区在全新世早期整体上经历了最强烈的流动性，随后在全新世中期普遍向有限流动性和土壤发育转变，并在全新世晚期发生了广泛的再活化(Zhong et al.，2013)。东北泥炭研究记录的研究显示，14.0～11.5 ka BP为末次冰消期，气候寒冷干旱：11.5～9.8 ka BP气候温暖湿润、9.8～8.0 ka BP气候转向寒冷干旱、8.0～4.8 ka BP对应于全新世最适宜期、4.8～1.8 ka BP气候波动幅度大，冷暖交替剧烈、1.8 ka BP以来气候环境寒冷干燥(肖河，2017)。

而在中国南方的一些记录中却显示全新世中期气候表现出干旱的特征，如位于中国南方南岭山脉东部的大湖沼泽中采集了两个沉积物岩心，用于研究古气候变化。两个岩心的多指标记录，包括岩性变化、有机碳同位素比值、干容重、有机质含量、磁化率、腐殖化程度、中值粒径和地球化学指标，表明全新世最佳期发生在全新世早期和中期(10～6 ka BP)，是东亚夏季风增强的结果。全新世中晚期(6～3 ka BP)，盛行的干燥气候表明东亚夏季风减弱(Zhong et al.，2010)。上海青浦区赵巷有^{14}C测年的钻孔孢粉数据进行转换，重建了上海地区8.5 ka BP以来年均温度和降雨量系列，结果表明：约8.5 ka BP以来，本区温度和降雨量持续升高，8.2～6.0 ka BP期间为全新世气候适宜期，年均温和降水量值平均高于现今值0.9 ℃和160 mm，但气候波动剧烈；6.0～4.0 ka BP期间为温凉干燥期，气候波动平缓，年均温度和降雨量平均低于现今值(蔡永立 等，2001)。Xie等(2013)通过对大九湖泥炭记录显示中国中部有三个相对较长的湿润期：13.0～11.5 ka BP、9.5～7.0 ka BP和3.0～1.5 ka BP，7.0～3.0 ka BP气候以干旱为主要特征。同时发现水文对区域人口影响的考古证据来自观察，即中国中部新石器时代到铁器时代的六种独特文化之间的时间变化发生在雨季或洪水期。1600多个史前定居点的时空分布与气候代用指标推断的水文条件有关，洪水风险的增加迫使人类定居点远离河岸带。此前Liu等(2014)的研究结果认为全新世中国南方地区和北方地区降水量在千年尺度上呈现反相关的现象，也就是我们常说"南涝北旱"。刘建宝(2013)通过系统的总结认为，中国北方的夏季降水变化是能够代表东亚夏季风强度变化，而不是其他区域的夏季降水变化可以代表东亚夏季风强度的变化。从末次冰盛期到全新世大暖期，增强的东亚夏季风强度在中国东部主要表现形式是以增强的偏南风和增多的北方夏季降水为主要特征，而不是以中国南方的夏降水变化(因为其变化不显著)为特征。因此，从这一点可以看出，南北方降水出现差异并不是矛盾的结论，只是季风雨带位置移动的结果。

东亚夏季风区洞穴沉积的高分辨率石笋$\delta^{18}O$值记录已经被广泛作为不同时间尺度变化的东亚夏季风代用指标。其表现出全新世东亚夏季风强度也与北方全新世东亚夏季风存在很大的差异，东亚季风区几个代表性的石笋$\delta^{18}O$值显示在全新世早期达到了全新世以来的最为偏负时段，此后呈现出逐渐偏重的变化趋势，说明石笋$\delta^{18}O$值记录支持全新世东亚夏季风在早全新世时就已达到最强盛时期。区域石笋氧同位素记录的集成研究结果也表现出类似的趋势(Cheng et al.，2016；Liu et al.，2020)，总体上响应北半球高纬夏季太阳辐射变化，全新世东亚夏季风与北半球高纬夏季太阳辐射之间不存在显著相位差。因此，关于东亚地区石笋$\delta^{18}O$值变化是否能够代表东亚夏季风降水量变化，依然存在着较大的争议。此前就有研究提出中国石笋$\delta^{18}O$值的变化可能不是反映东亚夏季风强度，而更可能是反映水汽来源的变化(Liu et al.，2020；Zhang et al.，2021)。

而与东亚季风区不同的是在印度季风主导地区，早中全新世气候最为湿润(Liu et al.，2020)，Fleitmann等(2003)对阿曼南部进行石笋氧同位素研究，多雨期出现在10.3～8.0 ka BP印度季风强盛期间，且该时期季风强度多受冰川边界控制，8.0 ka BP之后这种季风降水量则随着北半球夏季太阳辐射的变化而逐渐减少。附近的阿曼海域有孔虫(Gupta et al.,2003)以及氮同位素(Ivanochko et al.,2005)支持了这一结果。而后来自 Mawmluh 洞(Dutt et al.,2015)和 Sahiya 洞(Kathayat et al.,2017)的石笋氧同位素分别记录了印度夏季风在早全新世的快速增强和自 5.7 ka BP 以来的持续减弱,进一步支持了早全新世为全新世印度季风鼎盛期的观点。在中国青藏高原东部红原泥炭 $\delta^{13}C$ 值记录重建的印度夏季风降水强度也显示全新世早期印度夏季风降水量最大,并且呈现逐渐下降的趋势(Hong et al.,2003),来自云南西部腾冲青海湖的黑碳同位素、有机碳同位素及粒度记录显示早全新世(11~8 ka BP)期间气候湿润,印度季风较强,8 ka BP 之后印度季风减弱,野火活动迅速增加(Zhang et al.,2015a,b)。Kutzbach(1981)利用一个低分辨率的大气环流模式在地球轨道参数的驱动下,显示早全新世(9 ka BP)印度夏季风降水要多于现代。Liu 等(2014)利用美国国家大气研究中心的海-气耦合模式 CCMS3(Community Climate Model version 3)在地球轨道参数、温室气体浓度、冰量以及淡水注入的强迫下的模拟结果显示全新世(11~0 ka BP)印度夏季风降水持续减少。此后 Zhang 等(2015c)利用 Jin 等(2014)的模拟结果进一步分析了全新世印度夏季风的变化,Zhang 等(2015c)比较了 4 种不同印度夏季风指数,都显示了印度夏季风强度在全新世以来持续减弱的过程。

在受西风主导的中东亚干旱区气候又表现出不同的特征,众多的研究发现中晚全新世气候最为最湿润,如陈发虎等(2006)通过对博斯腾湖钻探岩芯、沉积年代以及孢粉、碳酸盐含量、粒度等代用指标分析结果表明,末次冰消期到全新世早期湖泊干涸,风砂沉积盛行,气候干旱;约 8 ka BP 以来现代湖泊形成,气候相对湿润,其中,6.0~1.5 ka BP 期间代用指标 A/C 值指示的流域湿度增加,盘星藻指示的湖泊深度最大,全新世最湿润时段发生在中晚全新世,并提出亚洲中部西风影响区这一全新世气候变化框架与亚洲季风区早中全新世夏季风强盛、中晚全新世季风衰落的变化模式显著不同,具有近似反相位(out of phase)变化特征。黄小忠(2006)进一步对博斯腾湖岩芯记录的气候变化情况,同时对比区域内其他记录,指出西风区早全新世气候较为干旱,中晚全新世气候湿润。而在此之前李江风(1985)通过对古丝绸之路兴衰的研究过程中就提出西风区的气候变化模式有别于季风区;李吉均(1990)提出了西北西风区具有"冷湿-暖干"的气候变化模式,而且此观点也得到了广大学者的支持。此后,Chen 等(2008a)综合了中亚中纬度地区受西风影响的 11 个湖泊的古气候记录,基于湿度指数半定量重建亚洲中部干旱区的湿度变化历史,评估了中亚西风区全新世时期的湿度时空变化模式。综合分析后结果显示,中亚地区全新世整体也经历了一致的变化,认为中亚干旱区早全新世干旱、中晚全新世为全新世适宜期,与季风区湿度变化呈现出一个"错相位"关系(黄小忠,2006;Chen et al.,2008a;Huang et al.,2000)。陈发虎等(2009)对中东亚干旱区内的多个湿度研究做了集成对比,发现西风区与亚洲季风区在气候变化上存在错位关系。在西风控制的核心地区,全新世晚期可能最为湿润。

基于此,陈发虎等(2009)提出中纬度亚洲内陆干旱区全新世气候变化的"西风模态":即在全新世千年百年尺度,主要受西风环流影响的中纬度亚洲内陆干旱区湿度变化与中纬度亚洲季风区的气候演变格局存在显著差异,表现出"错反位相"的特征(Chen et al.,2008a;陈发虎等,2009;Chen et al.,2020)。Long 等(2014)根据中国西北新疆地区巴音布鲁克盆地的风沙沉积也发现了类似的"西风模态",这一地区在早全新世非常干旱,在中晚全新世出现高湖面,气候达到全新世以来最湿润的状态。Huang 等(2015a)通过利用 EOF(empirical orthogonal function)分析了欧亚大陆现代年际-年代际的降水数据，发现在年际-年代际尺度上，中亚干旱区夏季降水变化趋势与其西边的地中海地区以及其东部的东亚季风区呈反向变化，据此大致勾勒出了完全受西风环流控制的区域位置，即“西风模态核心区”(西风核心区)。该区域大致范围为36°—54°N，50°—90°E，主要包括中亚和中国新疆地区。此后，Chen等(2016a)以天山北麓、伊犁河谷的土壤剖面作为研究对象，发现最湿润时期发生在全新世晚期。并根据湖泊与泥炭的记录提出了西风核心区全新世的气候变化与东部季风区呈现的“反相位”关系，即早全新世时干旱，而中晚全新世时期偏湿(Chen et al.，2019)。

全新世气候的另一个研究重点是气候的不稳定性研究。全新世气候变化研究早期认为，全新世的气候被是稳定的，虽然欧美学者在20世纪30年代的研究过程中就发现山地冰川存在进退变化，进而提出了全新世气候的不稳定问题，但当时并没有在其他记录中找到类似的现象。具有代表性的如格陵兰冰芯氧同位素等的研究并没有显示出全新世时期这种千年尺度的波动，冰芯上部1500 m，即全新世一万年以来的$\delta^{18}O$值除了约有一明显的寒冷事件以外十分稳定(Greenland Ice Core Project，GRIP，1991)。然而随着研究的不断深入科学家逐渐认识到全新世以来气候变化的幅度比过去想象的要大，甚至中全新世大暖期也发生过多次显著的寒冷、干旱事件。1950年O'Brein等对格陵兰冰芯进行研究，发现0～0.6 ka BP、2.4～3.1 ka BP、5.0～6.1 ka BP、7.8～8.8 ka BP、11.3 ka BP为全新世气温降低的冷干期，全新世气候被证明是不稳定的(O'Brien et al.，1995)。Bond等(1997)通过对北大西洋深海沉积的研究，发现北大西洋周围的冰川融水事件发生频率为(1470±500)a，与GISP冰芯$\delta^{18}O$气温曲线功率谱分析结果(Stuiver et al.，1997)基本一致，说明了全新世气候的不稳定性及这种波动可能是末次冰期气候的延续(Campbell et al.，1998)。de Monocal等(2000)对北非亚热带地区海洋沉积物进行研究发现，该地区在全新世期间海洋表面温度发生了至少6次周期为(1500±500)a的降温事件，并且这种周期与上述北大西洋记录的气候事件所反映出的(1470±500)a周期并无太大差别。这两个地区的气候事件在发生时间上也比较接近，从而暗示了这些气候事件发生的广域性甚至全球性。

Bond等(1999)根据北大西洋海洋记录的冰岛玻璃碎屑和赤铁矿锈斑含量序列，检索出的8次冷事件(冰川碎屑漂移事件)，它们的峰值分别出现在1.4 ka BP、2.8 ka BP、4.2 ka BP、5.9 ka BP、8.1 ka BP、9.4 ka BP、10.3 ka BP和11.1 ka BP。此后，大量研究证明全新世时期北大西洋气候存在快速突变事件，主要发生了9次Bond冷事件(包括Bond冷事件0，即400 a BP小冰期)(Andrews et al.，1997；Bond et al.，1999；Bianchi et al.，1999；Risebrobakken et al.，2003)。低纬度地区阿拉伯海阿曼湾沉积物中的有孔虫种属组合特征也证实有Bond冷事件0～7的存在(Gupta et al.，2003)，阿曼石笋记录证实了Bond事件2～4的存在(Fleitmann et al.，2003)。日本冲绳地区的深海有孔虫研究表明，全新世时期日本冲绳地区存在1700 a BP、2300～4600 a BP、6200 a BP、7300 a BP、8200 a BP和9600 a BP 7次冷事件(Rong et al.，2007)。冷事件对气候的影响大多表现为极地气候更寒冷，赤道地区更干旱(Mayewski et al.，2004)。刘嘉麒等(2000)通过对湖光岩玛珥湖沉积物干密度高分辨率时间序列的能谱分析和滤波分析得到，1140 a主周期变化，在全新世早期波动幅度最大，到中、晚全新世其幅度逐渐减小，所对应的明显的降温期有7～8次。并认为全新世千年尺度的气候变化，有可能是通过岁差周期(23070 a)的谐波周期对全球水循环的调整，驱动温盐环流强度的变化，进一步影响了全球气候变化。

因此,北大西洋冷事件是相当大范围的气候突变事件,Bood 等(1999)在年提出的全新世北大西洋冷事件时间序列具有很好的代表性,尤其是 8.2 ka BP 事件,5.5 ka BP 事件和 4.2 ka BP 事件,是国际学术界研究的热点之一。

8.2 ka BP 事件:发生在约 8200 a BP(公元前 6200 a 前后),是全新世中期的一个显著降温事件,与 Bond 降温事件的 Bond event 5 事件一致。对于该气候突变事件的研究,始于 20 世纪 70 年代,但当时的研究仅提及,北大西洋地区沉积物古气候记录显示在 8.0 ka BP 前后气候出现短时间的冷干。直到 20 世纪 90 年代该事件在格林兰冰芯(Alley et al.,1997)中得到充分证实之后,不同国家的学者对于此次降温事件开展了大量的研究。据北极冰芯记录显示,这次寒冷事件降温幅度非常大,是 8200 a BP 突然降温事件以来最为寒冷的一次降温过程(Grootes et al.,1993)。根据 Alley 等(1997)研究工作,大体上得到 8.2 ka BP 事件的强度大约是新仙女木事件的 1/3~1/2。8.2 ka BP 事件不仅强度大,在北半球的分布范围也很广,印度季风区和东亚季风区都存在弱季风事件。

这次事件伴随着全球气温的突然下降,以及大气中甲烷浓度的显著减少(约 15%)。它虽然不如新仙女木事件(末次冰期结束时的快速降温)剧烈,但相较于全新世其他时期则显得较为显著。具体表现在,在格陵兰地区降温显著;欧洲也普遍降温,降水量在中部较多,南、北相对较少;北美地区冰川前进;南美地区表现为气候变干多风的特点;非洲地区进入低湖面时期;亚洲地区季风减弱,干旱显著(Alley et al.,2005)。Alley 等(1997)更明确地提出发生于 8.2 ka BP 的冷波动是早全新世最显著的气候事件,其时间跨度为 8.15~8.05 ka BP,且具有全球性,并将该事件的发生归因于 Laurentide 冰盖的崩塌冰融水注入北大西洋影响到其深层温盐环流及大气环流和大陆气候系统造成的降温(Alley et al.,2005;1997)。

金章东等(2007)对此进行了系统的总结,并认为早全新世气候变化是不稳定的,至少存在一次明显的降温事件,且表现为区域差异,其根本原因是受不同气候系统、复杂地形(特别是高原)的制约。但是,将不同地区、存在于 9.0~7.6 ka BP 期间、500~200 a 不等的气候突变或波动和记录于环北大西洋的 8.2 ka BP 气候突变事件相对应,并归因于 Laurentide 冰盖的崩塌冰融水注入北大西洋造成的降温显然是草率的。

虽然 8.2 ka BP 事件在很多记录中都有体现,但关于其降幅幅度却存在不同的声音,于学峰等(2006)通过对青藏高原若尔盖地区高分辨率泥炭分析得到,发现青藏高原若尔盖地区全新世冬夏季风的变化具有此消彼长和同时消长两种基本的模式,冬季风与夏季风在不同时间尺度上两种模式又相互嵌套。由冬夏季风指标叠加效应合成的气候状况却有与全球同步的规律性,表现出千年—百年尺度的不稳定性,6.2 ka BP 的季风突然减弱事件要比 8.0 ka BP 的事件更显著,反映了亚洲季风的区域特点或它本身就是全球气候的一个窗口。Zhang 等(2018b)对湖北神农架大九湖泥炭沉积物的元素地球化学、同位素地球化学及孢粉记录进行了研究,发现中国东部存在明显的 8.2 ka BP 与 9.2 ka BP 降温事件,而 9.2 ka BP 事件的降温幅度远远超过了 8.2 ka BP 事件。太湖东部地区湖泊沉积记录也显示 4.0 ka BP 前后的气候冷凉偏湿,而 8.2 ka BP 等事件表现并不是很明显(李冰,2014)。相似的结论还出现在巢湖杭埠河流域,周慧等(2020)通过巢湖杭埠河流域中的古湖盆中心——三河圩区对湖泊钻孔沉积物平均粒径、磁化率(magnetic susceptibility)、总氮(total nitrogen,TN)、总有机碳(total organic carbon,TOC)及 C/N 的综合分析得到 8.2 ka BP 事件,在此阶段内有所体现,沉积物质由淤泥质转变为粉砂质,但各指标数值变化幅度较小,并认为,可能的原因是 8.2 ka BP 事件主要表现为中高纬地区的降温，而该区域钻孔沉积物磁化率、粒度等为干湿指标，对温度变化的反应不显著。此前 Yu 等(2010)通过研究发现中国东南部地区很多沉积剖面所记录到的 8.2 ka BP 前后的冷事件表现不明显，甚至出现温度升高，粒度加大的过程，认为其原因可能是由于大西洋劳伦泰冰盖融化崩溃有关，主要集中在北半球高纬度地区有关。

5.5 ka BP 降温事件：也称为 5.5 ka BP 事件，是全新世中期一次显著的气候突变事件。大多数大西洋深海沉积给出的年表为 5.5～5.3 ka BP，但具体起始和结束时间可能因地区和研究方法的不同而有所差异。在欧洲，Nilsson 于 1935 年在斯堪的纳维亚首先观察到这一事实，他发现在大西洋高温期过后，于大西洋晚期约 5000 ka BP 左右出现气候转凉，在花粉曲线上榆的曲线有暂时下降，他称之为榆的低点，反映气温下降(Nilsson，1983)。在此期间西北欧地区的榆树花粉含量大幅减少，因此西北欧的学者又称其为“榆树衰败”事件，部分学者认为“榆树衰败”事件与人类活动的干扰有关(黄春长，1998)。阿尔卑斯山冰川在 5.3 ka BP 前开始发育，标志着全新世最适宜期的结束(Baroni et al.，1996)。斯堪的纳维亚约 5000 a BP 的孢粉组合上曾出现过榆的短暂下降，代表一个降温事件(Nilsson，1983)。该阶段可以大致对应 Bond 划分冷事件和 Mayewski 研究中典型冷期，但是年代划分仍存在细微差别。Bond 将此时期年代定为 5.9 ka BP，但是大多数北大西洋的沉积物显示此次冷干事件发生的时间是 5.3～5.5 ka BP(Risebrobakken et al.，2003；Moros et al.，2004)。Denton 对北美山岳冰川的观察，在 5800～4900 a BP 间山岳冰川活动性加强，他把这称为新冰期，冰川扩张(高迪，1981)。

东亚季风区在 5.5 ka BP 左右表现出亚洲夏季风快速衰退，温度降低和降水量减少的趋势，一些东亚的石笋氧同位素记录则清晰地记录了在约 5.5 ka BP 的气候快速变化事件，如早期的董哥洞石笋氧同位素记录(Dykoski et al.，2005)和三宝洞石笋氧同位素记录(Wang et al.，2008)以及黑洞石笋氧同位素记录(Jiang et al.，2013)，都记录到在 5.5～4.8 ka BP 亚洲夏季风发生了快速的衰退。近年来黄土高原西部万象洞石笋氧同位素记录表明在约 5.4 ka BP 的时候，亚洲夏季风发生了快速且极端的衰退(Bai et al.，2017)。

孢粉资料显示，6.5～6.0 ka BP 期间，长江中下游地区降温 1 ℃，海南岛 7～5 ka BP 时期，耐旱的栗、松植物增多，气候为凉偏干。太湖流域东部在 5.365～5.16 ka BP 期间，孢粉组合中木本植物和喜湿的蕨类植物急剧减少，旱生的草本植物迅速增加，蒿、藜等占有较大比例，反映出此时有一次短暂的干旱事件(于世永 等，1999)。此次冷干事件波及范围不仅是在南方地区，在北方地区也有类似的记录。近年来 Chen 等(2015b)山西公海孢粉重建的降水量显示 5.3 ka BP 以来降水量持续减少。中国西北部阿拉善高原和祁连山(祁连山)的 55 个最新花粉光谱进行了分析发现 5.9～5.4 ka BP 之间存在干旱事件，并且发现重建的 5.9～5.4 ka BP 之间的干燥气候振荡与中国北部、西部和蒙古中部已发表的记录中发现的类似事件密切相关(Herzschuh et al.，2004)。华北地区在 5.5 ka BP 前后出现了冷杉的峰值(靳桂云 等，2001)；北京大王庄剖面(5600±100)a BP 前后云杉花粉再次繁盛(孔昭宸 等，1982)；内蒙古岱海湖泊孢粉资料显示在 5.1～4.8 ka BP 期间松属、栎属花粉含量显著下降，草本蒿属显著增加，并出现了低湖面，反映了气温有所降低(王苏民，1990；Xiao et al.，2004)。且岱海二级湖滨阶地附近顶部在 5.5 ka BP 左右出现了冰卷泥，作为此时间段北方新冰缘阶的代表(李容全，1990)。

黄土磁化率被认为与降水变化相关，榆林黄土—古土壤剖面的磁化率记录(Lu et al.，2013)明显揭示出全新世东亚夏季风降水的峰值发生在 8～3 ka BP 之间，其中在 5.5 ka BP 左右出现一个明显的低值。相似的，基于黄土成壤中的磁化率与年降水变化的归一化关系，一个定量重建自黄土高原黄土—古土壤剖面（即耀县剖面）的全新世降水序列也表明全新世最强盛的降水时期发生于中全新世，即在 7.8～3.5 ka BP，而且也在 5.5 ka BP 左右出现一个明显的低值（Xia et al.，2014）。榆林（Lu et al.，2013）黄土剖面磁化率值在 5.5 ka BP 左右也出现一个低谷，说明此时成壤强度较低，夏季风强度减弱。陕西岐山全新世古土壤剖面在此阶段出现一个黄土夹层，其 $CaCO_3$ 含量增高，全铁、磁化率和 TOC 值降低，显示了该层位沉积时的冷干气候（黄春长 等，2002）。孙建中等（2000）通过研究坝上地区赋存于黄土与古土壤、古沙丘与古土壤和湖泊沉积物中的环境变化信息，得出了坝上地区 1 万年以来环境变化特征：一万年以来区域内环境变化经历了多次冷干与暖湿的波动，5700～4600 a BP 为干冷气候，形成 60cm 厚的灰黄色沙层，湖泊处于低水位。赵景波等（2006）通过对洛川城东全新世中期古土壤剖面多环境指标的研究发现中全新世晚期 6000～5000 a BP 古土壤比早期土壤发育弱，但比该区现代土壤发育强，土壤类型应为典型褐土，当时气候也比现代温湿。中全新世中期 6000～5000 a BP 为气候冷干和沙尘暴活动加强的环境恶化期。在更大区域上基于集成自中国东部季风区 72 个不同研究地点的 92 条湿度或降水记录的一条全新世东亚夏季风指数（Wang et al.，2010）的变化显示了全新世中期约 5.5 ka BP 存在一次明显的季风减弱事件。此后 Wang 等（2014b）通过分段线性拟合和概率密度分布统计了黄土高原已发表的 77 个具有独立测点数据的黄土剖面，发现在 8.8～3.4 ka BP，黄土高原发育了大量的古土壤，表明东亚夏季风普遍较强在全新世中期，但在 5.5 ka BP 左右出现一次季风减弱的情况。

综合不同区域、不同材料地质记录，5000 a BP 前后降温所导致的环境恶化在世界各地普遍存在。根据格陵兰冰芯重建气候变化的结果显示，这次环境恶化事件降温幅度非常大，是全新世除 8200 a BP 降温事件以外，全球温度最低的一次（Stuiver et al.，1995；Stwig，1999）

4.2 ka BP 事件（4.2-kiloyear event）：在 4.2～4.0 ka BP，北半球中纬度地区发生了一次气候变化事件，在中国北方季风区表现为逐渐冷干的趋势（Wang et al.，2005；Marcott et al.，2013）。早在 1979 年，Suzuki（1979）综合分析了全球多个地点之间的古气候代用资料，揭示在此期间高纬度寒冷，中、低纬干旱的特征。Bond 等（1997）对北大西洋全新世深海沉积物中的冰漂岩屑（ice rafted debris）的研究表明，这次气候事件是全新世发生的 8 次气候突变事件中的一次。研究者将其命名为“全新世事件 3”（Holocene event 3）。通过大量的研究发现北大西洋地区发生幅度高达 1～2 ℃的广域性降温（de Menocal，2001；Bond et al.，1997；Bond，2001），4.2 ka BP 冷事件是继 8.2 ka BP 冷事件后全新世又一次出现的大范围冷事件，是中晚全新世最强烈的冷干事件。此次降温是全新世气候适宜期结束的标志，是世界上许多地区全新世气候演化的转折点，在很多气候阶段的划分中就将其作为中全新世和晚全新世的节点，表现出了较大的特殊性，在许多地区它标志着气候最适宜期的结束和后全新世的开始（Hsu，1998），或者现代气候的形成（Claussen et al.，1999）。

阿尔卑斯地区山地冰川开始重新活动并广泛分布（Perry et al.，2000）。在 4.0 ka BP 前后非洲地区出现了明显的干旱，地处撒哈拉沙漠中的淡水湖在 4000 a BP 前后发生急剧大幅度的收缩，后来虽有波动，但再也未达到前期湖面的高度（Gasse，1994；2000）。尼罗河流域在这一时段也表现出流域流量下降，湖泊水位降低（Weiss et al.，2001）。Thompson 等（2002）通过对乞力马扎罗冰芯分析显示此时粉尘颗粒的比例呈现快速增加，指示明显干旱化的气候特征。de Menocal（2001）发现西亚北非交界处的阿曼湾在 4.0 ka BP 时白云石、陆源碎屑物质

和 $CaCO_3$ 含量显著增加，显示这里经历了一次干旱事件，这次干旱事件也是导致阿卡德王国解体的重要原因。在西亚的土耳其以及叙利亚等地区丰富的地质记录也显示在 4.2～4.0 ka BP 期间气候较为干旱(Weiss，1993)。

Booth 等(2005)对北美地区根据大量可靠的古环境数据总结分析，指出在 4.3～4.1 ka BP 期间北美中部表现为持续了约 200 a 的干旱期。南美地区的秘鲁 Paco Cocha 湖以及玻利维亚的 Taypi Chaka Kkota 地区和 Potosi 地区 $\delta^{18}O$ 值在 4.5 ka BP 左右出现高峰值，而在 3.8 ka BP 左右均出现低值(Mark et al.，2003)

在中国施少华(1993)通过系统的总结我国西部祁连山敦德冰芯以及若干地点的孢粉、古土壤及古湖面的记录进行对比分析，发现在高温期存在 4.0 ka BP 具有普遍意义的气候突变事件，其降温幅度甚至可达 3～4 ℃；此时我国西部山地的冰川也重新开始扩张(Zhou et al.，1991)。新疆东部巴里坤湖 BLK06E 钻孔岩性分析结果表明，该时期具有低花粉浓度和较低 A/C(蒿/藜比值)，蒿属花粉和乔木孢粉比例快速降低，而藜科花粉比例快速升高，表明该时期为严重的干旱事件(Tao et al.，2010；An et al.，2011)。基于长链烯酮化合物的不饱和比值 U^{k}_{37} 重建的巴里坤湖泊表层水温结果显示此时水温快速下降(赵家驹，2010)，表明这是一次冷干事件。An 等(2005)系统总结了 23 个中国黄土古土壤记录以及古湖泊水位等记录的环境信息也表明，内蒙古-黄土高原在 4.0 ka BP 之后气候显著变干。而在黄土高原西北部的毛乌素沙漠在此期间也重新活化扩张(杨帆 等，2017；舒培仙 等，2016)。库姆塔格沙漠在 4.23 ka BP 粒径出现峰值，显示了 4.2 ka BP 的干旱突变事件(唐进年 等，2017)。在 4.0 ka BP 时段敦德冰心记录曲线中出现较宽浅的冷谷，说明此时为强烈的降温时期(姚檀栋 等，1992)。

而位于季风边缘区的湖泊记录也显示这一时段该地区夏季风明显退缩，干旱化加强，如石羊河野马湖泊沉积物的综合研究表明，4200 a BP 开始湖泊出现干旱(Chen et al.，1999)；呼伦湖地区的在 4.4～3.35 ka BP 期间藜科占主导地位，标志着此时气候达到极端干旱的气候条件(Wen et al.，2010)。同样位于季风边缘区的内蒙古凉城的岱海湖泊的研究表明，9500～4000 a BP 之间岱海水位虽有波动，但总体维持高湖面，4000 a BP 前后岱海湖面开始急剧退缩，以后虽有所波动，但再也未恢复到以前的水位(王苏民 等，1992)。而岱海沉积物 A/C 值此时出现极小值，也说明此时出现了降温干旱事件(Xiao et al.，2004)。方修琦等(1998)通过对岱海地区环境综合研究发现 4.2 ka BP 前后岱海地区年平均气温比现代下降3 ℃，平均气温≥10 ℃积温、保证率 80%的≥10 ℃积温及无霜期都相应减少。吕厚远等(2003)研究显示，在我国北方地区 4.2 ka BP 前后出现明显降温事件，当时的温度较现在低3 ℃左右。Guo 等(2000b)对我国北方干旱区 158 个古土壤和湖泊沉积的加速器质谱仪(Accelerator Mass Spectrometry，AMS)^{14}C 年龄数据的时空数据分析表明，与撒哈拉地区一样，在全新世期间至少经历了 3 次同时性的、百年—千年尺度的干旱事件，其中最为显著的干旱事件发生于 4000 a BP 前后。

东亚季风区典型石笋如贵州董哥洞 D4 石笋 $\delta^{18}O$ 值在 4.0 ka BP 左右突然升高，指示东亚夏季风强度减弱(Dykoskia et al.，2005)。湖北清江和尚洞 HS-4 石笋 $\delta^{18}O$ 值指标显示，在 4.4～4.1 ka BP 期间出现了一次弱季风事件(Hu et al.，2008)。湖北神农架石笋记录 $\delta^{18}O$ 值在 4.2 ka BP 前后突然降至全新世的最低点(邵晓华 等，2006)；陕西佛爷洞两支石笋 $\delta^{18}O$ 值记录显示，4.0 ka BP 左右气候开始变干(李红春 等，2000)。

以上不同的地质载体均显示，在 4.2～4.0 ka BP 存在一次普遍的降温干旱事件，在中国普遍存在,主要表现为干旱,少部分地区伴随着温度的降低。但是,对全新世千年尺度气候波动的驱动机制到目前尚没有一致的说法,当前存在以下观点,即冰盖一海洋内部相互作用驱动、太阳辐射驱动、不稳定的冰盖边缘驱动(William,2001)。Paul 等(2004)的研究认为全球在全新世阶段有次明显的气候变化时段,分别为 9～8 ka BP,6～5 ka BP,4.2～3.8 ka BP,3.5～2.5 ka BP,1.2～1 ka BP,0.6～0.015 ka BP,以上快速的气候变化大多是因为赤道地区干旱、大气环流发生改变,极地变冷。而 0.6～0.015 ka BP 时段是因为某些热带地区湿度增加和极地变冷。

1.2.2 环境考古进展

20 世纪 30 年代,英国科学家最早提出了"环境考古学"的概念(Rapp et al.,1985),而早期的研究主要集中在环境变化对农业发展的影响上。如 Hack(1943)探讨了美国印第安人居住地的史前环境变化对当时农业生产活动的影响,Butzer(1960)研究了尼罗河地貌和水文变化对农业起源的影响。20 世纪 60 年代,在美国和西欧的一些科学技术发达的国家,环境考古学作为考古学的一条分支率先出现,并掀起了一场"新考古学"革命。新考古学把考古学的内容扩展至物质文化、精神文明和社会关系等人类活动的主要方面,并且强调生态环境对人类生存的制约作用(Binford,1960)。至 20 世纪 70 年代、80 年代,诸多环境考古研究方面的著作纷纷涌现,如《环境考古学导论》(Ewans,1978)、*Environmental Archaeology*(《环境考古》)(Shackley,1981)等。众多考古学者在尼罗河流域(Rudolph,2006)、两河流域(Jason,2009)等地区史前文化演化受气候变化的影响方面做了大量研究工作。

环境考古能够揭示自人类出现以来所发生的环境演化过程,特别是全新世以来与古人类相关的环境情况(Branch,2015)。其目的是:通过了解自然环境演化如何影响古人类的生存,在生产力较低的全新世时期,古人活动受自然因素的影响更加显著;面对环境变迁,古人又是作何反应去适应环境和影响环境,维系生存以及进一步发展壮大(Innes et al.,2014;Kajita et al.,2018)。近年来,国外全新世时期环境考古研究内容越来越广泛,主要包括以下专题研究:各时期不同地区考古文化的产生、发展、演化、扩张、兴衰、中断、更替、转移和消亡过程;研究区的环境背景重建;古人类对全新世气候演化的响应与适应;对环境演化的影响与干预过程;农业的起源及其结构的变化等。然而,在人地关系这个重要范畴背景下,利用环境考古研究不同地区的环境演变与人类文明发展与更替的耦合关系,还需要进一步地深入探讨(Buckland et al.,2011;Astudillo,2018)。国内外对各地区古代环境特征及其演变对于人类文化发展演变影响的重要性逐步取得了共识,关于环境特征及其演变与古代人类文化发展演变之间的关系研究越来越受到重视(莫多闻 等,2009),尤其是针对全新世以来的研究。崔建新等(2005)认为以往的研究主要集中在 4 个方面:气候突变事件对新石器文化的影响、人类对环境变迁的调整与适应、人类对于环境的影响与干预以及史前农业与气候环境的相关等。近年来,随着环境考古学研究的不断深入,人们逐渐认识到环境特征(不同的环境因子)及其演变与古代人类文化发展历史之间存在密切关系(Kuper et al.,2006;Rosen,2008)。

国外学者对全新世环境考古的研究开展较早,早期多侧重多个指标综合研究。例如:Chiverrell(2007)通过沼泽表面湿度和孢粉数据,结合景观历史考古和文献证据,重建了英国 Solway 地区全新世晚期以来山坡冲蚀地貌及相关的冲积扇和谷底沉积过程,揭示了该过程下的人类影响以及人口和农业的扩张和收缩变化对气候恶化的响应;Morales 等(2009)研究了过去 3000 a 在南美洲三个干旱地区的气候变化与人类活动之间的相互作用模式;Nicoll

(2004)认为在埃及和苏丹北部地区，气候变化对古人类生产生活产生不可估量的影响；Neme等(2009)将石器技术、动物遗骸和放射性碳测年数据综合起来，共同探讨在全新世中期，安第斯山脉南端气候环境与文化遗址时空分布变化的关系；通过研究美国密西西比河谷下游地区的河流地貌演化，可以反演气候演化和景观变化与人类活动的关系(Kidder et al.,2008)；基于对印度中北部地区考古遗址的环境分析，发现从旧石器时代到新石器时代，气候变化对文化遗址的分布和迁移具有重要影响(Deepak et al.,2020)。这些研究在不同程度上积极推动了环境考古学的发展进程，但是由于不同研究区在不同时间段文化特征的差异性、气候变化的不稳定性的影响，文化演变与气候背景的耦合关系仍然需要具体问题具体分析(Astudillo,2018)。

冰后期随着环境条件的改善世界各地人口呈现快速增加的趋势，此后突然的降温(新仙女木事件)刺激了人类对植物的驯化，出现了最早的驯化农业，西亚驯化了小麦(Wright et al.,2005)，东亚培育了粟(黍)和水稻(Lu et al.,2009)；8.2 ka BP 干冷气候事件，北美美索不达米亚农业中心地带在这一时期雨量下降，农民们迁移到南部的两河流域依靠河水来灌溉作物(Weiss et al.,1993)，农业的发展推动了流域文明的兴盛。东撒哈拉地区曾经是史前人类定居的场所，但其居住点随着环境的改变而不断改变。在9.5～5.3 ka BP 时，降水较为丰沛，该区域定居点广泛分布，定居点的数量随降雨的突然增加而增加；在晚期随着干旱从北向南迁移，定居点逐渐减少，直到5300 a BP 前基本消失(Rudolph et al.,2006)。

全新世中晚期，全球各地气候进入干冷期，人类活动受到不同程度的影响，6.0～4.0 ka BP 是自然环境急剧变化的时期，亚非季风带和南美北部季风减弱，干旱化加强。环境的剧烈改变和恶化导致了社会向复杂化、组织化和国家建立方向发展(Nick,2006)。文明的兴衰发展也与环境变迁有着密切关系，环境变化对人类的影响在一定范围内是决定性的。例如，公元前三千年美索不达米亚平原北部文明的兴衰与环境变化的研究显示，文明衰落与气候恶化存在很好的对应关系(Weiss et al.,1993)。欧亚大陆古代历史上的这一重大事件与气候变化有关(Cullen,2000；de Menocal,2001；Staubwasser et al.,2003；Weiss et al.,2001)。Sableff(1995)也认为，全新世的周期性突发事件对古文明产生了重大影响。庞奖励等(2003)通过对周原全新世古土壤和关中新石器文化的研究，认为关中仰韶文化衰落最主要的原因是5800～5000 a BP 的以干旱为特征的环境恶化造成的。古埃及文明也在4.2 ka BP 左右随着气候的快速干旱而消亡(Weiss,1997；Cullen et al.,2000；Welc et al.,2014)。Hodell 等(2001)通过对美洲尤卡坦半岛 Chichannab 湖的气候记录研究发现干旱事件与玛雅文明的衰落也具有对应关系。Zhang 等(2008)通过研究甘肃武都万象洞石笋指出，近1800年来，中国的朝代更迭如唐朝、元朝、明朝的衰落与亚洲夏季风减弱，降水减少有关；Zhao 等(2015)通过董歌洞石笋研究也显示出明朝的灭亡与夏季风降水减少有关。但降水异常增加也会带来严重的洪涝灾害，如1998年，长江、松花江、嫩江流域发生百年一遇的特大洪水，受灾人口2.33亿人，直接经济损失2551亿元。2016年，长江流域又一次发生特大洪涝事件，人民的生命财产遭受重创。

20世纪20年代，中国对于环境考古学的研究开始出现。1921年，在河南渑池县的仰韶村的考古挖掘过程中，瑞典学者研究了当地的地貌、气候等自然地理特征。随后，20世纪50年代，在古文化与古环境的研究中，学者们开始注重与地质学、地貌学、生物学、环境科学等不同学科相结合，进而促进了环境考古学在我国的发展。20世纪70年代，竺可桢(1973)结合古文献，通过环境考古和动植物资料，初步研究了中国近5000 a 来的古环境和古气候，为我国环境考古研究打下了理论基础。

中国史前人地关系研究大多以研究史前文化的环境背景为主，突出了史前自然环境条件对古文化演化的制约作用。很多考古学者都认为，气候变化在中国古代文明演变中有相当大的作用。古环境的演变还对农业的出现，发展及土地利用方式的转变起到了关键作用（孔昭宸，1996；许俊杰 等，2013；张东菊 等，2016；Chen et al. ，2016b）。并且在人类适应环境等方面也作出了重要的研究，如陈发虎团队通过古蛋白组学和动物考古学的综合分析，首次揭示了丹人在青藏高原生存过程中（距今 22.4～3.2 万年）的动物资源利用策略，为丹人体质和遗传特征、活动历史及其高海拔环境适应研究提供了宝贵新材料，首次揭示了青藏高原丹尼索瓦人的生存策略，为认识早期人类在青藏高原活动的历史提供了可靠证据（Chen et al. ，2020；Xia et al. ，2024）。

末次冰盛期我国北方人类活动表现出向南迁移，活动北界大大南缩的特征（吉笃学 等，2005），人类活动面临巨大挑战（Loukas et al. ，2007）。但人类成功适应了末次冰盛期时的严酷环境，人类社会得以继续传承，并在冰期结束后的冰消期开始变得活跃（陈胜前，2006；杜水生，2007）。随着全新世的到来，我国各地史前社会完成了旧石器向新石器时代的过渡（夏正楷 等，2001）。全新世早期随着自然条件的不断好转，为人类社会的发展提供了良好的条件，人们开始构筑聚落，发明农业，使用陶器（石兴邦，2000；张东菊 等，2010；D′Alpoim Guedes，2013；Zeng et al. ，2016）。

进入全新世大暖期，新石器文化发展迅速，人类活动快速扩张（施少华，1992；Kuper et al. ，2006；Chen et al. ，2015a）。在大暖期，环境演变对人类社会的影响呈现出多样化和区域性差异，东南沿海和南方地区古文化变迁与大规模洪水及其海平面升降关系密切，其中，长江三角洲新石器时代聚落的迁移模式与 7000～4000 a BP 期间海平面波动密切相关（Stanley et al. ，1991；Chen et al. ，2008a）。在 7000～4000 a BP 期间，受海侵影响，地势低洼的海岸和平原湿地无法满足人类居住需求，古人逐渐向平原地势较高处迁徙，新石器文化在三角洲平原地区广泛开展起来（Itzstein-Davey et al. ，2007a，2007b；Innes et al. ，2009；Liu et al. ，2018；He et al. ，2018）。在青海、甘肃以及陕西、河南等地区也发现，暖湿气候促进文化的发展，而冷干气候不利于文化的发展（莫多闻 等，1996；吕厚远 等，2008；Dong et al. ，2012；许俊杰 等，2013；Song，2015；李中轩 等，2016）。

国内外大量的研究表明，适宜的气候促进古文明发展，而如果气候恶化超出古人类可应对的程度，那就会严重影响古人类文明，致使古文明衰退甚至消失。Mayewski 等（2004）对世界各地的全新世气候重建结果进行比对研究，发现在全新世期间至少有六次全球性的气候剧变事件，且其中部分与古人类文明的衰败相对应。全新世温暖期，当时是在北非和热带非洲之间的地区是广阔而充满生机的。他们在距今 1 万年的绘画中，描绘了人与大象、野牛、犀牛、河马、羚羊、长颈鹿等场面。而新石器时代的文化艺术比更近的一些年代相对更丰富、表现力更强，体现了当时生态条件的优越性（Perry，1989）。在 5.5 ka BP 左右，非洲地区湿润的季风减退，同时该区域繁华一时的古文化出现衰落（de Menoeal et al. ，2000b）。

通过对湖泊沉积物、洞穴石笋等古气候信息载体的研究，发现发生在全新世中晚期的长期严重干旱事件导致玛雅社会崩溃、文明没落（Douglas et al. ，2016a；Douglas et al. ，2016b；Hodell et al. ，1995）。4.0 ka BP 左右，火山爆发后干旱明显加剧，农业所需的环境要素严重退化，导致美索不达米亚平原北部古文明衰落，周边邻近区域的文明也几乎随之同步崩溃

(Cullen et al.,2002)。在全新世中期,印度河、尼罗河流域爆发了长期性的干旱事件,水资源的严重匮乏直接影响了农业及居民日常生活,导致当时的哈拉帕文化和埃及古国日渐衰亡(Giraud,2019)。印度河流域,4.0 ka BP 事件之前,养殖业给北方的巨石器王国带来了繁荣昌盛;但气候转冷后,牲畜干草的供应不及,导致德国北部和纳维亚南部的印欧人迁徙到俄罗斯南部,其中有部分人迁移到东南欧、安纳托利亚半岛、波斯、印度、中国的西北部等地区(许靖华,1998)。黄润等(2005)的研究表明,在 6.5～5.5 ka BP 期间气候暖湿,安徽淮河流域在洪涝灾害的影响下地表环境恶劣,文化中断发展,考古遗址缺失。

不同的区域都显示全新世大暖期盛期人类活动活跃,5000 a BP 左右,我国新石器文化衰退,并导致某些地点文化出现中断(朱艳 等,2001;靳桂云 等,2001;吴文祥 等,2002;Dong et al.,2012;许俊杰 等,2013)。如 4.5 ka BP 之后,夏季风退缩,气候的波动性加大,环境向干冷演变,许多地区的新石器文化纷纷衰落(张兰生 等,1997;莫多闻 等,1996,2003;夏正楷 等,2000;吴文祥 等,2004;Zeng et al.,2016),环境演变与古文化变迁响应关系明显。内蒙古中南部和东南部在此时出现具有畜牧民族文化特征的朱开沟文化和夏家店下层文化,极可能和此时气候向干冷转变有关,气候变化使得人们不得不缩小农业的比例而逐步向畜牧业转化(严文明,1997),此时遗址的分布向河流低阶地集中,聚落分布的海拔高度有所降低(Dong et al.,2012;李拓宇 等,2014)。而耐寒农作物传入中国也使得人类可以永久定居青藏高原严酷的环境(Chen et al.,2016a),为了适应气候的逐渐变干,出现了凿井技术,降低了人类对地表水的需求,增强了人类的生存能力(陈星灿 等,2003)。黄土高原西部地区年左右有记录气候突变干旱,这一气候事件很有可能跟记录到当地发生在 4000 a BP 左右的农业文化的垮台这一历史事件有关(安成邦 等,2004)。

而在众多环境因子研究中发现降水是全球人类社会演化的关键外部环境因素之一(Tan et al.,2021),无论是人类的起源还是社会的发展都离不开水,而河流系统又是人类主要的水源地。已有的研究表明,气候变化是河流系统发展的主要驱动力,且洪水频发期与气候异常变化具有良好的对应关系(Guo et al.,2017;Tan et al.,2018)。Dong 等(2021)发现诺木洪及吐谷浑文化的繁荣期与周边山区的高降水期相一致,为农牧业的发展提供了丰富的水资源,柴达木盆地的低地绿洲也因此扩张,促进了人类定居。Zhang 等(2018a)对河南省西部洛阳盆地的古生物环境指标分析,显示 8.8 ka BP 左右森林退化为草原植被,8.4 ka BP 左右洛阳盆地区域气候稳定,吸引了先民迁入发展裴李岗农业,7.5 ka BP 之后发展仰韶文化。新疆博斯腾湖地区的全新世温度重建结果指示 4.7～4.2 ka BP 之间气候异常暖湿,考古资料显示此时古人类在相对寒冷的阿尔泰山及周边区域生活,而 4.2～4.1 ka BP 及 3.6～3.5 ka BP 之间发生寒冷事件,迫使古人类向南迁出阿尔泰地区,可能在低纬度地区、天山山脉和新疆南部塔里木盆地沙漠绿洲等地区继续发展(Huang et al.,2021b)。

而洪水对古人类文化和活动的影响备受关注,在西方有 Noah 方舟,在东方有大禹治水的传说,这些发生在史前的传说一直是中外学者求证的对象。近年来,科学家相继报道在地中海、黑海和美国等地发现了史前异常洪水事件的记录(Ely et al.,1993;Keer,1998,2000;Sandweiss et al.,1999),并开始探讨气候变化、史前异常洪水事件与人类文明演进之间的关系(铃木秀夫,1988;许靖华,1998)。如对黑海与里海之间博斯普鲁斯海峡沉积物的分析发现,黑海在 7.5 ka BP 发生了特大洪水,使黑海海平面以每天 15 cm 的速度升高,造成来自于西南亚的农业人口向欧洲中部及埃及、南美索不达米亚迁徙,促进了农业在欧洲的发展(Kerr,1998;

2002)。

20世纪80年代科研工作者开始关注古洪水研究。陆续在长江、黄河和淮河流域及其支流的基岩峡谷河段开展了基于滞流沉积物的古洪水研究,并取得了一系列的研究成果(Huang et al.,2002;2010;Wu et al.,2016;Guo et al.,2018)。研究发现古洪水对当时人类的活动带来了重要影响(Liu et al.,2010;史辰羲 等,2011;Yu et al.,2020;Wu et al.,2016)。尤其是发生在4000 a BP前后虞夏时期中国北方的异常大洪水,人类在与洪水斗争过程中人类的生产水平、技术水平和社会组织得到发展,促进了文化的发展和华夏文明的诞生(夏正楷 等,2003c)。

虽然早期人类主要是以适应气候环境为主,但人类活动也会影响着环境与自身的发展。Lazarova等(2015)对奥索戈沃山花粉的研究发现,自青铜时代晚期以来,森林砍伐、畜牧业和农业种植等人类活动对当地植被破坏严重,加之气候变化的影响,最终导致原始森林衰亡。约4.8～3.8 ka BP期间,湖泊与沼泽沉积物研究表明,哥伦比亚东部科迪勒拉盆地内的大量森林被砍伐,并伴随着地下水位降低,这可能与前西班牙人在此定居有关;在3.8～2.5 ka BP期间,当地湖泊逐渐变成了沼泽,农业种植力度加大,火灾频发,当时的古人类已经几乎使用了流域内所有的桤木木材(Gómez et al.,2006)。Mischke等(2006)对塔里木盆地东部罗布泊湖泊沉积物进行分析,并结合已有的气候研究成果与考古资料,发现在楼兰王国衰落期间,罗布泊及境内其他湖泊水位迅速下降甚至干涸,可邻近地区的湖泊水位上升,相对潮湿,所以楼兰王国衰落的原因可能与现代的咸海危机类似,不是气候变化造成的,而是由人类活动所引起的环境恶化,灌溉农业的过度取水导致了水资源短缺。Zheng等(2021)综合分析了中国南部与东南亚沿海地区的花粉记录,发现集约化水稻农业的兴起不仅导致了大面积森林被砍伐,还导致了植被种类多样性的锐减,一些在数百万年的环境变化中都存活了下来的物种在稻作农业等人类活动的影响下开始萎缩。Huang等(2021a)对吕梁山脉上马营海湖中的湖泊沉积物进行花粉与炭屑分析,重建了当地的植被演化历史,发现植被受人类活动干扰的影响很大,北宋时期发展农业导致森林被大规模砍伐,流域内的生态环境严重恶化。Zong等(2007)对位于长江下游的跨湖桥区域进行研究,其孢粉、炭屑记录表明在新石器时期,当地古人类用火清除以桤木为主的湿地灌木丛,从而可以定居并进行水稻种植。

因此,气候变化对人类社会和文明的发展产生了深刻的影响,且早期人类活动对自然生态系统的早期影响也是不容忽视的。同时人类又通过改变生存策略和迁移来适应环境的变化。比如说,黎凡特的纳吐夫文化——晚更新世到全新世初期,黎凡特地区的寒冷和干燥时期,其定居者采取种植和采集植物活动并存,驯化动物和狩猎活动并存等特点的生存策略(Rosen et al.,2012;Stiner et al.,1999;Weiss et al.,2004)。在新石器时代和青铜时代,人类通过采用不同的生活方式和利用动植物的策略来适应环境的变化。在意大利东南部,新石器时代的农民通过改变种植周期和使用的植物种类,在干湿交替的气候条件下幸存下来(Fiorentino et al.,2013)。在公元前5800—前4900年,在希腊发现了三次干旱事件,导致人们采取适应新条件的农业和畜牧业策略(Lespez et al.,2016)。在印度河流域,人类在4000～3200 a BP前利用抗旱谷子来适应印度季风减弱导致的干旱气候(Pokharia et al.,2014)。从20世纪60年代开始,地质调查和环境考古工作发现尼罗河三角洲存在大量前王朝(Pre-Dynastic)时期(6000～5050 a BP)至托勒密(Ptolemaic)时期(2282～1980 a BP)的古人类遗址(Butzer,1960;Hassan,1997a)。这些古遗址的分布与尼罗河三角洲地貌环境演变,包括气候水文波动、洪水泛滥以及古河道变迁有密切的关系，大量的遗址集中在尼罗河三角洲各个分支河道两侧的沙丘高地上以躲避水患，但随着尼罗河的不定期改道，古人类遗址也频繁地发生迁移(Butzer,1976;Said,1981)。而在撒哈拉中部和南部由于气候的严重干旱导致该地区的定居民族被游牧民族所驱逐，并促使人类向尼罗河流域迁徙，产生了古埃及文明(Huang et al.,2003)。

中世纪罗马帝国的繁荣恰逢气候暖湿期，而后期社会动荡与王国覆灭正发生于异常气候频发时期(Büntgen et al.,2011)。明朝末期发生了严重的干冷事件，导致当时的军事政治、社会经济体系崩溃、农民起义频繁发生，后金趁此时机建立自己的王朝，即大清，并迎来了人口的大幅度增加(Zheng et al.,2014;Cui et al.,2019)。由此可知，持续的环境恶化会抑制文明前进甚至使其没落，但轻度的水热条件下降也可能从一定程度上激发生产技术更新，迫使人类去适应恶化的环境，从而推动人类文明前进(Chen et al.,2015a)，如3.6 ka BP以来，北半球气温持续下降，中国北方干旱加剧，古人类文明发展所需的环境驱动力被压制，在这种情况下，适应高寒环境的耐旱作物、驯化家畜传入，这使得人类有能力向青藏高原高海拔地区扩散并定居(张东菊 等,2016)。

1.2.3 晋南地区环境考古

山西省是中国历史文化的发源地之一(苏秉琦 等,1981)，早在1926年，著名学者李济就主持了山西省夏县西阴村仰韶文化遗址的发掘，此后又做了一些工作，但都仅仅是个开端。直到1953年山西省考古工作正式有计划开展的发现与发掘，更以旧石器时代中期的丁村典型旧石器遗址而著称于世(贾兰坡,1955;裴文中,1958)。而新石器时代考古更使山西考古工作取得了突破性的进展，自仰韶时期以来不同文化类型人类活动的遗址和遗迹。并将其分为晋北、晋中和晋南3个大文化区域(山西省考古研究所,1994)。

晋南是中国新石器时代以来人类文化发展的重要地区，自仰韶时代到东周时期已发现较多的聚落，根据《中国文物地图集·山西分册》(国家文物局,2007)中关于考古聚落的统计，晋南地区已发现仰韶早期到东周时期的聚落共计1450处。而该区域真正意义上环境考古开始于20世纪90年代初，杜水生(1991)探讨了山西古地理环境与古文化之间的关系，指出环境与人类文化的产生与发展关系密切，优越的环境，促进了文化的发展，不同的环境会产生相异的文化类型。施雅风等(1992)、孟宪刚等(2007)的研究表明，8.5～3.0 ka BP为中国的全新世大暖期或气候最适宜期，当时年均温度要比现在高出2～3 ℃。适宜的气候不仅为人类提供了丰富的食物，也促进了史前文化的繁荣发展。此后，垣曲县的考古调查和发掘资料证明：自古以来，人类的生存与聚落发展同当时所处的地理位置和自然环境息息相关，人类的活动及聚落的建设、发展及迁移都受到所处环境的影响。随着时间的推移和时代的变迁，人类逐渐认识、利用和改造自然环境，最终迈向文明之路(张素琳,2003,2007)。穆文娟等(2007)通过对运城盆地相邻的临汾盆地几个新石器文化遗址的分析，认为该区新石器文化演替与环境的变化有一定的对应关系，自然环境应是人类及其文化发展的基础，环境的变化是导致文化衰退的根本原因。曹艳峰等(2009)通过对运城盆地夏县东下冯遗址的两个全新世典型黄土-古土壤剖面磁化率和炭屑浓度的分析，探讨了该区域野火活动和生态环境演变的基本规律。垣曲柳庄西遗址的发现，佐证了在4000余年前，黄河流域曾发生了一次特大的洪水灾害。陶寺遗址早期的发掘过程中发现陶寺城址也有被山洪冲毁的痕迹(高炜 等,2002)。随后何驽等(2018)对陶寺大城西边城墙(Q3)进行解剖性发掘，确认该段城墙基槽的夯筑年代应为陶寺文化中期，而非原来认识的陶寺文化早期，且其迅速废弃可能与水患有关。马敏敏等(2009)认为山西省新石器时代中晚期 7.0～5.6 ka BP 和 4.9～4.0 ka BP 文化发展和繁荣的时期，适宜的环境条件是其主要驱动力；5.6～5.0 ka BP 文化规模减小，处于低谷，气候的恶化和不稳定是导致其变化的重要驱动力。李拓宇等(2014)利用光释光(optically stimulated luminescence，OSL)测年和磁化率数据对晋南地区全新世黄土剖面的研究重建了该区全新世以来的古温度和古降水，并结合该区仰韶至东周时期文化发展特性及各时期考古聚落在不同地貌类型上的分布比例，探讨晋南地区全新世以来环境演变与人类活动的关系。此前刘建国等(2007)使用了 GIS (地理信息系统)技术对该区聚落分布与自然环境关系已有初步的研究成果。Lü 等(2019)通过对汾河下游的实地调查和典型剖面的分析，重建了该区域地貌及环境演化序列，并在此基础上探讨了两个盆地从新石器时代到青铜时代夏商王朝的全新世地貌变化特征与聚落分布格局之间的动态关系提供了重要信息。在太原盆地，由于晚更新世末至全新世初的河流下切作用，盆地边缘出现并演化为台地。高地顶上的平地海拔明显高于洪水水位，为早期定居点提供了理想的环境。全新世地貌变化的特点是连续的河湖沉积，由于不适宜居住的永文和地貌条件，特别是频繁的洪水，中央盆地变得没有人类居住。相反，大多数定居点位于盆地沿线，显示出独特的"环绕盆地"分布模式。这与早期姜佳奇等(2016)的研究结果是一致的。在临汾盆地，随着晚更新世时期汾河干流和支流的大规模切割，形成了深切河谷的台地型平原。与周围的黄土相似，中部盆地成为人类活动和聚落建设的最佳环境，形成了与太原盆地"环盆地"分布格局明显不同的"全盆地"型聚落分布格局。

综述所述，晋南地区环境考古研究在不断扩大，研究方法在不断改进，研究程度在不断深入，研究成果也在不断涌现，但在研究内容上，还停留在小范围的环境研究层面上，比如，只是一个一个遗址的环境研究，或者只是一个区域的环境研究，且大多分别率较低、测年精度也较差，还没有完全真正地把环境考古的研究放在地球历史的大环境里去探索，长时间大尺度的气候与考古资料的研究还不多；在理论上还没有重大的突破，规律性的探讨还不够，还没有形成一整套完备的理论体系和研究方法去支撑；更多遗址的研究还单纯的停留在文化内部因素的讨论阶段，通过多种测试方法进行古环境变化与古文化演化之间对应关系的研究还很少，系统的环境考古学的研究就更少。定量化的研究手段还有待于进一步运用，多学科真正意义上的合作研究还很少等。

国内外的优秀学者在环境考古研究方向上取得的重大成果为本书的研究提供了方法和思路。因此，本书选取晋南地区作为研究对象，探讨仰韶文化时期至夏商文化时期，该研究区文化遗址的时空分布特征。重点分析全新世中期气候波动变化与区域文化演化的关系，从而更好地了解晋南地区史前文化的交流整合和更替变化，以期为其他地区的类似研究提供参考意义。

1.3 研究设计

1.3.1 研究内容

主要将晋南作为研究区，为了认识晋南地区全新世中期的人地关系，根据其自然地理环境和相关考古研究发现，基于 ArcGIS 10.8 技术手段和空间分析方法，开展全新世中期晋南地区在气候变化的驱动下，遗址空间分布规律的可视化研究。有助于了解该区不同时期环境变化对文化遗址空间分布的影响，对研究晋南地区古人类活动分布范围与文化更替具有重要意义，为区域环境变化与人类文化发展的关系研究提供理论支持。

(1)通过对晋南地区黄土地层的系统采样，在 AMS^{14}C 测年的基础上，分析了粒度、磁化率、色度、地球化学元素等环境代用指标，重建晋南地区全新世气候变化的历史，并通过与全球不同区域、不同地质记录的全新世气候进行对比分析，探讨全新世气候变化的过程和特征。

(2)基于遗址数量和坐标的统计，叠加该区自然地理要素，包括海拔、坡度、坡向等分析，获取遗址点主要空间分布特征；结合遗址规模与不同地貌类型、河流缓冲区的分析，进一步深入分析遗址的分布规律。

(3)通过最近邻指数、核密度估算、标准差椭圆和泰森多边形等空间分析方法；并将研究区的数字高程模型(digital elevation model，DEM)数据、遗址点经纬度坐标和 ArcScene 10.8 进行叠加，制作晋南地区地貌不规则三角网(triangulated irregular network，TIN)图，模拟了该地区遗址重心变化和龙山-二里头时期文化过渡时间段古人类的迁徙路线，从而深入探讨遗址的空间模式规律。

(4)整合该区域和周边地区的气候资料信息，如石笋氧同位素、黄土剖面、冰芯等地质载体，重建该区的古气候环境序列。继而探讨遗址的时空分布与气候演化的关系，进一步分析气候环境演化对古人类活动的影响。

1.3.2 技术路线

本书整个框架采用的技术路线如图 1.2 所示，研究主要沿着如下几个方面展开。

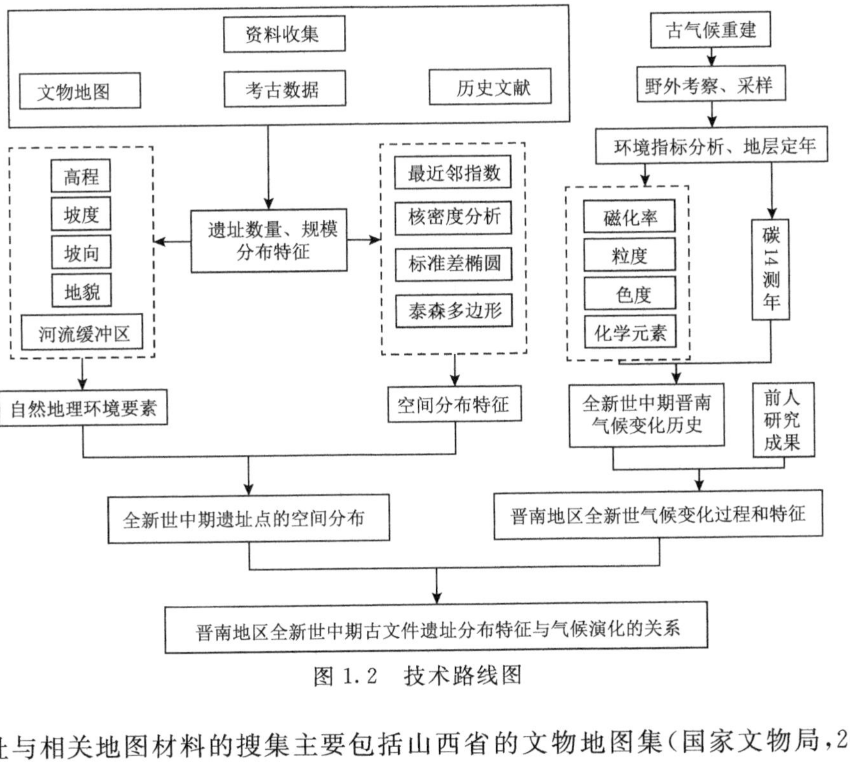

图 1.2 技术路线图

(1)遗址与相关地图材料的搜集主要包括山西省的文物地图集(国家文物局，2006)，考古调查以及遗址发掘简报等；ArcGIS 10.8 分析中要用到的数字高程图、降水图、地貌图等对汾河流域的遗址考古资料进行统计分析，提取出地貌、高程、坡度与坡向、河流缓冲区的分层设色图，分析与地理环境间的关系；

(2)通过晋南地区陶寺遗址附近黄土剖面系统采样及地层年代、环境指标的分析，重建了晋南地区全新世气候变化的历史，并在此基础上结合国内外全新世气候的记录，探讨晋南地区全新世气候变化的过程和特征；

(3)晋南地区文化类型及该区域内所有遗址点的空间分布状况进行对比分析，探讨气候变化如何影响古代人类文明发展的内在机制与文化演化过程。

1.4 小结

全新世以来气候变化与史前文化演化之间的关系是“过去全球变化”研究的重要内容之一，探讨其相互规律和机制，不论对现在还是未来协调人地关系都有重大的理论和现实意义。

全新世(Holocene)是地质时代最新阶段，也是第四纪二分的第二个世，其时间范围大致从约 11700 a 前(也有说法为距今 12000～10000 a 前)持续至今。根据北欧沼泽地层中的植物化石和孢粉谱研究，挪威人布利特(A. Blytt)和瑞典人塞南德尔(R. Sernander)在 1909 年建立了北欧冰后期气候分期，包括：前北方期(10300～9500 a BP)，由寒冷转向温凉。北方期(9500～7500 a BP)，温干。大西洋期(距今 7500～5000 a BP)，温暖湿润，又称气候适宜期。亚大西洋期(2700 a BP 至今)，凉爽湿润。

全新世早期(11.7～8.2 ka BP)，气温较低，降水较少，植被较为稀疏。海平面较低。随着气候转暖，随着冰川消融，海平面迅速上升。植被逐渐增多，特别是喜暖动植物逐渐向较高纬度和较高山迁移。全新世中期(8.2～4.2 ka BP)，气温较为稳定，且在某些时期(如大西洋期)气温高于现今 3～5 ℃。全新世晚期(约 4.2 ka BP 至今)，气温虽有波动，整体上呈逐渐变冷变干的趋势。

全新世的气候变化不仅影响了自然生态系统，还对人类社会和文化发展产生了深远的影响。全新世温暖湿润的气候条件为农业的起源提供了可能。例如，在黄土高原地区，随着气候的逐渐湿润，人类开始从事农业生产，这标志着新石器时代的到来。农业的发展不仅提高了人类的食物供应能力，还促进了人口的增长和社会结构的复杂化。气候的变化也影响了农业生产的稳定性和产量。在温暖湿润的气候条件下，农作物生长良好，产量增加；而在干旱或寒冷的气候条件下，农业生产则可能受到严重影响，甚至导致饥荒和社会动荡。全新世的气候变化导致了人类迁徙和定居模式的改变。在气候适宜的地区，人类倾向于定居下来从事农业生产；而在气候恶劣的地区，人类则可能被迫迁徙到更适宜生存的地方。这种迁徙不仅促进了不同文化之间的交流与融合，还推动了人类社会的发展和进步。气候变化还可能引发文化转型和朝代更替。例如，在黄土高原地区的研究表明，文化转型时期往往对应着季风减弱/气候变干的时段；而文化和朝代发展繁荣的中期时段也大致与季风增强/气候变湿的时期相对应。这表明气候变化对文化和朝代的发展具有重要的影响作用。

综上所述，全新世气候变化与文化演变之间存在着紧密而复杂的关系。气候变化不仅影响了农业起源与发展、人类迁徙与定居、文化转型与朝代更替等方面；同时，人类文化也在不断演变和适应气候变化的挑战。因此，我们需要加强气候变化研究、提高应对气候变化的能力，以更好地保护我们的文化遗产和推动人类社会的可持续发展。通过自然剖面重建考古学文化发展时期的古环境已取得了一定数量的研究成果。但也存在学科联系不紧密、古环境变化对文化发展影响的机制不明了等问题。为此，选择晋南地区为项目的研究区，该区地处黄土高原东南部，是我国传统农业耕作区，亦是我国新石器时代以来人类文化发展的重要地区，自仰韶到东周时期已发现较多的聚落。在统计考古资料的基础上，对考古发掘的史前人类活动遗址系统采样，并结合原有考古年代数据，从而获取晋南地区史前人类活动的时间序列。对连续地层剖面进行环境代用指标分析建立起以年代序列为框架的史前人类活动的气候背景及其耦合关系。试图从理论上建立人地相互作用的机制，为进一步揭示当今人地关系、促进人与自然协调发展提供参考与借鉴。

1.5 本书主要内容

晋南地区是中国文化发展的核心区之一，具有丰富的人文遗存，并与其他文明在交往的过程中形成自身独一无二的人文特色。本书的主要目的是研究全新世中期晋南地区遗址分布与气候环境演变之间的关系，对于理解不同环境下文化遗址所反映的人类活动具有重要意义。前人对史前人地关系方面做了大量的工作，因此，对于史前人地关系的论述不能面面俱到，作者在第一部分只是对全新世气候变化与人类活动的某些方面做了综述。但是，本书所涉及的研究方法、实验步骤及理论解释方面适用于第四纪任何时段。

在气候变化的研究中，地层年代确定和气候代用指标的选择是两个重要的研究内容。许多古气候研究的结论都是依赖高精度和准确的年代模型基础上得到的。而且准确的定年也是进行区域气候与全球气候变化对比和讨论的重要基础，因此，本书在第 2 章除介绍研究区及黄土地层剖面概况外，重要讨论的就是关于本区地层年代的确定。由于具有器测资料的尺度有限，因此古气候的变化要通过替代性指标来反映。因而本书在第 3 章重点论述了所选用气候代用指标的古气候意义及实验操作方法。从而便于使读者了解获取全新世古气候古环境研究基础数据的一般流程。

第 4、5、6 和 7 章是本书的重要内容，第 4 章论述了晋南地区全新世以来的气候演化历史，同时将该区气候变化与不同区域、不同材料地质记录进行对比分析，分析晋南地区气候变化的过程和特征，使人们认识到全球气候变化的整体性，不同区域间的记录是可以被相互校验和替代，更使人们认识到把自然环境中不同区域、不同材料等记录联系起来才能理解整个气候系统。第 5 和 6 章重点基于 ArcGIS 10.8 软件，整理相关考古资料，通过对晋南地区史前时期文化遗址的数量、规模、海拔、坡度、坡向、河流缓冲区等特征进行系统整理统计。分析了不同时期的遗址空间分布同自然地理要素呈现规律性。结合最邻近指数分析、核密度分析、标准差椭圆分析和泰森多边形等空间分析方法，并制作晋南地区地貌 TIN 图，试图模拟了遗址重心变化和龙山到二里头时期文化过渡时间段古人类的迁徙路线。第 7 章重点论述了晋南地区气候变化对古人类活动影响以及古人类对气候环境变化的响应。通过对晋南地区史前人地关系的研究，希望能够起到抛砖引玉的作用，促进史前人地关系研究的全面进行。

2　研究区概况

山西省，简称“晋”，作为中华文明的发源地之一，自古以来就有人类活动的踪迹，文化内涵和自然资源相当丰富。山西省位于我国华北地区，地势总体上东北高西南低，呈平行四边形，中部为一列串珠式盆地沉陷，平原在其间分布。地形属于黄土覆盖下较低的山地高原，河谷纵横，层峦叠嶂。气候整体上属于暖温带大陆性季风气候，冬夏气温相差明显，昼夜温差较大。晋南是指山西南部一带，包含了今天的临汾市、运城市、吕梁市的石楼县和交口县，即民间所谓的“晋南专区”。北与山西省吕梁、晋中相连，东与山西省长治、晋城为邻，西、南与陕豫相望（王铭，1994）。地理位置大致位于 34°34′—37°16′N，110°14′—112°37′E。晋南位于第二级阶梯的黄土高原东南缘，约占全省总面积的 17%。从地貌上看，晋南地区自北向南，主要有两大盆地构成，北为吕梁山和太岳山环绕的临汾盆地，南由中条山和王屋山等众多低山包围的运城盆地（图 2.1）。

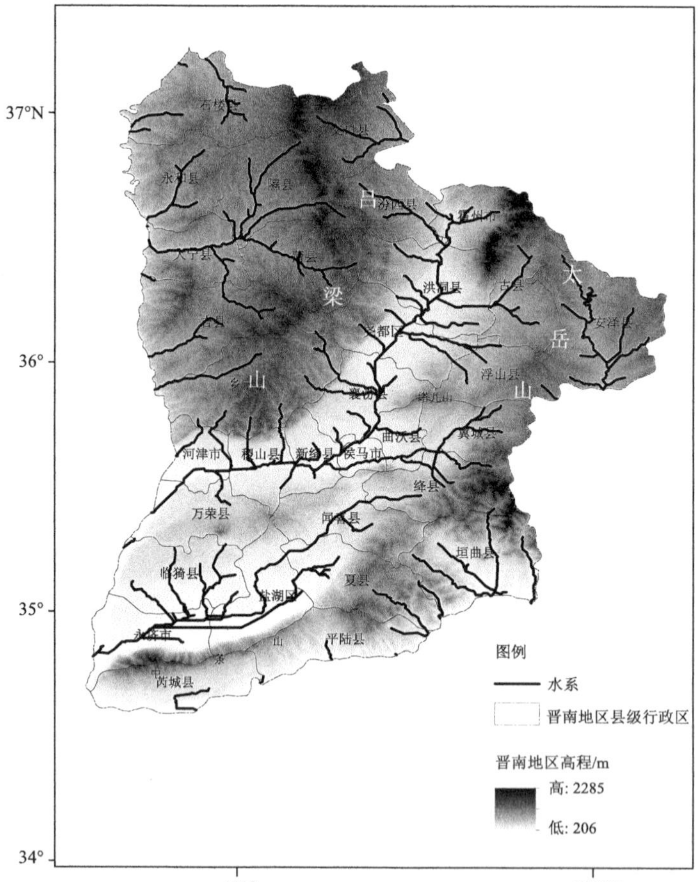

图 2.1　晋南地区区位图

2.1 临汾盆地自然概况

2.1.1 地质

临汾盆地北起韩侯岭，向南至侯马折而向西直至黄河岸，盆地东西两侧分别以霍山大断层、罗云山、韩城大断层与山地相接，南部与峨嵋台地相接。地理坐标为35°23′—36°57′N，110°22′—112°34′E。盆地长约200 km，宽20～25 km，面积约5000 km^2，包括整个汾河下游地区以及陕西韩城山前平原。新生代沉积最大厚度达2200 m，是山西地堑系沉降较大，沉积物较厚的一个盆地，其中第四纪沉积约800 m。临汾盆地在北东向构造控制下，自西向东形成了大致平行的吕梁山地、临汾凹陷西佐岭凸起、浮山凹陷、佛岭山山地；在北东东构造控制下形成了灵石隆起、临汾凹陷；襄汾凸起、河津凹陷、紫金山—峨嵋台地隆起（图2.2），因而盆地内的主要次级新构造单元有临汾凹陷、河津凹陷、浮山凹陷、辛置凸起、西佐岭凸起、襄汾凸起这六个新构造单元有其复杂的地貌结构，并影响着地表的物质流动和能量的传递。吕梁山地平均海拔1200 m左右，与盆地相对高差约600 m，最高峰为五鹿山，海拔1946 m。底部为太古界麻岩，而大部分地区出露的地层是寒武、奥陶、石炭、二叠、三叠系的灰岩、砂岩和页岩，山顶局部地区覆盖着几米到十几米的黄土。

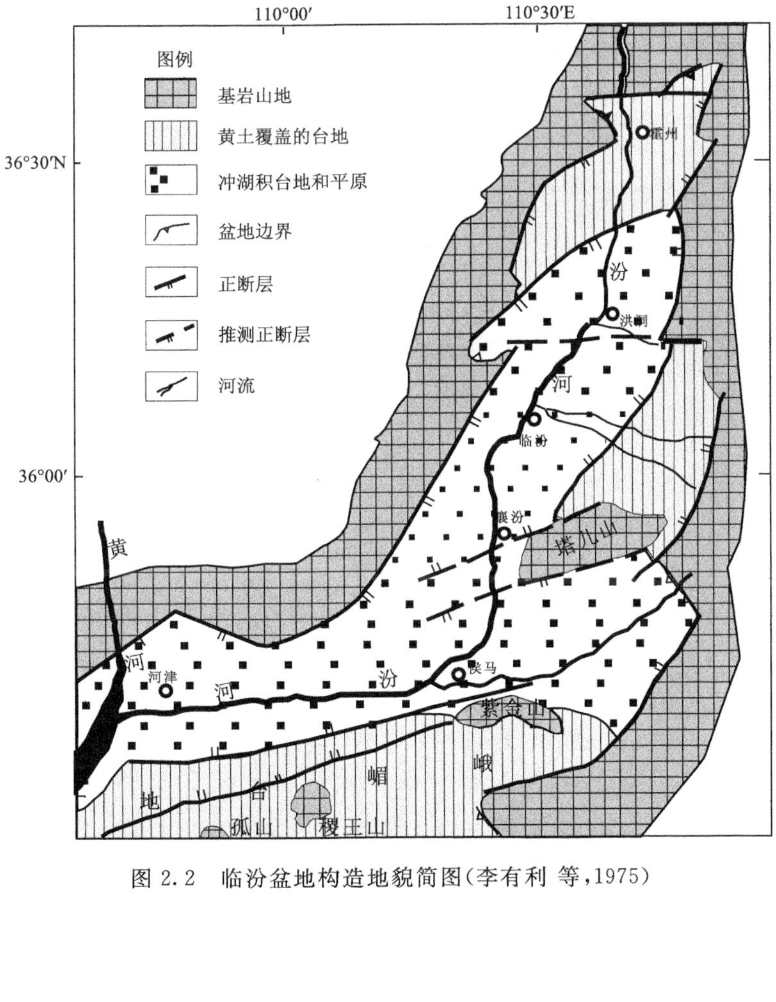

图2.2 临汾盆地构造地貌简图（李有利 等，1975）

2.1.2 地貌

临汾盆地纵贯临汾市中部，将整体隆起的高原分为东西两部分，东部有太岳山、中条山，西部是吕梁山脉，海拔多在 1000 m 以上，使全市主体轮廓呈“凹”字形。盆地内地形较为平坦，属于汾河流域东岸二级阶地。以下介绍东部山地丘陵、中部盆地、西部基岩山地。

临汾地区东部北起太岳山、南到舜王坪，在地形上以山地为主，并间有较广阔的黄土丘陵。包括霍山山地、中条山山地以及两大山地之间广泛发育的黄土地貌。其中黄土地貌大体可分为三个部分，北部以山地丘陵为主(古县一代)，沟谷切割较深，基岩出露较高；南段为黄土塬梁区，在中条山北边是一个保存较好的黄土塬梁区，如隆化塬；中段形成了盆地及黄土丘陵台地，典型的如浮山盆地，由于盆地海拔较高，又沉积了较厚的早更新世冲积相粉砂沉积，上覆中晚更新世黄土，因此也称为浮山台盆台地；典型台地还有辛置构造台地和翼城东部冲洪积台地等。

中部盆地即临汾盆地，是山西地堑系中新生代断陷盆地之一。北起韩侯岭，南到紫金山，长约 200 km，东界太岳—中条山，西临吕梁山，宽 20～25 km。海拔 600 m 左右，盆地中，新生代地层厚约 800 m，第四纪沉积物达 465 m。受构造控制，盆地呈反相“L”形，汾河从中纵贯而过。四周山前黄土地貌发育，洪积扇宽大，冲积平原宽广，是山西省重要农业基地之一。临汾市占据临汾构造盆地的主要部分。该盆地又称汾河下游盆地，北起洪洞的石滩，南至侯马的隘口，包括洪洞、襄汾、曲沃、侯马及霍州和翼城的平川区。长约百余千米，宽 20～35 km，海拔 400～600 m。以塔儿山—汾阳岭隆起带为界，把盆地分为南北两部分，北部称临汾盆地，南部称侯马盆地(是河津—侯马凹陷的一部分)(王丽丽，2011)，地势开阔平坦。在第四纪时期，临汾凹陷主要是湖泊，受到构造运动的影响和气候变化的控制，凹陷内的湖泊范围、湖泊深度发生了多次变化，从而在河流两侧形成了多层冲积湖台地(Huang et al.，2000；Chun et al.，2002)，例如，临汾凹陷的浮山—大洋—乔李—屯里段有 4 级阶地，襄汾县柴庄段发育了 5 级阶地。因汾河自北而南流经中部，又称汾河下游平原。受新构造运动影响，以汾河为轴，地表两侧有阶梯状之景观。是临汾市最为平坦之地。因为山西交通干线多穿盆地而过，距两边山地甚远，故来三晋者很少看见山，则误称“山西没山”。可见平原之大也。

西部基岩山地，指昌梁山南段，平均海拔 1200 m，高出东部平原 600～700 m，比西部黄土丘陵约高 400 m，区内最高峰为隰县的紫荆山，海拔 2012 m。本区大部分基裸露，地层由太古界片麻岩，上元古界石英砂岩，寒武系灰岩夹页岩，奥陶系灰岩、石炭、二叠系砂岩、页岩夹灰岩和三叠系砂岩等组成，星平缓褶皱，构成吕梁山复式背斜。

2.1.3 气候

临汾盆地位于中国暖温带半湿润地区的西部，具有温带大陆性季风气候的特征(刘东生，1985)。雨和热是在同一时期，四个季节的气候特征是分明的，春季干燥多风；夏季高温天气多，降雨多为暴雨，伏天时干旱和雨水交替出现；秋天，连续下雨；冬天干燥寒冷，降雪相对来说很少。由于地貌类型不同，区域小气候也会不一样，故临汾盆地独特的地理位置和地形特征，气候同其他地方也会不一样，有自己的区域特征，总体表现是，南部盆地开阔，山地少，故气温比北部狭窄地区温暖，而北部山区的降水就比南部开阔地区的降水多。

临汾市平均气温在 11.7～13.2 ℃，夏季高温日较多，7 月的平均气温最高为 26.5 ℃，冬季温度较低，1 月平均气温最低，为−2.6 ℃，≥10 ℃的累积温度为 4317 ℃·d，无霜期为 205 d，年日照时间为 2323 h。降水量的年均为 453～547 mm，但是季节分配不均匀，降水量集中在7—9月(图 2.3)，春季降水量仅占年降水量的 10%～15%，夏季约占 70%，暴雨为主要的降水方式，因此水分的利用率较低。相对湿度变化范围在 52.5%～71.5%，湿度变化与温度和降水量变化都表现出一定的差异，7月以后基本上降水量、气温变化相一致，说明湿度的变化还受到其他气候因素的影响。

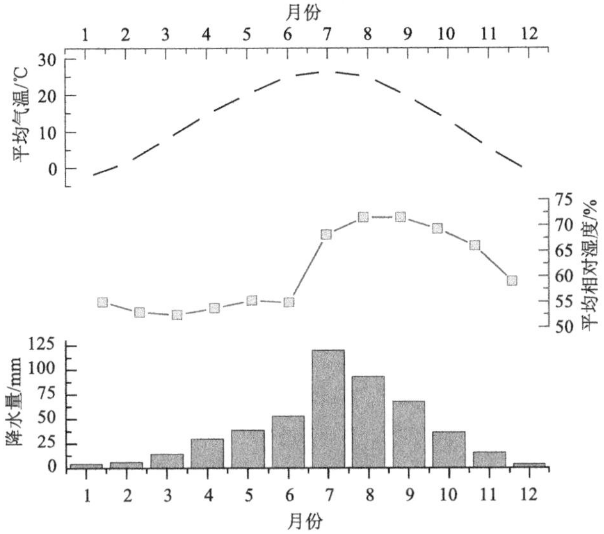

图 2.3　临汾市 1954—2022 年逐月气温、降水及湿度分布图

2.1.4　水文

临汾盆地位于黄土高原的东南方向，也是鄂尔多斯地台的边缘地带，属于中国地质构造运动非常强烈的地区之一。临汾市有大小河流 200 余条，均属黄河水系(图 2.4)。流域面积在 1000 km^2 以上的有黄河干流、汾河和沁河。黄河干流位于临汾市西侧，为晋、秦天然分界线，全长 174 km，流域面积 7739 km^2。临汾盆地主要河流为汾河(钟聪，2015)，汾河水系单元贯穿太原盆地和临汾盆地两个汇水中心，归入黄河，流域面积 10286 km^2，是临汾第一大河流。它纵贯盆地南北，流经临汾市全长 173.6 km，是临汾盆地内最重要的水资源之一。汾河下游段水流流速缓慢，支流密布且基本都有水流，如涧河、南涧河、洪安涧河等，流域覆盖面积较广。沁河是临汾含沙量最小的河系，全长 95 km，流域面积 2288 km^2。河流以季节性河流为主，径流量多集中在汛期的 7—9 月，故形成雨季排洪，旱季断水。

2.1.5　植被

本区自然植被区带属暖温带落叶阔叶林带，地带性植被为落叶阔叶林，并混有温性针叶林(刘东生，1985)。平原和部分丘陵地区受人类活动强烈影响，植被类型为农业植被，农作物有冬小麦、玉米、谷子、高粱、甘薯、棉花、花生、苹果、梨、枣、柿子、葡萄、板栗、核桃，仅在地边和崖坡上分布一些灌草丛和人工种植的杨树。丘陵地区分布荆条、酸枣灌丛与白羊草、黄背草群落组合。山区基本上为自然植被，并具有一定的垂直地带性，包括落叶栎林、落叶阔叶杂木林、油松林与次生灌草丛。代表性树种有落叶栎林类的辽东栎、槲树、栩栎，落叶阔叶杂木林类的有色木槭、大果榆、紫锻等，次生灌草丛类的荆条、酸枣、黄护、白羊草、黄背草等。

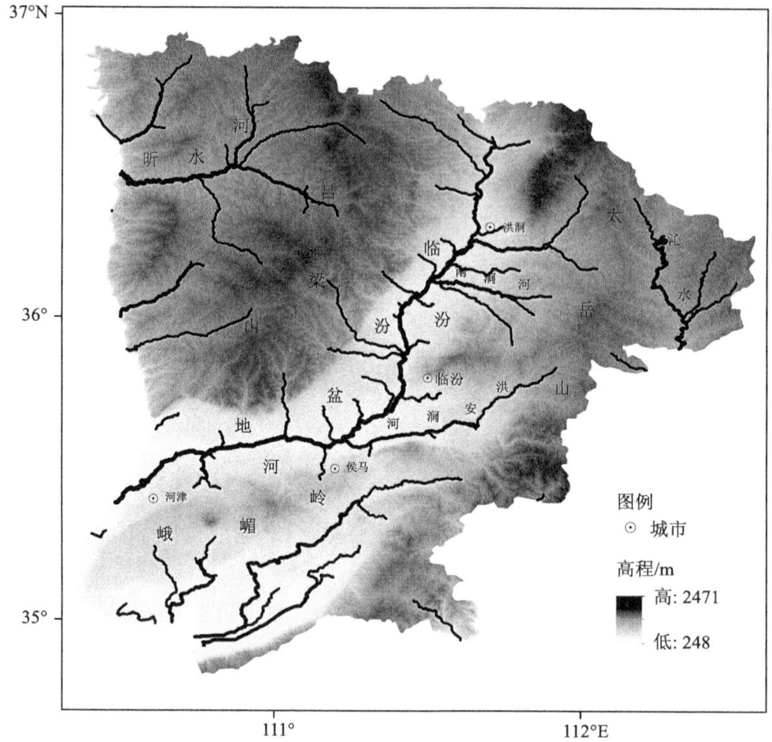

图 2.4　临汾盆地水系分布图

2.2　运城盆地自然概况

2.2.1　地质

运城盆地是一个发育于新生代的断陷盆地，位于山西地堑系西南端。盆地南、西两部皆以黄河为界，分别与河南、陕西两省隔河相望；北部与孤峰山—稷王山—紫金山一线为界，与临汾地区接壤，东部以舜王坪—老镖山—成山一线的分水峡为界，与长治地区相邻。地理坐标为34°34′—35°49′N，110°14′—112°04′E。中条山位于本区之东南部，呈东北—西南向延伸，将运城盆地和三门峡盆地分开，鸣条岗位于夏县与闻喜之间（图 2.5）。盆地总体走向 NE，活动断裂较发育，断裂的走向主要是以北东北、东北和东东北向为主。这些断裂形成了盆地的构造格架，控制着盆地的构造变形和地震活动。运城盆地由北向南分为三个构造单元：峨眉隆起、运城坳陷和中条山隆起。这些构造单元在地壳运动和热演化过程中经历了不同的埋藏与热演化史，有利于成矿物质的运移和沉积。形成了丰富的矿产资源丰富，经地质勘探列入山西省矿产储量表的有煤、铁、金、银、铜、铝、锌等矿产资源。特别是铜矿，运城市的铜矿储量占全省94%，显示出其在铜矿资源方面的优势。

运城盆地在新近纪至早更新世以来，表现为一套河湖相沉积，以湖相沉积占主导。在早更新世时期，断裂控制的伸展断陷盆地持续下陷，湖盆不断扩大，从而发育了范围广泛的三门古湖。在早更新世末期至中更新世时期，受构造应力场转换的影响，运城盆地内的三门古湖范围内开始逐渐萎缩。晚更新世以来，断陷盆地持续下陷，但沉积体系除了运城盆地有残留湖泊

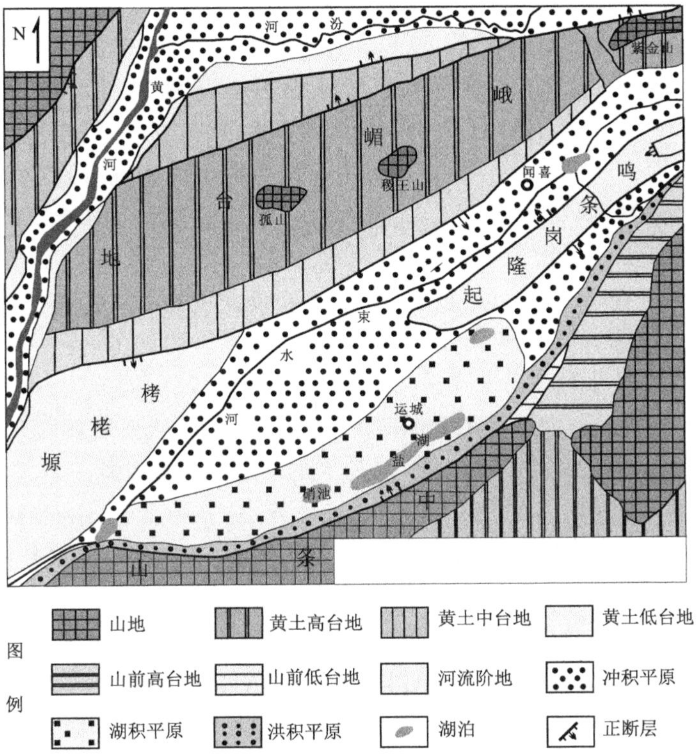

图 2.5 运城盆地构造地貌略图(王乃樑 等,1996)

外,其余均以河流相的沉积为主。

2.2.2 地貌

运城盆地是新生代发育的断陷盆地,依据地貌形态、新构造运动特征等,将区域地貌可分由北向南依次为峨嵋台地、盆地内部平原、中条山山地(图 2.5)。北部的峨嵋台地控制了盆地的北部边界,南部的中条山控制着运城断陷盆地的南部边界。

峨嵋台地:为山西断陷带南部临汾盆地与运城盆地之间的一个近东西向隆起。台地北缘断裂位于峨嵋台地及紫金山北缘,整体呈近东西至北东向展布,断裂东端转向北北东,总长 120 km,也是临汾盆地南部河津—侯马凹陷的南部边界控制断裂。台地东部顶面较平坦,海拔 700 m 左右;台地西部顶面略向西倾斜,并发育有王山、孤山两座海拔分别为 1279 m 和 1411 m 的山峰。整个台地被黄土覆盖,据台地周边较大冲沟中揭露有上新统砂砾石层推断,台地在晚第三纪时仍处于沉降状第四纪开始隆起,南、北两侧均发育断层。紫金山是临汾盆地与运城盆地之间一个规模较小的掀斜断块山,最高峰海拔高仅 1100 m 左右。山体北侧发育断裂,即峨嵋台地北缘断裂,山是单面山,北受断层影响,壁玄坡陡,南为构造坡,山坡平缓。山体向南缓倾,延伸运城地。其西在绛山尾脊上有隘口,地势险要,古有铁刹关,雄踞其间,自古为兵家必争之地。其峡谷曾是古汾河道流经之地,现留有古河道和风口。

盆地内平原:运城盆地内部为由黄河、中条山、峨嵋台地所围限的冲积平原。地势由北向南降低。中条山北麓盐湖一带最低,海拔约 320 m。根据新生代的沉积厚度、地貌形态、新构造运动特征等,进一步将盆地凹陷区划分为鸣条岗隆起、涑水河凹陷、解州凹陷 3 个次一级构造单元。

中条山:西起永济县的首阳山,北隔绛县续鲁峪的十字河与太岳山相接,南抵黄河北岸,东接析城山。总体呈北东东展布,绵延约 200 km,宽 10～30 km,一般海拔 1200～1900 m,相对高差 800～1000 m。台地南北两侧均为断裂控制,其中北缘断裂是运城盆地的主控断裂。南北断裂活动导致了中条山的不对称抬升,在山地两侧形成了不同的地貌特点(Su et al., 2020)。南侧的冲沟而言,北侧冲沟的坡度较大,冲沟较短。山前发育有两级台地,高台地由基岩和上覆的砂砾石层和第四纪黄土组成,而低台地主要由更新世河湖相地层和上覆的黄土组成,这两级台地的发育受控于山前的正断层。《清一统志》记,中条山西接华山,东接太行,此山居中,且狭而长,故称中条。像一只卧蚕横跨永济、芮城、盐湖区、夏县、闻喜、绛县、平陆、垣曲、翼城、沁水、阳城等十一个县市区。由太古界涑水群(以混合岩化的各种片麻岩为主)、绛县群(各种片岩夹大量火山岩为主),元古界中条群(浅变质碎屑岩和碳酸盐)以及下古生界岩层组成。一般把中条山分为三段:从首阳山到张店塬垭口为西段,从张店塬垭口到横岭关为中段,由横岭关向东为东段。东段是中条山最雄伟高大的一段,最高峰舜王坪海拔 2322 m 就在此段。中条山异名很多,多因地因朝代殊名,古今有雷普山、首阳山、吴山、薄山、襄山、甘枣山、渠潴山、独头山、陌山、尧山、盐道山、百梯山、方山、南山、历山、才棘山等。临汾市只占有东段的北延部分。

2.2.3 气候

东亚季风控制区,具有典型的半干旱大陆性气候,夏季高温多雨,冬季寒冷少雨。运城地区现代年均温 13～15 ℃,年降雨量 400～600 mm,年蒸发量 2200～2900 mm;月均温变化范围为 −1.2～27.5 ℃,月均降雨量变化范围为 4.1～103.3 mm,月均相对湿度变化范围为 54.0%～69.9%,月平均温度最高值出现在 7 月,为 27.5 ℃,最低值出现在 1 月为−1.2 ℃(图 2.6)。降水量基本上呈现出正态分布的规律,7 月、8 月、9 月为主要降水月份。湿度的变化与气温和降水量都存在一定的差异,与临汾市湿度变化基本上一致,这也说明湿度不完全受降水量或者气温影响,可能是同时受两者影响,或者其他的气象要素也影响到湿度的变化,比如风速等。

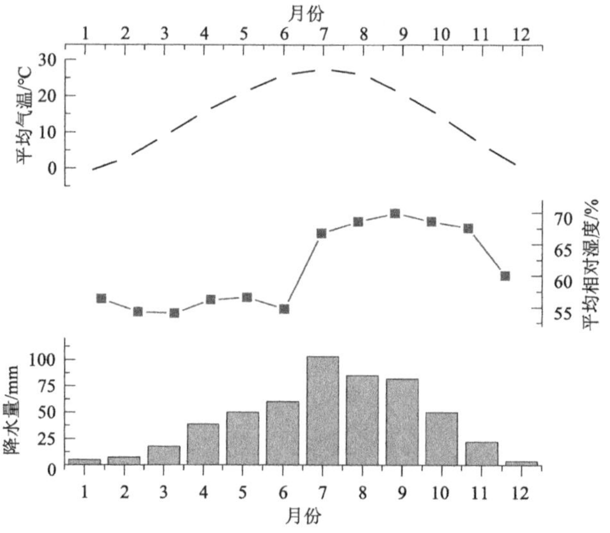

图 2.6 运城市 1954—2022 年逐月气温、降水及湿度分布图

2.2.4 水文

如图 2.7 所示，运城盆地位于山西省西南部，地处晋陕豫黄河“金三角”地区，主要河流为涑水河，该河是黄河的一级支流，发源于绛县陈村峪莲花池，由东北向西南流经闻喜县、夏县、运城市盐湖区、临猗县、永济市，至永济市伍姓湖后汇入黄河。涑水河全长有多种说法，但大致在 165～200.5 km，流域面积广阔，对运城盆地的水文环境有重要影响。水系的特点是运城盆地内的河流大多发源于中条山，依地势向西南汇入黄河。这些河流的流量受季节影响较大，雨季流量增加，旱季则可能干涸。涑水河作为盆地内最大的一条河流，其上游常年有水，但中下游部分河段在枯水期可能干涸。历史变迁方面，运城盆地的水系在历史长河中经历了变迁。例如，涑水河原本为汾河的支流，后因地质事件导致汾河改道，涑水河成为运城盆地的主要河流。这一变迁对运城盆地的地貌、水文环境以及人类活动产生了深远影响。盆地内部的南部山前有许多湖泊发育，如伍姓湖、硝池、苦池和盐池等。它们位于盆地内次一级的深凹陷带内。这些湖泊有不同程度的咸化，其中盐池是这一地区盐化业的原料基地。

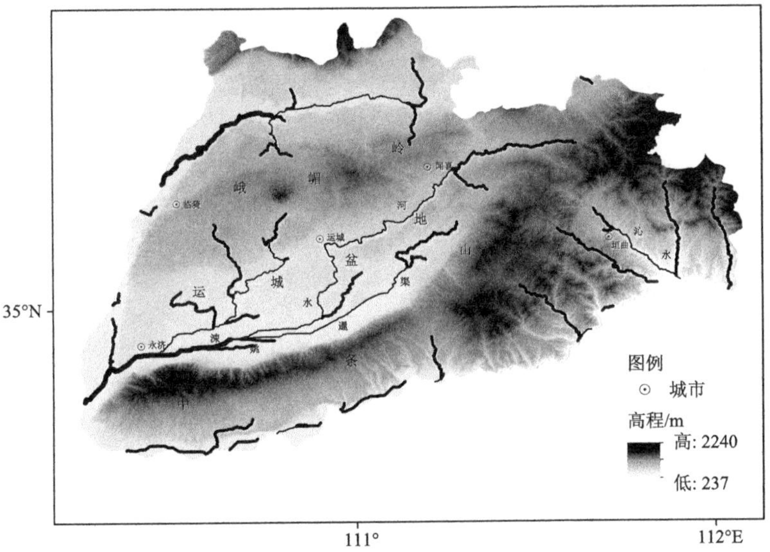

图 2.7　运城盆地水系分布图

2.2.5 植被

运城盆地属于温带季风气候区，因此落叶阔叶林是主要的自然植被类型。这些树木在秋季落叶，以适应冬季的寒冷气候。常见的落叶阔叶树种包括杨树、柳树、槐树等。在盆地的一些边缘地带，由于土壤贫瘠或水分不足，形成了灌木丛。这些灌木丛对于保持水土、防止水土流失具有重要作用。在盆地内的低洼地带或河流沿岸，由于水分充足，形成了草甸植被。这些草甸植被主要由禾本科、莎草科等草本植物组成，为当地畜牧业提供了丰富的饲草资源。在盆地的一些盐碱化严重的地区，形成了盐碱草地。这些草地植被主要由耐盐碱的植物组成，如碱蓬、盐蒿等。

在运城市的园林绿地中，还分布着丰富的草本植物。这些植物种类多样，包括一些观赏性强、经济价值高的草本植物。这些园林植被不仅美化了城市环境，还提高了城市的生态质量。

2.3 研究材料与样品采集

黄土是第四纪冰期干冷气候条件下的产物。中国黄土以黄河中下游黄土高原的黄土分布最为广泛，同时也是世界上埋藏最厚、分布最连续的黄土区域。我国黄土分布面积广、持续时间长、黄土—古土壤序列清楚，很好的沉积记录了第四纪以来的东亚季风演变历史。刘东生等学者发现了黄土—古土壤沉积对古季风演变的指示意义，将其与冰芯、深海沉积物并成为研究全球变化的三大气候指标。

第四纪风成沉积在古环境重建过程中具有重要的作用。作为风尘沉积的黄土序列提供了第四纪早期以来冰期和间冰期的记录(Kukla，1975；Fink et al.，1977)。近年来随着测年技术的不断发展和精确，使黄土—古土壤序列所记录的冰期—间冰期旋回可以与深海氧同位素记录作对比(Kukla，1987a)。

中国黄土以其分布广泛、沉积连续等特点而受到国际上环境研究者的关注，使其成为了国际上环境变化研究的重要支柱之一。黄土与古土壤地层交加重叠，标志着在黄土形成过程中古气候有过多次干冷和暖湿的交替变化。随着第四纪冰期时代来临，全球平均气温显著下降，中国西北地区受冬季风控制，沙漠中大量的粉尘物质被风力携带至黄土高原形成黄土层；间冰期时，粉尘堆积速率降低，且良好的水热条件对黄土物质进行风化，形成古土壤。黄土—古土壤的重复出现代表了全球气候系统在第四纪时期的冷—暖波动(刘东生，1985)。黄土在记录古气候变迁上是连续的(丁仲礼 等，1989)，加之气候变化本身具有全球同时性，黄土的连续性为进一步探讨第四纪时期气候演化的特征、趋势、周期性等问题提供了重要的野外证据，为重建第四纪古气候旋回奠定了基础(丁仲礼 等，1989)。

黄土高原为全球最广泛的黄土沉积，许多黄土地层和地质年代学的重大发现均出现在该区(Kukla，1987b；Kukla et al.，1989；Ding et al.，1994；Liu et al.，1998)。通过对黄土高原中部的洛川、宝鸡等剖面的研究，将中国黄土—古土壤序列 2.5 Ma BP 以来划分了 37 个冰期—间冰期旋回(丁仲礼 等，1989)。古土壤则代表了夏季风相对强盛期，气候温暖湿润，风化成壤作用强，就形成褐红色的古土壤。黄土—古土壤序列记录了最近 7 Ma 以来东亚冬季风占优势和夏季风占优势气候期相互交替的变迁历史(杜青松，2011)。郭正堂等(1996)对第四纪黄土的研究发现，一个完整的第四纪沉积序列深度超过 150 m，一共包括了 50 个成壤期。此后随着国际合作的广泛开展，一系列新方法和新技术的不断涌入，使黄土的研究由最初简单的定性描述向半定量、定量发展，建立了标准黄土—古土壤序列(刘东生 等，1985)。关于黄土序列的气候变化信息可以从其岩性中获得，如粒度、磁化率等一些环境代用指标，以及一系列的化石证据(孢粉、腹足类和脊椎动物)。黄土—古土壤序列的磁化率与深海氧同位素之间有良好的对应关系，显示出磁化率具有全球气候变化的指示意义。而粒度的变化在很多研究中被认为受冬季风的强度变化所控制(丁仲礼 等，1991；An et al.，1991；鹿化煜 等，1998)，孙有斌等(2002)根据灵台和赵家川剖面粒度的分析及石英颗粒的提取，发现在最后四个冰期旋回东亚季风存在快速变化的特征，并且其曲线变化与深海氧同位素有很好的对应关系。Shi 等(2013)通过对西北季风边缘靖远黄土发现 MIS11(Marine Isotope Stages 11，深海氧同位素 11 阶段)阶段与全新世边界条件有很多共同点，可将 MIS11 阶段作为全新世及未来的“参照体”。而且大量研究也发现黄土—古土壤序列在整个黄土高原地区具有很好的一致性，而且同深海氧同位素也具有较好的可比性(Ding et al.，1994；Heslop et al.，2000；Kukla，1987)。

根据当代气象观测可以知道，中国发生的沙尘暴时间与西伯利亚高压有关，受到了来自西北方向吹来风的影响。中国黄土高原地区的降水主要是受到来自东南方向的夏季风的影响，与海水温度以及海陆之间的距离有关。全球冰期和间冰期的气候状况通过冬季风和夏季风传送到了亚洲内陆地区从而形成了黄土高原，而黄土—古土壤层则记录了该区的气候变化信息。Ding 等(1994)选择粒度指标采用小于 2 μm 与大于 10 μm 的颗粒百分含量之比值，作为了冬季风强弱的代用指标，可以和氧同位素曲线对比，其吻合状况较好。而夏季风的代用指标曲线与深海 $\delta^{18}O$ 同位素结果可以很好地对比，说明其具有全球意义(Guo et al.，2000a)。以上分析可以看出，中国黄土—古土壤序列不仅包含了长时间尺度气候变化的替代性指标记录，同时也为整个第四纪时间尺度陆地与海洋之间的对比提供了保证。从而在第四纪长时间气候变化研究中把中国黄土作为最佳的时间标尺，它与深海氧同位素记录都显示出明显的米氏轨道周期(刘东生 等，1992；Ding et al.，1994)。此后，Ding 等(2002a)选取黄土高原中部和南部五个地区(宝鸡、灵台、蒲县、平凉和泾川)的黄土粒度进行综合分析，建立了黄土—古土壤序列 2.6 Ma BP 以来的综合粒度曲线 Chiloparts，并将 Chiloparts 粒度记录与深海氧同位素记录进行对比，发现它们的旋回几乎可以一一对比，而且都显示出明显的米兰科维奇周期，并发现在 1.0～0.8 Ma BP 存在一次气候转型，在此之前气候变化的主周期以 41 ka 为主，此后气候变化以 100 ka 周期为主。魏建晶等(2003)对西峰和长武的剖面样品进行全铁含量分析发现，在 900 ka BP 以来 S5-1 古土壤的铁含量最高，与大洋碳同位素最高时期相对应。通过分析还发现不同时期铁含量有不同的变化，而且在冰期与间冰期旋回变化时，具有较强的准 20 ka 周期和清晰的 40 ka 周期。

近些年来一些学者提出的沉积物中指标变化(游离铁/全铁(FeD/FeT)、磁化率、有机碳同位素($\delta^{13}C_{org}$)等)与温度、降水之间的经验回归方程(例如孙继敏 等，1999；孙东怀 等，1995；Han et al.，1997)，将黄土—古土壤研究从早期定性的描述逐渐向半定量、定量化描述转变。从而使古气候的研究向高精度方向发展。

通过对晋南地区的全面考察，我们选择陶寺遗址附近的一个自然沉积的全新世黄土剖面为研究对象，命名为 ZL 剖面，如图 2.8 所示。根据野外剖面测量、颜色分层，我们对中梁剖面自上而下的环境特征进行了记录，剖面岩性描述如表 2.1 所示。剖面所在行政区划属于山西临汾市襄汾县陶寺乡中梁村，距临汾市南约 30 km，海拔 531 m。全新世地层厚约 2.9 m，2.9 m以下为黄土层，未见底，对地层 3.2 m 以上进行系统采样分析。为了减小表层生物扰动带来的影响，在取样之前需要对剖面进行清理，即去除表层土壤 1～2 m 露出新鲜剖面。样品的采集分为两部分进行：(1)古气候代用指标样品采集：以 2 cm 为采样间隔；(2)AMS^{14}C 测年样

表 2.1 中梁剖面底层划分与特征

地层	深度/m	颜色与结构
黄土层 L_0	0～0.6	呈浅黄色，向下颜色逐渐变深，疏松易碎，含有少量孔根，粗粉砂及砂含量较多，其中 0～20 cm 为现代耕作层；0.2～0.6 m，黄土层 L0，呈浅黄色，疏松易碎，含有少量孔根，粗粉砂及砂含量增多
古土壤层 S_0	0.6～2.6	古土壤层 S_0，呈淡红棕色，白色碳酸菌丝分布较多，胶结程度较好，质地紧密，黏土及细粉砂含量增多。其中 0.6～1.7 m 颜色逐渐加深，1.7～2.3 颜色最深，2.3～2.6 m 颜色逐渐变浅
过渡层 L_t	2.6～2.9	颜色浅黄色，质地紧密，粗颗粒含量逐渐增多
黄土层 L_1	2.9 以下	呈浅黄色，向下颜色逐渐变浅，质地较松，砂含量较多也逐渐增多

图 2.8　中梁剖面黄土—古土壤序列

品采集:以 50 cm 为间隔,采集样本 6 个(表 2.2)。为防止样品受污染影响实验、测年,采集与后期处理过程中均佩戴一次性手套,取出后立即排出空气,并放置于背光处密封保存。

2.4　地层年代序列的建立

2.4.1　AMS^{14}C 测年原理

放射性碳-14(^{14}C)测年是目前测年手段中发展最成熟、应用最广的方法之一。该方法由美国芝加哥大学 Wilard Libby 教授于 1949 年提出(Libby,1952),碳同位素有^{12}C 和^{13}C,而^{14}C 属低能量的放射性元素。^{14}C 是碳的一种放射性同位素,其原子核中包含 6 个质子和 8 个中子,与普通^{12}C(原子核中包含 6 个质子和 6 个中子)相比,多了 2 个中子。^{14}C 在自然界中通过宇宙射线与大气中的氮-14(N14)相互作用而生成,并随后被植物通过光合作用吸收并整合到其组织中。动物通过食用这些植物,也间接地吸收了^{14}C。^{14}C 的放射性衰变(通过 β 衰变转化为氮-14)具有一个相对较长的半衰期,约为 5730 年。这意味着,随着时间的推移,样本中的^{14}C 含量会逐渐减少,其减少的速度与样本的年龄成正比。^{14}C 的产生和衰变处于平衡状态,其半衰期为(5730±40)年(现在亦有实验室使用(5568±30)年半衰期)。其可测试的时间范围一般不超过 5 万年,对于更古老的样本,由于^{14}C 已经几乎完全衰变,因此无法准确测定,因此常被用于全新世阶段的古气候研究中来。

但是并不是所有的样品都适用于^{14}C 测年,该方法要求样本必须含有原始的^{14}C 信号,且未受到后期污染或化学变化的影响。此外，对于某些经过火烧或高温处理的样本，其^{14}C信号可能已经被破坏，因此不适合使用此方法。

其计算公式为：

$$A=\frac{1}{\lambda}\ln\left(\frac{N}{N_0}\right) \tag{2.1}$$

式中：A为样品中的碳终止^{14}C交换过程以来所经历的时间，即^{14}C年龄；λ为^{14}C衰变常数（$\lambda=t_{1/2}/\ln2$）；$t_{1/2}$为^{14}C的半衰期；N为测得的含碳样品中的放射性比度；N_0为处于交换平衡过程中的生物样品的碳的放射性比度。

加速器质谱（accelerator mass spectrometry，AMS）是一种比起传统^{14}C测年来说，更为先进的放射性碳测年方法，它使用的样品量更少，同时测年的效率与精度都得到了更大的提升，并在20世纪60年代末的测年工作中便已开始出现，被广泛应用于环境考古这一领域中来（Libby，1961）。20世纪80年代以来，加速器质谱技术发展迅速，利用AMS^{14}C定年的方法优点是更加精准且所需样品少，但在实际应用中需要进行日历年的转换。

基于上述原因，本次测年采用AMS^{14}C测年法，具体实验工作由美国BETA实验室完成，BETA实验室作为一个放射性碳测年实验室，在考古学和晚第四纪地质学领域有着许多优秀的工作成果。

2.4.2 年代框架的建立

ZL剖面所有测年结果见表2.2，使用OxCal 4.4软件（Ramsey et al.，2013）和IntCal 20数据（Reimer et al.，2020）校正后，得到其日历年龄，校正年龄通常选取在2σ置信区间下相对概率最大的区间，ZL-2、ZL-3由于实验结果概率范围低于90%，误差较高，且存在倒转现象，予以剔除。导致AMS^{14}C测年结果出现这种现象的原因很多，如侵蚀再沉积、生物扰动、采样时新老炭的交叉污染等，而在河口、滨海地区，因于水动力较强，侵蚀再沉积造成的年龄倒转则更为常见（Pederson et al.，2005；刘进峰，2009）。考虑到剖面所处位置在全新世期间的水热条件曾有着较大波动，且古人类文明繁荣、活动较为频繁，因此可能受到了环境演化或人为干扰的影响，还需要进一步研究。

表2.2 中梁剖面AMS^{14}C年代结果

BETA编号	样品编号	深度/cm	测年材料	测定年龄	校正年龄
595444	ZL-1	30	有机沉积物	3390±30 a BP	3702～3560 a BP
595445	ZL-2	80	有机沉积物	4980±30 a BP	5753～5601 a BP
595446	ZL-3	130	有机沉积物	6110±30 a BP	7032～6888 a BP
595447	ZL-4	180	有机沉积物	5190±30 a BP	5999～5902 a BP
595448	ZL-5	230	有机沉积物	6860±30 a BP	7756～7615 a BP
595502	ZL-6	280	有机沉积物	9380±30 a BP	10692～10510 a BP

剖面地层断代主要依据黄土地区地层对比和AMS^{14}C测年，黄土-古土壤序列可以作为黄土地区的一个区域时间标尺。将4个校正年龄作为控制点，通过线性外推法，得到不同深度的年龄数据，最终以地层年龄为横坐标，以剖面深度为纵坐标，建立中梁剖面黄土-古土壤序列年龄与深度的关系（图2.9）。因为本书重点研究新石器时期以来环境变化，故在后文中只分析

了 11.5 ka BP 以来的环境变化。

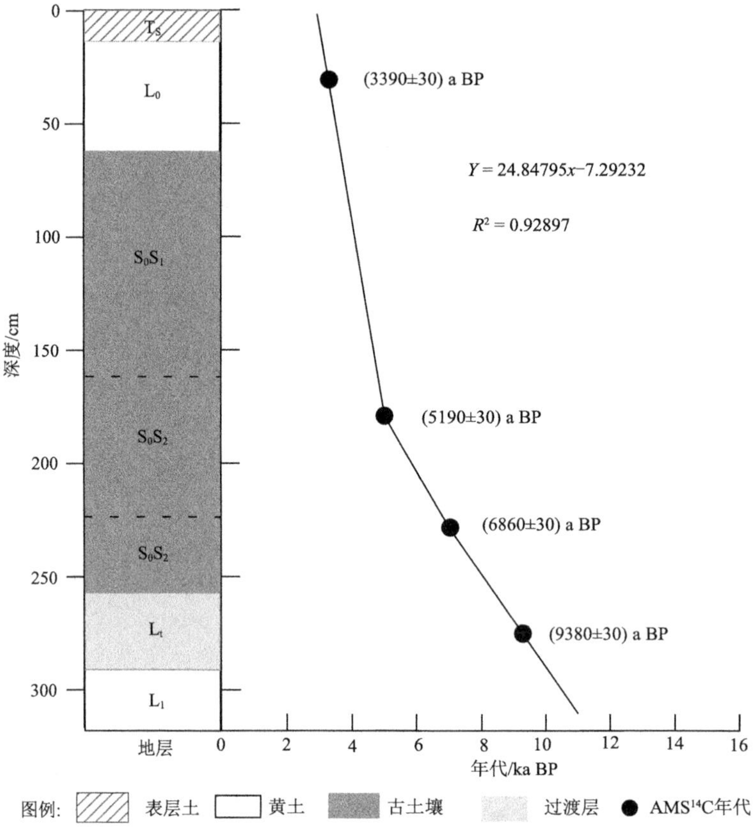

图 2.9 中梁剖面年代-深度模型图

2.5 小结

晋南地区位于山西省西南部，以其独特的人文民俗和厚重的历史文化而闻名。晋南地区北靠韩信岭与晋中、吕梁接壤；东依太岳山、中条山与长治、晋城市为邻；西、南隔黄河与陕西、河南相望。其地理范围主要包括今天的临汾市、运城市和吕梁市的石楼县。晋南地区主要位于晋南盆地，该盆地位于汾河下游，地形相对平坦，但在山区，黄土高原的特点则表现得淋漓尽致，地貌沟壑纵横，地形崎岖不平。主要有两个盆地构成：临汾盆地、运城盆地。晋南地区属于暖温带大陆性半湿润季风气候区，具有夏季高温多雨、冬季寒冷干燥的特点。年平均气温为 10～14 ℃，气温最高月通常在 7 月。冬季较北方的大部分地区而言比较温暖，平均气温在 0 ℃左右。年降水量为 500～650 mm，降水主要集中在夏季，为农作物生长提供了良好的水分条件。无霜期较长，一般为 160～220 d，有利于农作物的种植和生长。晋南地区河流众多，主要河流有汾河和沁河，均属于黄河水系。这些河流对晋南地区的农业灌溉、生活用水和生态环境都起到了重要作用。汾河下游地区泉水丰富，为农业生产提供了充足的水资源。晋南地区的土壤以褐土为主，土层厚，表层含有机质较多，适宜农作物的生长。主要植被类型包括落叶阔叶林、针叶林、针阔叶混交林以及一些次生灌丛等。这些植被对于保持水土、改善生态环境具有重要作用。晋南地区农业资源丰富，素有“山西粮仓”之称。农作物以棉花、小麦为主，其次为豌豆、大麦、谷子、玉米、高粱、花生和薯类等。天然草场主要分布在盆地周围的山区丘陵地和汾河、黄河的河滩地带，为草食家畜提供了大量优质的饲料和放牧地。晋南地区自然环境优越，地形地貌多样，气候适宜，水资源丰富，土壤肥沃，植被茂盛，自然资源丰富。这些自然条件为晋南地区的农业生产和经济社会发展提供了有力的支撑。

黄土是第四纪冰期干冷气候条件下的产物。中国黄土以黄河中下游黄土高原的黄土分布最为广泛，同时也是世界上埋藏最厚、分布最连续的黄土区域。我国黄土分布面积广、持续时间长、黄土—古土壤序列清楚，很好的沉积记录了第四纪以来的东亚季风演变历史。通过对晋南地区的全面考察，我们选择地处陶寺遗址附近的一个自然沉积的全新世黄土剖面为研究对象。并通过 AMS^{14}C 定年方法，建立了晋南地区全新世黄土地层的年代框架。为后续晋南地区全新世气候重建及区域气候的对比，以及气候变化对古人类活动的影响等提供了基础。

3　气候代用指标分析

在气候变化的研究中，由于具有器测资料的尺度有限，因此古气候的变化要通过替代性指标来反映。目前为止，过去气候变化的替代性指标有很多种，常用的如孢粉、矿物（碳酸盐矿物、黏土矿物、盐类矿物）、粒度、同位素比值、硅藻、化学成分及磁性参数等。选择气候替代性指标恢复过去气候变化时，对气候替代性指标有一定的要求，必须具有很强的灵敏度和较小的滞后性。但是，气候代用指标具有很大的不确定性和区域差异性。例如，在冰芯和深海沉积的研究中常把 $\delta^{18}O$ 值作为古温度或全球冰量的指标具有一定的可信度，但在陆地沉积中 $\delta^{18}O$ 值存在很大的不确定性。同一指标在不同的时间尺度，其气候意义也有不同，如粒度在长时间尺度（百年、千年）和短尺度（年际、十年）气候意义截然不同（陈敬安，2003）。由此看出，气候指标具有一定的区域意义，不能简单地套用，气候指标的选择及确定其所指示古气候意义的工作比较困难，但也是必要的工作。本章就中梁黄土剖面气候指标的可靠性和敏感性进行分析讨论。

3.1　磁化率

3.1.1　磁化率气候意义

磁化率是表征物质在磁场中被磁化程度的一种量度，用来表示沉积物磁性特征的参数之一。用磁化率曲线起始段的斜率来定义物质的初始磁化率 X：

$$X=M/H \tag{3.1}$$

式中：M 为在外加磁场作用下使物质所产生的磁化强度；H 为外加磁场的强度。

环境磁学是研究环境中物质的磁性及其与环境问题之间的联系，它是介于磁学、地球科学和环境科学之间的新兴边缘学科。由于磁性测量具有简单、经济、快速、对样品无破坏等特点，从而使磁化率成为环境演变研究的重要测试手段而广泛应用（Thompson et al.，1980）。在1986 年 Thompson 和 Oldfield 出版的《环境磁学》（*Environmental Magnetism*）是磁化率研究应用上的一个里程碑。使磁化率在各种沉积物中得到了较为广泛的应用。环境磁学的基本原理就是通过对环境中各种沉积物以及人类活动所产生的物质，对其进行磁性测量，从而了解环境物质中磁性矿物的含量、类型和运动，以此来反推地理环境演变过程，从中提取环境变化的信息，以此来了解自然和人类活动对地理环境所产生的影响，从而预测地理环境的变化趋势，为气候环境变化提供有力的依据。

磁化率是沉积物的物理特征之一（刘青松 等，2009），常用于反映在不同环境条件下的成壤过程中形成的超顺磁性矿物相对含量的变化（强小科 等，2003）。在黄土研究，磁化率是常用的气候代用指标，用来指示东亚季风强度的变化（An et al.，2001；刘东生 等，1985），是黄土在外加磁场作用下产生的暂时性感应磁场的量度（孙建中，2005）。对洛川剖面的研究，而且剖面的磁化率曲线能够同深海氧同位素曲线进行对比，20 世纪 80 年代，刘东生等(1985)在对洛川黄土磁化率研究中，首先发现了磁化率在黄土与古土壤中存在显著差异，并且将其与深海氧同位素变化特征的对比研究中，发现二者同步性较高、在时间维度上的变化较为一致(Heller et al.，1984)，黄土高原西部高沉积速率黄土磁化率记录则对间冰期气候更为敏感，具有显著的岁差周期(Feng et al.，2004；Sun et al.，2015，2021)。认为磁化率的变化包含了全球环境变化的信息，具有指示全球气候环境变化的意义。此后，磁化率作为古气候研究的一种方法、新的研究突破点而迅速受到人们的关注，并且将磁化率应用到不同地区相关的沉积研究中(李徐生 等，1998；张建军 等，1999)。研究的对象从黄土—古土壤沉积序列扩展到湖泊沉积及海洋沉积等方面。磁化率从而在黄土研究中得到了广泛的使用，认为磁化率可以作为一种气候代用指标。在对我国黄土高原地区古气候的大量研究发现，古土壤的成壤强度强于黄土，且与夏季风降水呈正相关关系，古土壤中磁化率值通常为高值，黄土层中磁化率值则常为低值(邓成龙 等，2007)，虽然也有表现正好相反的地区，如阿拉斯加黄土(刘秀铭 等，2007)，但这种情况较为少见。总体来说，磁化率指标是古气候重建工作中指示东亚夏季风强弱变化的可靠指标(Sun et al.，2006)，且磁化率实验简单方便、成本低，不仅被广泛应用于黄土—古土壤研究中，在湖泊等载体研究中也常被用于古气候的重建(孙茹，2022)。

本质上，磁化率值的高低变化反映了成壤强度的变化，而成壤强度的变化则:要受控于气温和降水的变化。在中国黄土高原地区，导致温度和降水变化的因素为东亚季风的进退。前人对此做了大量的研究，并证实了古土壤的发育程度与夏季风降水的变化显著相关，且已被广泛接受作为东亚夏季风降水变化的可靠代用指标(Zhou et al.，1996；Chen et al.，1997；An et al.，2000；Sun et al.，2006a)。Chen 等(2000)认为当东亚夏季风越强，输送至中、高纬地区的热量和水汽就越多(An et al.，2000；Ding et al.，2001；Wang et al.，2005)，致使该区域的淋溶强度增加从而导致土壤化学风化和土壤发育程度越强；相反，当东亚夏季风越弱，化学风化作用就越弱而黄土堆积速率就越高，从而使得土壤发育程度越弱。因此，至少在千年时间尺度上，通过综合分析已发表的黄土高原上的古土壤发育的年代数据，利用统计方法总结其显著发育的起止时间，从而来揭示东亚夏季风的演化过程是合适的(Guo et al.，2000b)。因此，可以用磁化率来进行古气温、古降水的定量分析从而重建东亚夏季风强度的变化。例如，Heller 等(1993)通过与^{10}Be 浓度的对比研究，认为次生磁铁矿物与降水量有直接的关系，并以此换算出了古降雨量的变化情况。而吕厚远等(1994)对中国黄土高原地区和其他地区黄土磁化率进行统计分析后，建立了磁化率和降水、温度之间的回归方程，恢复了中国不同区域古降水和古气温的变。Han 等(2005)分析了黄土高原及其周边地区表土样品磁化率与年均温度的关系，发现在年均温度低于 15 ℃且年均降雨量低于 1100 mm 时，磁化率随温度升高而增加，建立了黄土高原现代土壤磁化率和大气平均温度的转换函数，相似的磁化率与温度的对应关系也被其他研究者所证实(Porter et al.，2001)。顾静等(2006)通过对相关地区黄土磁化率的研究，也建立了磁化率与温暖、降水之间的转换函数。但是需要注意的是磁化率线在古土壤中表现得最突出和生动，对温暖湿润的夏季风反映也比较敏感。最近孙有斌等(2024)通过对古降水变化敏感指标包括磁化率、白云石/方解石含量、生物微钙体 Sr/Ca 比值、有机碳同位素以及^{10}Be 等。然后，汇总了典型黄土剖面定量重建的古气候变化序列，分别从构造、轨道及千年时间尺度上探讨了古温度和古降雨的变化特征。结果表明，基于生标重建的不同时间跨度的土壤古温度变化序列，在冰期—间冰期尺度上的波动特征基本一致，但在冰盛期—冰消期时段出现了增温超前现象，说明陆地植被对土壤温度变化有重要调制作用。然而，不同指标重建的降水变化幅度差异较大，主导周期也存在差异，说明定量重建降水变化仍有较大挑战（孙有斌 等，2024）。而在黄土层位中，因为磁性矿物含量低，更多反映的本底值（背景值），曲线变化较平缓和迟钝，对夏季风强度变化的反映也不是很敏感。

由于磁化率受到磁性矿物来源、粒径大小、种类及含量多少的影响，因此其反映的是一个综合的信息（Deng et al.，2005；Liu et al.，2007），在指示气候变化过程中存在一点的局限性（邓成龙 等，2007；刘青松 等，2009）。频率磁化率是受到样品中超顺磁颗粒（<0.03 μm）相对含量的影响（Oldfield，1991；Dearing，1999），而细粒铁磁性矿物的生成受到气候环境条件的控制，暖湿程度高有助于超顺磁晶粒的形成，并且暖湿程度持续时间越长，形成的量越大（刘秀铭 等，1990）。因此频率磁化率可指示黄土—古土壤地层中古土壤的成壤强度（Chen et al.，2016c）。在一定程度上频率磁化率比磁化率更能灵敏的捕捉气候的波动，能反映气候的微小变化及渐变的过程（Thompson et al.，1986；Boyle，2004；田庆春 等，2022a）。因此，在反映气候变化过程中，频率磁化率受到了更多的青睐。临汾盆地黄土沉积研究过程中也发现，频率磁化率可以更好地指示短尺度的气候波动（裴瑜，2021；田庆春 等，2022b），并发现在末次冰期黄土沉积记录的千年尺度气候事件可以和北大西洋地区对比（田庆春 等，2022a）。宋扬等（2012）通过对黄土高原表土磁化率与气候要素系统的分析认为频率磁化率比在反映气候方面比磁化率更优。因此使用过程中，可将磁化率与频率磁化率结合使用达到更好的效果。

3.1.2 实验步骤

磁化率实验于山西师范大学地理科学学院黄土高原古环境与古文化遗址保护研究实验室进行，仪器采用英国 Bartington 公司生产的 MS-2 型双频便携式磁化率测量仪。磁化率的分析要求较为严格，为确保实验的精确度与准确度，须避免磁场的干扰，故需在远离电脑、手机等电子产品的位置放置仪器后才能进行实验，本次测量模式采用国际单位制（SI）。具体实验步骤如下。

（1）取自然风干松散土样若干，捣碎，为避免样品被磁化，要使用玛瑙材质的研钵，轻微研磨成粒径小于 200 目的颗粒物，研磨程度以不破坏自然颗粒结构为准；

（2）采用材质为聚苯乙烯、形状为圆柱体且无磁性的小盒来放置土样，压实密封后逐个编号记录，对空盒和实盒各进行三次称重，该过程不能过快，要等数值稳定不再变动后再进行记录，空盒和实盒 3 次称重结果取其平均值，实盒重量－空盒重量即为样品净重量；

（3）提前 30 min 开启仪器进行预热，先将仪器调为低频，对仪器进行调零校正，待仪器稳定后再开始测样。需要注意的是，为保证仪器稳定和测量的准确性，同一批样品要在测量完低频之后才可以转换为高频测量，不可以频繁切换高低频设置。

（4）为避免仪器本身稳定性的影响和外界干扰误差，每个样品在测之前需要测一个空白背景值，背景值范围需达到±0.1 才可测定样品，测完空白再测样品，测完样品需再测一个空白背景值，每个样品至少测 3 次，且每次测验时均要更换样品盒方向。

（5）按照以上步骤，对样品分别测定低频（0.47 kHz）和高频（4.7 kHz）数值，测量三次后根据测量结果取各自的平均值，仪器测试的直接结果为体积磁化率（volume susceptibility，物理量符号 κ）（吉云平，2007），是无量纲的量（吕厚远 等，1994）；

（6）根据测量结果，结合公式，计算最终结果。

质量磁化率(mass magnetic susceptibility,物理量符号为 χ;单位为 $10^{-8}\ m^3\cdot kg^{-1}$)的计算公式如下:

$$\chi=\frac{\kappa}{\rho} \tag{3.2}$$

式中:ρ 为物质的密度,即为样品净重值。

$$\chi_{lf}=\frac{\bar{\kappa}_{lf}}{\rho} \tag{3.3}$$

$$\chi_{hf}=\frac{\bar{\kappa}_{hf}}{\rho} \tag{3.4}$$

式中:χ_{lf} 为低频磁化率;χ_{hf} 为高频磁化率;$\bar{\kappa}_{lf}$ 为低频体积磁化率的平均值;$\bar{\kappa}_{hf}$ 为高频体积磁化率的平均值。

频率磁化率(frequency dependent susceptibility,物理量符号 χ_{fd})的计算公式如下:

$$\chi_{fd}(\%)=\frac{\chi_{lf}-\chi_{hf}}{\chi_{lf}}\times 100\% \tag{3.5}$$

3.1.3 结果分析

中梁剖面的磁化率实验结果如图 3.1 所示,磁化率变化趋势如下:从整体上看,在全新世到来后,高频磁化率、低频磁化率、频率磁化率 3 个磁化率指标开始逐渐上升,并在中全新世阶段(8.5~3.1 ka BP)达到 3 个磁化率指标记录的高值;黄土层和古土壤层磁化率有着明显的区别,古土壤层磁化率指标数值明显高于黄土层磁化率指标数值。

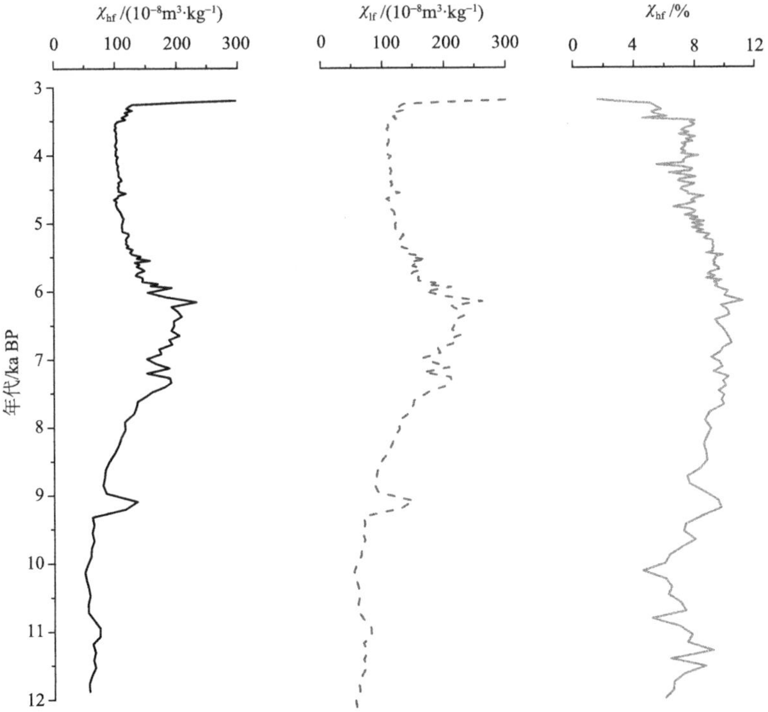

图 3.1 中梁剖面磁化率变化曲线

在早全新世阶段(11.5～8.5 ka BP)低频质量磁化率基本保持在一个低值的状态,但也有局部上升。在11.5 ka BP左右,即全新世的初始阶段磁化率显示最低值 $48.91\times10^{-8}\ m^3\cdot kg^{-1}$,11.5～11.4 ka BP期间,磁化率一直呈现较为稳定的低值状态;11.4～10.7 ka BP期间,有小幅的增高,之后保持了较长一段时间的低值,呈现出很轻微的涨幅;在9.3～8.8 ka BP期间,有明显的局部上升,远高于相邻阶段,之后回落,这可能记录了中梁地区当时的局部气候温暖事件;从8.8 ka BP之后,相比11.4～10.7 ka BP阶段,该时期的磁化率呈现出相当明显的上升趋势,中梁地区逐渐进入了温暖的全新世大暖期;在7.3～6.9 ka BP期间,相比前后阶段,该处出现较为明显的上下波动,但低值阶段相对较短,随后继续上升发展;在6.16 ka BP左右低频磁化率达到了最高值 $261.88\times10^{-8}\ m^3\cdot kg^{-1}$,随后开始波动下降,偶尔有小幅度的上升,但也并未达到之前的高度;其中由于0～20 cm为现代耕作层,作为表层土壤,其可能受人类活动影响较大,实验数据变化的波动幅度较大,频率磁化率并没有出现相应的增加趋势,故不作有效数据进行分析。此前刘俊余等(2020)对甘肃天水水师家崖全新世黄土粒度、磁化率特征及其古气候意义分析过程中也发现表土 T_S 磁化率较高,说明现代成壤作用较强,受人类活动的影响较大。

高频质量磁化率与低频质量磁化率变化趋势基本一致,6.16 ka BP左右达到最大值 $232.58\times10^{-8}\ m^3\cdot kg^{-1}$,最低值为 $48.91\times10^{-8}\ m^3\cdot kg^{-1}$,其发生时间能与低频磁化率有很好的对应。与其他两个指标相比,频率磁化率整体上的变化趋势与前两者相同,但在全新世早期阶段变化幅度大,指示气候冷暖状态转换速度相对较快,这可能由于全新世早期正从冰期向间冰期过渡,气候波动较为敏感,对千年尺度的气候事件记录效果较好。

综上所述,磁化率以及频率磁化率指标能够很好地记录东亚夏季风的强弱变化,较为准确的指示古气候冷暖期的变化。尤其是频率磁化率在反映细微的气候变化时可能更为敏感。

3.2 粒度

3.2.1 粒度的气候意义

粒度是沉积物的物理特征之一,不同粒径的变化对应着不同的气候环境条件,是指示东亚季风强弱变化的可靠指标,被广泛应用于风成沉积环境下的古气候重建研究工作中(Ashley,1978;刘东生,1985)。在中国黄土研究中,粒度作为一种敏感的气候代用指标,得到了广泛的认可和使用。自20世纪80年代以来,许多学者研究了黄土高原的东部地区:孙建中等(1987)研究了洛川黑木沟的黄土,得出了马兰黄土的三个沉积速率层,取得平均的沉积速率;安芷生等(1991)通过考察洛川黄土—古土壤序列,发现了发育相对较好的黄土层和古土壤层,并对其进行研究,结果表明:古土壤层沉积较薄,颗粒较细;而黄土层沉积较厚,颗粒较粗;Porter等(1995)选取了不同位置的四个剖面,这四个剖面分布于洛川和西安,通过对四个剖面的黄土粒度进行研究,在末次间冰期时,土壤中的粒度变化对千年尺度的气候波动也有详细的记录;王丽娟(2011)系统地分析了关中东部地区大荔人遗址的甜水沟剖面,研究了黄土—古土壤的物理和化学性质,并通过粒度参数、烧失量、pH等替代指标,获得了有关全新世环境特征及其演变规律的高分辨率信息;丁仲礼等(1999)在研究黄土粒度特征的变化中,将粒度组分与格陵兰冰芯对比分析,得出>63 μm粒径的含量曲线与之相呼应,说明中国黄土也记录了全球性的气候变化事件。粒度作为研究古气候变化不可或缺的指标,对沉积物的搬运方式和来源指示的非常准确，在研究黄土、海洋和湖泊的古环境变化时，粒度被广泛地运用。

黄土高原是风力作用下，粉尘沉积作用的产物，这一点是毋庸置疑的（刘东生 等，1985；孙建中，2005）。据已有的研究资料显示，中国黄土的源主要分布在中国西部地区的沙漠、戈壁和第四纪冰川前沿地区，而后经风力搬运、大气降尘以及后期的风化成壤作用，终形成了前的黄土古土壤序列（方小敏，1994；刘东生 等，1985）。刘东生等对黄河中游黄土高原的黄土粒度组成特征进行了系统的研究，分析并讨论了马兰黄土粒度组成及空间格局变化，明确指出马兰黄土的粒度组成由西北向东南逐渐变细，可以划分为砂黄土带、黄土带和粘黄土带（刘东生 等，1985），表明黄土的沉积与冬季风从西北到东南逐渐减弱的事实不谋而合，充分证明了黄土的风成成因。这些研究从粒度角度提供了黄土风成学说的确凿的地层学、沉积学证据，为古气候学做出了贡献。早期的风洞试验结果表明（拜格诺，1959）：粒径＞0.3 μm 的颗粒不能够在空气中悬浮搬运，只能以跃移的方式在地面迁移，粒径介于 0.3～0.7 μm 之间的颗粒物，在空气中以悬浮的方式被搬运的也非常少，而粒径＜0.005 μm 的黏粒物质如果没有粗颗粒的掺杂下，也是很难被风扬起。而 Pye(1995)通过模拟和计算后，进一步对风力对粉尘搬运方式和距离做出了详细的分析。鹿化煜等（1997，1998）通过对洛川黄土的研究，其中粒径＞30 μm 粗颗粒含量是冬季风敏感的代用指标；汪海斌等（2002）对九州台和土巷道剖面黄土粒度运用主成分分析和聚类分析的方法研究发现，粒径＞40 μm 的粒度组分作为冬季风的敏感代用指标。陕西省渭南、北京市灵山、河南省邙山等地的黄土研究中发现，不同粒径具有不同的搬运方式，即沉积区的风沙沉积物由粒径不同的沉积物组成，并且根据粒径水平对沉积物进行区分，有助于研究不同动力源对黄土沉积的影响（殷志强 等，2008；Tsoar et al.，2010）。当气候寒冷干燥且常伴随较强风力时，会导致植被生长受到负面影响，地表上较细、较轻的颗粒被强风吹走，而较沉较粗的颗粒则被留在源区内不断沉积，因此较粗颗粒的含量常被用于指示东亚冬季风的强弱变化，二者呈正相关关系（王思齐，2022；凌智永，2022）。当气候温暖湿润且风力较弱时，成壤作用较强，植被活跃，地表植被覆盖率因此增加，使得大量细颗粒物质能留在源区不断堆积（王思齐，2022），因此较细粒径的粒度变化与东亚冬季风呈负相关，常被用于指示东亚夏季风的强弱变化，如粒径＜5 μm 的黏粒组分（管清玉 等，2004）。因此，黄土颗粒粒度的大小首先记录的是大尺度范围内风场的变化，可以依据粒径大小的变化来重建北半球中纬度地区古风场乃至古大气环流变化的历史（An et al.，1991；安芷生 等，1990）。

粒径的粗细除了受到风力影响外，源区距离对“近源”黄土的沉积，有着较大的影响。丁仲礼等（1996，1999）在对处于沙漠—黄土过渡带的几个黄上剖面的研究过程中也发现，粒径大小同源区与沉积区之间的距离有关。杨石岭等（2017）在系统地研究黄土高原 57 个剖面后认为，由西北向东南中国黄土高原地区黄土粒度逐渐变细，表明随着传输距离的增加，北方或西北方向的空气中所携带的粉尘粒径越来越细，对黄土沉积物的粒径影响最大的是粉尘的来源地，然后才是冬季风。此前丁仲礼等（1999）就认为把粒度仅作为冬季风强度变化的替代指标，可能是有点过于简单。黄土高原周边的沙漠伴随冰期—间冰期循环，也会相应地扩张和收缩这种与冰期—间冰期同步的变化，必然会对黄土剖面中粒径＞63 μm 的粗颗粒物质的含量产生决定性的作用。剖面中粒径＞63 μm 粒度的变化，除受到冬季风强度的控制外，还受到沙漠进退的控制（丁仲礼 等，1999）。杨东等（2006）通过对陇西西断岘黄土剖面沉积粒度的分析发现砂粒百分含量（粒径＞63 μm）作为指示风成物质来源区沙漠范围和气候干旱的直接指标，初步发现腾格里沙漠自 1.8 Ma BP 以来至少有 2 次大的扩张与变化过程，分别发生在 1.1 Ma BP

和 0.8 Ma BP 前后。故,可以将其作为季风-沙漠系统变化的替代性指标(丁仲礼 等,1999)。虽然,黄土高原西北部地区的黄土剖面,其地层的颗粒大小同步程度的受到了沙漠进退的影响(丁仲礼 等,1996;1998;1999),但是这并不影响剖面中颗粒物的大小来指示冬季风强度变化的有效指标。因为,对第四纪冬季风的研究显示(An et al.,1991;刘东生 等,1985;孙建中,2005),在冰期冬季风相对强盛,沙漠处于扩张状态;而在间冰期冬季风相对微弱,沙则处于收缩的状态,二者的变化基本是同步的。此前乔彦松等(2006)对秦安中新世的黄土剖面研究过程中认为不仅是第四纪黄土,中新世黄土—古土壤序列的粒度变化不仅与风力变化有关,而且与源区的干旱化程度密切相关。

在季风气候下形成的黄土-古土壤序列,黄土物质在沉积区堆积之后,不可避免地会受到成壤作用的影响(Derbyshire et al.,1995)。刘连文等(1999)研究了洛川黄土中粒径 2~50 μm 的颗粒,研究结果表明:在粉尘搬运过程中,粒径<5 μm 的细颗粒一部分是附着在粗颗粒上搬运的,一部分是在成壤风化作用下形成的,粒径 5~50 μm 是细粉砂则是通过悬移的方式沉积的,而粒径>50 μm 的组分则是近距离的搬运沉积;史正涛等(2006)的研究认为,粒径<2 μm 的黏土组分主要是由风化成壤作用产生,并将其用作指示黄土堆积时期气候的干湿变化。管清玉等(2004)在研究东亚季风区黄土剖面时,将黏土组分含量与磁化率等气候代用指标对比分析,发现黏粒物质含量较多时,夏季风强,冬季风弱,气候温暖潮湿,土壤高度发育。邬光剑等(2002)也指出黄土中的细颗粒物质(粒径<1 mm)与三个相互联系的成因有关:(1)在间冰期或者是相对温暖的时期,在无需长距离搬运的条件下,细颗粒物质也会因降水和湿度的增加而大量增加;(2)黄土沉积后,风化成壤作用也会使细颗粒物质相对增多;(3)细颗粒物质也会因粒径>20 μm 的粗颗粒物质的显著减少而相对增多(浓度增大)。而从本质上来说,这三个成因都与成壤作用有着直接的关系。例如,黄土中的粉砂质物质(多为长石)及其不稳定的矿物质会被风化为更细的黏土物质或者经机械破碎为更细的颗粒物质。鹿化煜等(1998)据此就认为这些细颗粒物质可能代表了成壤强度,从而将其作为了夏季风强度变化的有效代用指标。然而此前 Bronger 等(1990)研究认为风化作用形成的超细颗粒通常不会粒径>1 μm,还有研究者认为风化作用甚至对粒径>0.3 μm 的粉尘颗粒影响不大(Qin et al.,2005)。另一些研究认为,该种粒级组分可能是附着于粗颗粒表面以颗粒聚集体的形式被搬运(Qiang et al.,2010;Vlaminck et al.,2016)。目前在应用粒度重建古环境过程中,除了提取不同粒径百分含量外,粒度常用的参数还包括中值粒径、平均粒径、峰度(K_g)、偏度(S_K)、标准偏差以及粒度端元模型等。通过粒度参数的分析不仅提取了环境敏感指标重建了区域环境的变化(徐树建 等,2014;程良清 等,2018;田庆春 等,2018;田庆春 等,2021),还对可以对黄土物质来源、形成演化以及搬运动力进行研究(Crouvi et al.,2008;赵格格 等,2020;宋昊南 等,2024)。

3.2.2 测试方法

粒度指标于山西师范大学地理科学学院资源与环境样本准备室、黄土高原古环境与古文化遗址保护研究实验室进行。实验使用的仪器为 Malvern Panalytical 仪器有限公司生产的 Mastersizer 2000 型号激光衍射粒度分析仪,该仪器测量范围为 0.02~2000 μm,重复测量误差<1%。实验过程如下。

(1)称取样品 0.3~0.4 g 于 100 mL 的干净烧杯中,要注意在此过程中剔除土样中较为明显的杂物,如石子、植物等;

(2)逐个加入10%浓度的H_2O_2溶液10 mL,在加热板上加热反应,直到烧杯内样品溶液沸腾至平静且上层液相对清澈时,继续加入10%浓度的HCl溶液10 mL进行加热反应,当样品再次恢复平静时,即完成有机质与碳酸盐的去除工作,待样品自然恢复至室温后,给每个样品烧杯加入纯水至100 mL,封闭静止24 h;

(3)静置完成后,抽取出上层清液,保留大约20 mL底层溶液,为防止样品受污染,抽取过程中要注意取液器材的纯净度并尽量避免扰动底部沉淀。最后加入10 mL六偏磷酸钠溶液($(NaPO_3)_6$,0.05 mol/L)摇匀,并上超声波震荡仪震荡10 min,功率设定为90 Hz,结束后迅速上机测试以防再次沉淀;

(4)激光粒度仪要提前30 min开启仪器进行预热,正式测试样品前要先使用纯水清洗机器,设定转速为2000 r/min,开启搅拌泵并选择手动测量。打开软件后创建本次实验文件,编辑样品名称,点开始后等待测量背景值,背景值达标后将样品摇匀并不快不慢地倒进去,速度过快可能会导致遮光值突涨、过高,慢的话样品会再次沉淀,遮光度达标后(即指示线位于绿色区域范围内)系统自动测量,重复测量两次后取其平均值为最终结果。每个样品测量开始前和结束后都需要用纯水清洗仪器与烧杯。

3.2.3 结果分析

粒度的分界线在国内外并没有明确的唯一规定(刘东生,1985),而是根据实际的研究进行合理的划分,所以根据ZL剖面的研究需要,将粒度按粒径大小分类为:黏粒(<5 μm)、细粉砂(5~10 μm)、粗粉砂(10~50 μm)以及砂粒(>50 μm)(刘东生,1985)。依照这个标准,对中梁剖面沉积物粒度组成特征进行分析,去掉现代耕作层异常数据,粒度实验结果如图3.2所示,特征如下:中梁剖面不同粒径体积含量由多到少为:10~50 μm、<5 μm、5~10 μm、>50 μm,以10~50 μm粗粉砂组分为主。各粒度参数曲线变化趋势都呈现出较为一致的特点,在黄土层和古土壤层有着较为明显的区别,中值粒径(Md)、平均粒径(Mz)、10~50 μm的粗粉砂组分与砂粒组分在古土壤层的数值都要小于黄土层数值,黏粒、细粉砂含量曲线在古土壤层呈上升趋势。

使用谢帕德三角分类法对中梁剖面粒度组成进行分类,可以更直观地看到其粒度组成,结果如图3.2,中梁剖面主要以粉砂为主,其次是黏土质粉砂,砂质粉砂含量最少,其中粉砂分布最为集中。

从整体上看(图3.3),中值粒径的范围为10.25~24.73 μm,平均值为16.51 μm;平均粒径的范围为14.67~38.64 μm,是反映不同时期粒径粗细的重要指标;黏粒组分分布范围为15.10%~28.90%,平均值为21.59 %;细粉砂组分分布范围为9.27%~21.86 %,平均值为15.15 %;粗粉砂组分分布范围为45.89%~58.93%,平均值为52.97 %;砂粒组分分布范围为0.89%~19.01%,平均值为10.30 %。从时间角度看:相较早全新世,中全新世细颗粒组分增多,且砂粒组分含量下降明显,在5.2 ka BP左右之后,黏粒组分、细粉砂组分含量下降明显,粗粉砂、砂粒组分含量及中值粒径都呈现增多的趋势,说明这段时间气候冷干化显著。从剖面岩性角度看:相较黄土层,古土壤层中的粗粉砂、砂粒组分以及中值粒径、平均粒径都有不同程度的下降,中值粒径下降幅度最大,黏土、细粉砂组分上升。

在局部范围内,如早全新世11.4~10.7 ka BP,中值粒径、平均粒径、粗粉砂以及砂粒含量都有着不同程度但十分明显的下降趋势,同时黏土、细粉砂组分上升;9.3~8.8 ka BP,细粉砂组分上升明显,中值粒径、平均粒径减小,能与磁化率变化特征很好的对应。

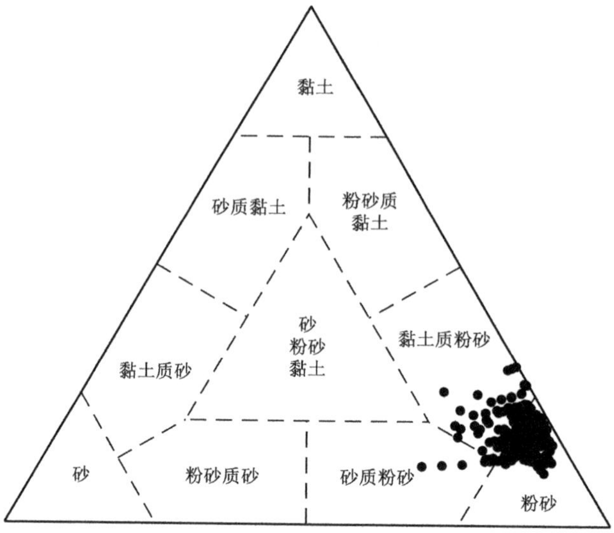

图 3.2　中梁剖面黄土粒度组成

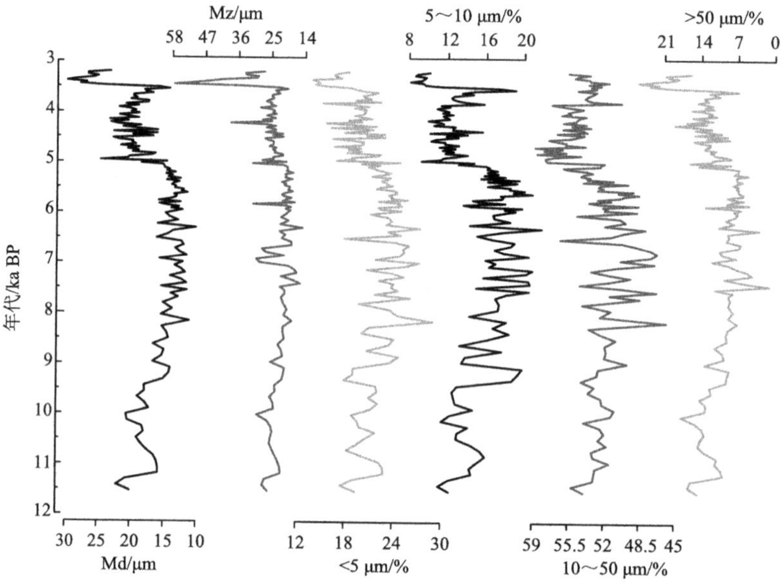

图 3.3　中梁剖面粒度变化曲线

综上所述，中梁剖面粒度以粉砂为主（图 3.3），在 8.2～5.5 ka BP，气候温暖湿润，粒径＜5 μm 组分等夏季风代用指标显示含量上升，在 5.5 ka BP 之后降水开始减少、温度降低，中值粒径等冬季风代用指标明显升高，本次粒度实验结果不论是从剖面土层还是时间阶段来说，都能做到很好的对应。

3.3 色度

3.3.1 色度的意义

色度:颜色是沉积物最直观的特征之一,通过土壤颜色可以初步对土壤进行鉴别和分类(Soil,1975;曹升庚,1985)。由于仅凭肉眼观察判别土壤颜色带有一定的主观性,因此土壤颜色定量化的表示就显得很有必要,由此而诞生了一种表示颜色的系统——门赛尔表色系统(Munsell,1905)。1976 年由国际照明委员会颁布的 CIELAB 表色系统,它是当今最为重要的颜色表达与测量系统。它将任何连续均匀的颜色空间用 L^*、a^* 和 b^* 三个参量来表示,L^* 表示亮度,其值在 0(黑)与 100(白)之间变化。a^* 值变化于 60(最红)与 −60(最绿)之间,表示红与绿的无量纲比率;b^* 值变化于 60(最黄)与 −60(最蓝)之间,表示黄与蓝的无量纲比率。

通常来说,对颜色较为敏感的沉积物组分和化学特征是影响沉积物颜色的主要因素,主要包括碳酸含量、总有机碳含量以及一些特定的氧化-还原物质(杨胜利,2001;田庆春,2012)。沉积物这些组分与沉积环境和气候条件关系较为密切,是内部组成在外部最直观的表现,研究沉积物的红度 a^*、亮度 L^*、黄度 b^* 可以更好地区分地层,并获得其中的气候环境变化信息,常用来重建古气候环境(杨胜利,2001;肖路安,2022),并且在许多古气候古环境研究中得到了成功的应用(朱芸 等,2007;田庆春 等,2017)。

中国黄土地层序列,表现为亮黄色的黄土层与暗红色的古土壤层交替出现,特别是作为野外剖面最显著的标志层古土壤,由呈红棕色的古土壤叠加复合而成(刘东生 等,1985)。本质上黄土颜色的变化与其中的矿物质成分有关,而铁化合物则是主要的土壤着色剂。铁的不同价位会使土壤呈现不同的颜色。而铁不同价位化合物的形成主要与土壤湿度和土壤空隙有关,或者说与土壤湿度和土壤含氧量有关。一般而言,在气温较高、排水畅通以及土壤空隙较大的条件下,铁易被氧化形成铁氧化物使土壤呈现红色;而如果在排水不畅的条件下土壤中的氧气含量很低,易形成厌氧环境,铁也容易被还原成一价的铁化合物使土壤呈现灰蓝色或者蓝色;此外,如果土壤大部分时间是潮湿的,那么铁不仅会被氧化形成三价的铁氧化物而且也会被还原成二价的亚铁化合物,从而使土壤呈现黄色(乌光剑,2001)。由此可见导致土壤颜色变化的主控因素是土壤湿度,在黄土高原地区土壤湿度的变化主要随东亚季风强度的变化而变化。在冰期,气候寒冷干燥,降水少;在间冰期,气候温暖湿润,降水多。因此,可以将红度或者黄度来作为指东亚季风变化的有效指标利等。

因此红度 a* 主要和赤铁矿含量有关,在气候温暖湿润、化学风化作用强烈、发育古土壤时,相对黄土层会富集更多的赤铁矿(季峻峰 等,2007),其含量与 a^* 呈正相关关系(王杰民 等,2012),因此 a^* 的高低可以用于反映古降水、古气温,与暖湿程度为正相关(Wang et al.,2013c)。黄度 b^* 主要与针铁矿有关,当气候温暖湿润时,针铁矿在土壤中发育良好、含量升高,b^* 也随之升高,反之则随之降低(Reading,2009)。

亮度 L^* 主要与有机质含量、碳酸盐含量有关(Yang et al.,2003;田庆春,2012),当降水增多、环境温度升高时,土壤中有机质含量富集,但碳酸盐因较多降水,受到的淋溶作用增强,含量减少,此时 L^* 表现为低值;当气候干燥寒冷时,淋溶作用减弱,碳酸盐含量升高,有机质含量减少,此时 L^* 表现为高值(Yang et al.,2001),因此 L^* 与暖湿程度呈负相关关系,可以用于反映古气候环境的演化(严永耀 等,2017)。而在不同地区由于沉积环境的不同导致影响 L^*

值变化的因素也不同，样品的粗糙程度以及对其的研磨程度也都对颜色有比较大的影响，而且对明度的影响是最大的。总的来说，样品的粗糙度越大（粒度越大），明度有明显的降低，颗粒粗糙度对色度 a^*、b^* 值的影响较小（杨胜利 等，2001）。因此影响 L^* 值变化的因素在不同地区也有不同，不能只套用已有结论，要具体问题具体分析。总体而言，红度 a^*、黄度 b^* 与古气候暖湿程度为正相关关系，亮度 L^* 与气候的冷干程度呈正相关（宋瑞卿 等，2016），黄土—古土壤的交替发育可以反映东亚季风的强弱变化历史（Porter et al.，1990），指示古气候环境的演化过程，是重建古气候环境工作中的可靠指标（陈一萌 等，2006；田庆春 等，2011）。

土壤颜色的定量化研究，使得色度逐渐被认为是种可靠的气候替代性指标，在黄土和其他沉积物研究中得到了大量的应用。例如，杨胜利等（2001b）对黄土高原地区黄土剖面进行统计分析后，发现色度与年平均温度和年平均降水量存在很强的正相关关系，认为色度很好地记录了亚洲季风的变化特征，并建立了色度和古气温、古降水之间的回归方程。陈一萌等（2006）对源堡黄土剖面（临夏）的研究，也认为用色度指标无论在轨道尺度上还是在亚轨道尺度上均是可靠的，且在末次冰期其可靠性尤为显著。陈旸等（2002）对洛川剖面的研究发现，黄土白度其变化与冰期间冰期旋回特征一致，从而推测其可能反映了东亚夏季风强度的变化。杨宇哲等（2023）通过对毛乌素沙地东南缘的榆林横山柳树峁剖面 L3、S3 黄土—古土壤地层等间距采集的 229 个样品进行色度分析，并通过与碳酸钙和全氧化铁（TFe_2O_3）含量的对比研究，以期揭示毛乌素沙地东南缘地区 L3、S3 黄土—古土壤的色度特征及其与气候变化的关系。支钰等（2023）以洛南典型剖面（LN 剖面）为研究对象，分析色度指标和其他气候替代性指标沿剖面的变化，探究 LN 剖面色度指标的古环境意义及洛南盆地中更新世中期至末期的古气候变化情况。表明色度参数沿剖面不同地层单元呈有规律的变化，亮度（L^*）和色调角（h^*）表现为黄土层大于古土壤层，其高值指示了相对干冷的气候条件；而红度（a^*）、红度/黄度（a^*/b^*）则为古土壤层（S）大于黄土层（L），其高值指示了相对温暖湿润的环境。L^*、a^*、a^*/b^*、h^* 均可以作为良好的气候替代指标指示该地区气候的变化情况。而刘峰等（2015）对南京周家山下蜀黄土—古土壤的研究发现，色度参数与其他参数对应关系良好，如亮度（L^*）值与有机质含量明显负相关；红度（a^*）值与氧化铁含量也有着显著相关性。并认为与西北黄土相比，下蜀黄土经历了较强的风化作用。在其他指标不能很好地记录气候变化和土壤发育的情况下，色度参数可以发展成为一种可靠且简便的古环境研究的潜在替代性指标。

3.3.2 实验方法

色度指标测定于山西师范大学地理科学学院黄土高原古环境与古文化遗址保护研究实验室进行分析，仪器采用日本 Konica Minolta 公司生产的 CM-700d 型的分光测色计，该仪器测量波长范围为 400～700 nm，误差小于 0.07。测定步骤如下。

（1）使用玛瑙研钵研磨样品，过程中要注意均匀研磨，防止样品差别过大影响实验结果，过 200 目筛后称取其中 10 g 左右等待测量；

（2）正式测量前要对仪器进行零校正和白板矫正，且零校正要在白板矫正前完成。零校正可自动补偿测量头内光线飘移导致的负面影响，白板矫正可减少环境温度的变化或仪器的重复操作导致的误差。零校正与白板矫正过程中均会有氙灯闪光，可根据屏幕上显示的闪光次数来掌握矫正进度；

（3）将样品放在透明玻璃板上，使用平整的玻璃板压实到表面平整，随机选择三个区域进行测量，获得色度 L^*、a^*、b^*，该数值为仪器自动计算出的平均值，可以直接进行读数转存。整个测量过程要尽量保证实验测量位置的光线强度、方向保持一致。

3.3.3 结果分析

中梁剖面的色度 L^*、a^*、b^* 结果如图 3.4 所示，变化特征如下：从整体上看，在黄土层，L^* 呈现出高值，且达到最高值，a^*、b^* 呈现出低值；古土壤层，L^* 值下降明显，a^*、b^* 上升发展，虽然有波动下降，但总体上仍高于黄土层数值，且达到其最高值。三个指标之间，亮度与红度的表现优于黄度，在黄土—古土壤的层次区分上，色度指标表现总体较为良好，变化特征较为明显，能够较好地与磁化率、粒度所反映的古气候信息进行对应。

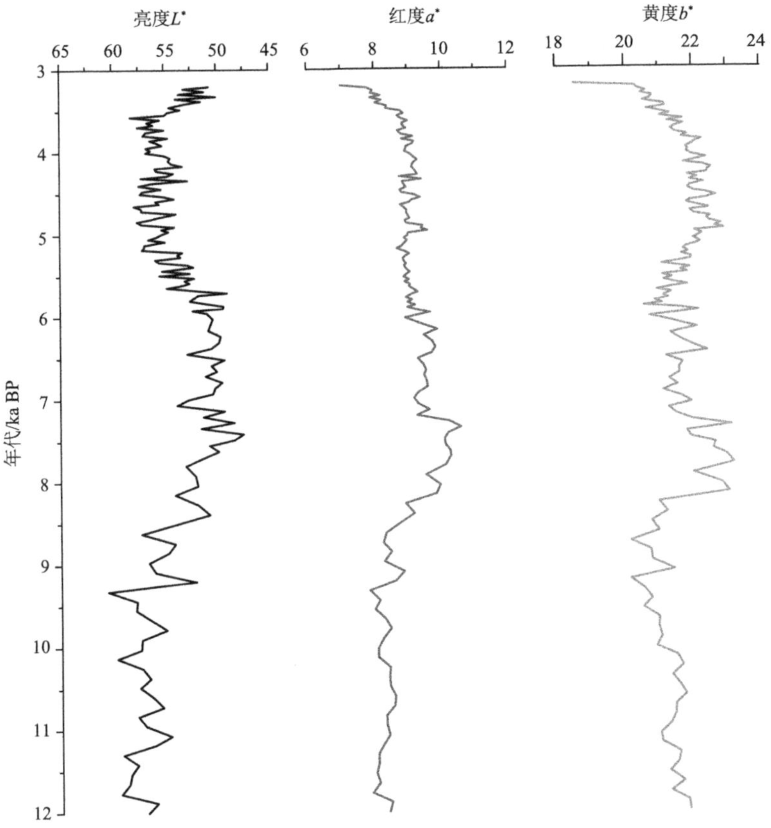

图 3.4 中梁剖面色度变化曲线

去掉表层现代耕作层的异常数据，亮度变化在 47.55～60.58，平均值为 54.28，红度变化在 7.8～10.58，平均值为 9.03，黄度变化在 20.15～23.22，平均值为 21.72。以时间作为划分：在早全新世，亮度变化范围在 52.11～60.58，平均值 56.83；红度变化范围在 7.8～8.84，平均值 8.26；黄度变化范围在 20.15～21.76，平均值 21.1。在中全新世，亮度变化范围在 47.55～58.22，平均值 53.73；红度变化范围在 8.67～10.58，平均值 9.2；黄度变化范围在 20.57～23.22，平均值 21.86。通过时间维度上的比较，可以看到，虽然在局部范围内，色度表现异常的变化，但整体上，随着中全新世大暖期的到来，红度和黄度都要比全新世早期更高一些，亮度在中全新世低于早期，基本符合临汾盆地全新世的气候变化。

以剖面岩性特征进行划分：黄土层亮度变化范围在 50.79～60.58，平均值 55.82；红度变化范围在7.8～9.61，平均值8.81；黄度变化范围在20.15～22.94，平均值21.72。古土壤层亮度变化范围在47.55～54.12，平均值50.85；红度变化范围在8.89～10.58，平均值9.61；黄度变化范围在20.57～23.22，平均值21.81。古土壤形成环境相较黄土层更为暖湿，亮度在古土壤层中呈现为低值，黄度、红度表现为高值，符合其代表的古气候信息。

在局部范围内，如早全新世11.4～10.7 ka BP、9.3～8.8 ka BP期间磁化率与粒度指标反映出来的气温上升，降水增加，色度指标的变化也能很好的对应，红度、黄度上升的同时，亮度下降。

通过以上不同划分角度下数值变化范围与平均值的比较、局部数值指示的气候特征，可以较为直观地看出，不论是指示古气候的变化、不同层次的成壤环境条件，还是局部气候事件的记录，该次色度实验结果都能够做到最基本的对应与比较，是良好的古气候替代指标。

3.4　微量化学元素

3.4.1　意义

微量化学元素一般指重量百分比小于0.1%的元素，记录了大量的地球化学信息，与气候环境关系密切，常被用于探讨沉积环境、重建古气候环境演化的研究工作中（史运坤，2021；赵艳 等，2022）。黄土沉积物中地球化学元素存在形式、迁移和富集过程等等一系列的地球化学行为除与物源和元素本身化学性质影响外，还与气候环境的演变也有着密切关系。在相同黄土沉积区，沉积物物源相对固定，元素存在形态及化学性质相同，地球化学元素含量变化则受控于沉积环境，而气候对沉积环境影响极大（陈骏，2012；刁桂仪 等，1979）。因此，在黄土沉积物中用微量元素作为代用指标来指示气候变化方面得到越来越多的应用。例如刁桂仪等（1979）研究了黄土沉积物中不同微量元素的各种地球化学性状和行为；刘兰玉等（1981）在陕西洛川黄土剖面的研究中提出了微量元素的相互关系；文启忠等（1985）深入研究了黄土中地球化学元素的分散、运移和淀积等规律；田均良等（1991）报道了中国黄土中多个元素的背景值并讨论了部分元素在黄土高原的分布及含量；刘俊峰等（1996）通过黄土剖面微量元素含量并结合古植被信息探讨了与古气候的关系；贾耀峰等（2012）对全新世黄土剖面微量元素所反映的气候活动进行来研究；杨丹等（2016）利用黄土中微量元素分布特征对陕西省商洛地区的古气候变化进行探讨。胡砚泊等（2019）运用主成分分析方法探究了藏南地区河湖沉积物化学特征及其所反映的迁移与淀积过程变化。吴利杰等（2015）通过对干旱和半干旱过渡带全新世黄土地球化学元素特征来分析古气候变化。近年来在沙漠及沙漠边缘地区地球化学元素在重建古气候环境过程中也起到了重要作用，如陈敏等（2022）在^{14}C和释光测年的基础上，通过对沉积层进行系统的微量元素地球化学分析，研究了腾格里沙漠西南缘土门剖面微量元素记录的MIS3高分辨率季风环境变化；周烨（2022）通过对塔克拉玛干沙漠表层沉积物的全样、砂组分（$>63\ \mu m$）和粉尘组分（$<63\ \mu m$）的常量、微量元素特征，并据此对不同粒级组分、不同类型沉积物进行物源定量化研究。结果表明，尽管全样的地球化学特征与昆仑山比较接近，但在不同粒级上，沉积物的源区有所差别，进而分析了该区域表层沉积物特征及其对地表过程及古气候的指示意义。田庆春等（2022c）通过对临汾盆地微量元素分析发现微量元素的变化特征与磁化率、粒度等指标表现出很好的一致性，并在此基础上重建了临汾盆地末次间冰期以来的环境变化。

选取 Ba、Sr、Cu、Ge、Mn、Co、Li、Cr、Th 这几种微量元素以及 Ba/Sr 值进行分析，各元素与元素比值的气候指示意义如下：

风尘黄土由于其具有一致的粉尘源区，因此，黄土中地球化学元素变化的原因主要是沉积后的气候环境变化引起成壤作用黄土沉积物中微量元素地球化学元素对成土作用的反应表现出很大的差异，大致可分类两大类，一类是相对可溶的碳酸盐矿物成分，如锶，Sr 元素主要以游离形式容易被淋溶，因此黄土—古土壤地层中 Sr 含量的高低可以反映降水量的多少及东亚夏季风的强弱（陈俊 等，2001；Chen et al.，2017）。Ba 是相对较为稳定的元素，Sr 则受到淋溶作用影响较大，是一种易迁移的元素（赵艳 等，2022）。当气候较为暖湿时，Sr 的含量与降水强度呈负相关，降水越多，Sr 含量越低，所以 Sr 元素的含量常用于指示夏季风降水的强弱（周笃珺 等，2004）。在全新世古气候研究中，Ba、Sr 二者常作比值进行分析，当气候温暖湿润时，Ba/Sr 比值呈上升状态，当气候寒冷干燥时，Ba/Sr 比值表现为低值（金雅琪，2021），所以 Ba/Sr 比值在古气候重建工作中是一项可靠代用指标，且在部分研究中似乎比更为常见的 Rb/Sr 比值表现得更为灵敏、准确（庞奖励 等，2007），故使用 Ba/Sr 值来指示东亚季风的全新世演化历史。Cr、Co、Cu、Th、Mn 都是植物生长必需的微量元素，当气温升高、降水增多时，古土壤发育、地表植被覆盖率增高、有机质含量增多，使得这些微量元素也富集起来（李铮华 等，1998；张健 等，2004），同时 Li^{+} 因容易被黏土吸附、Ge 不易被土壤水分流动带走而在古土壤层中表现为高值（田庆春 等，2022c）。

综上所述，这些微量化学元素以及元素比值的含量高低可以指示东亚季风的强弱变化、不同时期的环境降水量高低，在古气候环境演化的重建研究中是优秀的气候代用指标。

3.4.2 实验方法

微量化学元素测量于山西师范大学资源与环境样本准备室、元素测试中心完成。仪器使用的是美国 Thermo Fisher Scientific 公司发明的 iCAP 7000 系列电感耦合等离子体发射光谱仪谱（Inductively Coupled Plasma Optical Emission Spectrometer，ICPOES），该型号相比其他仪器更精确、更快速，使用时要注意仪器的环境温度要保持在 22～25 ℃，湿度保持在 40%～65%，避免被阳光暴晒。消解采用的是上海 SINEO 公司生产的 MDS-6G 型多通量微波消解仪与 ECH-Ⅱ型微机控温加热板。实验步骤如下。

(1)称取样品 0.2 g(准确至 0.0001 g)于消解长管中，依次加入 6 mL $ClHO_4$ 溶液、2 mL FH 溶液、2 mL HCl 溶液后，在微波消解仪中进行消解，完成后待温度降至 70 ℃以下，压力接近 0 后，及时取罐，并放至通风橱中，待继续降至室温后用不锈钢小扳手缓慢泄压，泄压后用食指压住罐盖将罐从罐架中移出。

(2)取下消解长管后，加入 1 mL $ClHO_4$ 溶液，使用电加热板进行赶酸到白烟冒出时，加入 1～2 mL 纯水继续赶酸，观察管中液体呈少量黏稠状态、大概黄豆大小时，赶酸结束。

(3)赶酸结束后，少量多次加入 2%稀 HNO_3 溶液，摇匀使样品与溶液完全融合，转移至 50 mL 容量瓶中定容，充分摇匀，静止 24 h 后待测。消解长管的清洗采用浓酸(8 mL 浓 HNO_3 溶液)微波清洗法。

(4)为了仪器的稳定与测量的准确度，iCAP 7000 的仪器环境要恒定保持合适的温度与湿度，在正式测量前，如果仪器长时间未使用，为了使得仪器内部环境纯净，要先使用高纯氩气大流量吹扫至少 2 h。在所有联锁呈正常绿灯状态后，方可以点燃等离子气体，进行仪器预热与光谱仪优化，优化完成后设定本次实验设置。开始测量后，手动更换样品瓶，仪器自动测量 3

次后取其平均值,要注意系统单位与常用单位的转换。

3.4.3 结果分析

中梁剖面的化学元素实验结果如图 3.5 所示,变化特征如下:去掉现代耕作层的异常数据,整体上,Cu、Ge、Mn、Co、Li、Cr、Th 这几种微量元素的变化趋势呈现出高度的相似性,从剖面土壤层划分的角度上来说,不论是数值变化范围还是平均值对比都很好地表现出古土壤层含量高于黄土层的特征。从时间划分角度上来说,随着全新世的到来,各个微量元素的含量都随着上升,且中全新世的微量元素含量也均要高于早全新世的含量,并在全新世大暖期期间到达高峰,与现有的全新世古气候研究结果有着很好的对应。

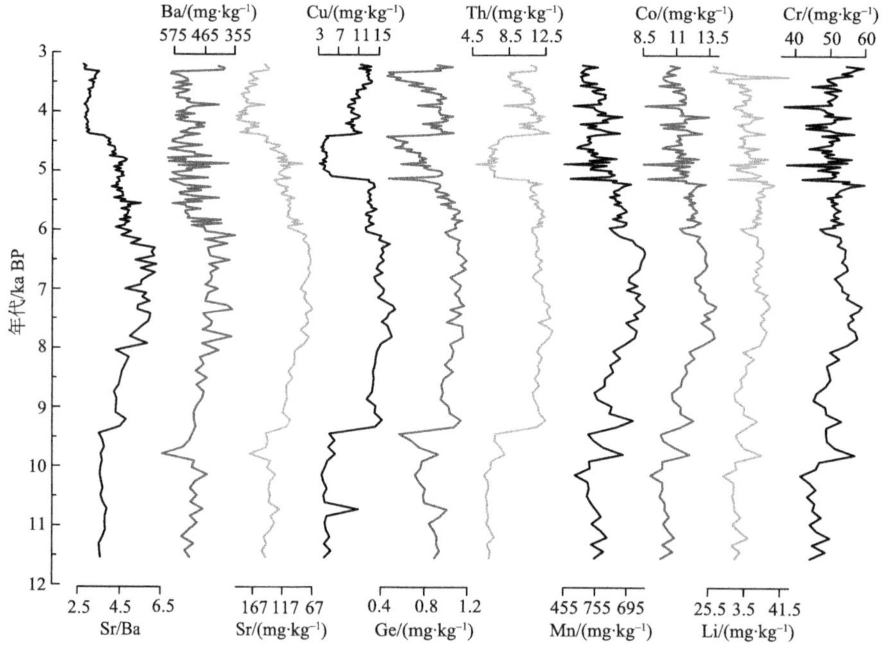

图 3.5 中梁剖面微量化学元素变化曲线

在所有微量化学元素中,Mn 这个元素的含量最高,平均值高达 628.92 mg/kg,其次是 Ba、Sr,含量最低的元素为 Ge,平均值为 0.93 mg·kg^{-1}。因 Ba 元素相对稳定,所以变化较为平缓,Sr 元素含量则表现为在古土壤层中显著下降,Ba/Sr 比值波动范围在 2.8～6.29 之间,其曲线与 Cu、Ge、Mn 等其余微量元素曲线的变化趋势高度相似,温暖湿润的气候促进了 Cu、Ge、Mn 等元素在古土壤层中的相对富集,在古土壤层表现为高值,黄土层则下降,反映了淋溶程度的强弱变化。

局部范围内,如 11.4～10.5 ka BP 期间的暖湿事件,Ba/Sr 比值、Cu、Ge 都有一定的上升,同时 Sr 元素出现局部的下降;在 9.3 ka BP 后,Cu、Ge、Mn、Co、Li、Cr、Th 元素的数值都出现程度不同、但都十分明显的上升趋势,其中 Cu、Ge、Th 这三个元素显示出的上升趋势最为明显,纵向曲线上呈梯形,其余元素则呈波浪式上升。虽然在到达小高峰值后开始回落,但其回落程度并不严重,就此进入全新世最为暖湿的“全新世大暖期”;在 5.3～4.2 ka BP 期间,Cu、Ge、Mn、Co、Li、Cr、Th 元素含量都显示出不同程度地减少,其中,Cu、Th 元素最为明显,都呈现出较大的谷值,这一阶段正值全新世大暖期结束之际,在这个气候转变阶段,世界各地频发气候突变事件，如发生于世界各地文明前夜的 4 ka BP 左右的气候事件，在国外的地中海、国内的中原及青藏高原等多全球范围内都有不同程度的表现（宋高 等，2022），对人类社会造成了深远的影响，中梁剖面在该阶段的微量化学元素结果可能与这一阶段全球性的不稳定气候环境有关。

综上所述，所选择的微量元素与其比值基本能很好地指示古气候的变化，是良好的气候替代性指标。

3.5 小结

本部分主要对选取的气候代用指标进行分析，项目研究涉及磁化率、粒度、色度、常量和微量元素等环境代用指标，指标较多，如何集成耦合分析是本研究的关键难点之一。结合文献资料计划拟以黏土含量（$<5\ \mu m$ 粒径组分）、Ba/Sr、磁化率和频率磁化率以及色度 L^* 为主要指标，而以其他的环境指标为辅助指标，来解译古气候的变化过程和特征。基于上述主要代用指标，通过对指标的集成研究从而探讨晋南地区全新世以来的气候变化的过程和环境的演化过程。

4 晋南地区全新世古气候变化过程和特征

根据第 2 章中梁村黄土地层剖面 AMS^{14}C 测试结果，结合第 3 章对该孔沉积物中的环境代用指标分析，对晋南地区全新世以来的气候环境演变进行分析、重建。并将本区全新世以来的气候演变模式与其他地区及全球古气候记录进行对比，探讨区域与全球气候变化的异同点。

4.1 晋南地区全新世古气候变化序列的建立

基于 ZL 剖面建立好的年代框架，前文已对不同环境指标的波动特征进行了系统的分析，为了避免重复讨论，本部分选择几条代表性的气候曲线来重建晋南地区全新世气候变化。通过对比分析选用低频磁化率、频率磁化率、中值粒径(Md)、粒径<5 μm 的黏土组分、Ba/Sr 值和色度 L^* 来恢复重建晋南地区 11.5～3.1 ka BP 气候环境演变史(图 4.1)。

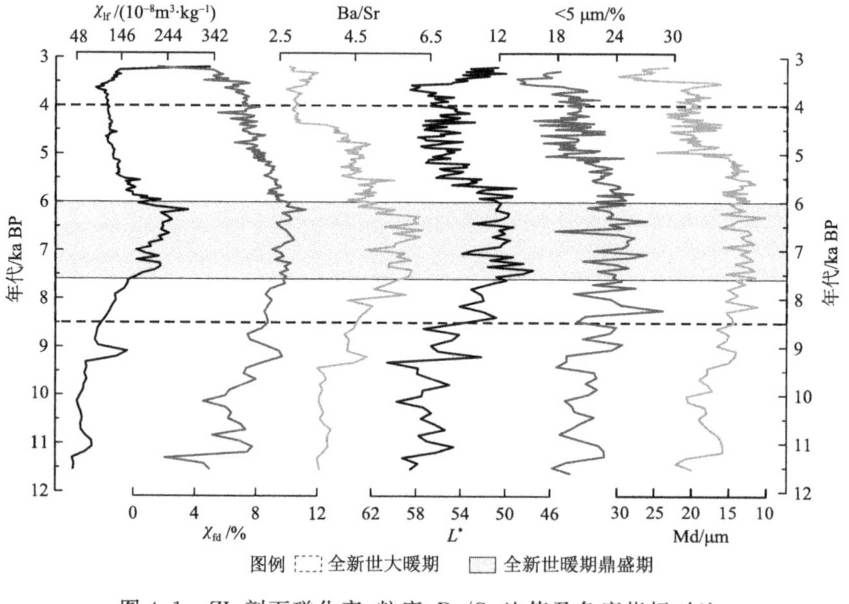

图 4.1 ZL 剖面磁化率、粒度、Ba/Sr 比值及色度指标对比

结合前面环境指标的分析，根据各环境指标的变化特征，将晋南地区 11.5～3.1 ka BP 气候变化分为以下四个阶段(图 4.1)。

(1)11.5～8.5 ka BP 阶段，磁化率和频率磁化率均呈现出波动上升的趋势、色度 L^* 缓慢减小且波动幅度较大，粒径<5 μm 的黏粒组分及 Ba/Sr 值呈现为低值，表现出波动增加的趋势，相应的中值粒径开始逐渐的减小，并在 10.3 ka BP 左右出现一个小的峰值。说明从此时开始冬季风的强度开始逐渐减弱，夏季风的强度开始逐渐地增强，但气候不稳定，存在短尺度

的气候波动事件。除了 10.3 ka BP 左右出现环境指标波动外，在 9.3 ka BP、8.7 ka BP 附近磁化率为明显的低值，Ba/Sr 值也有同样的表现，Ba/Sr 值作为指示夏季风强弱变化的指标，与成土强度显著正相关，能够反映淋溶程度和气候变化，在这个时间段表现为低值，中值粒径此时的值变大，环境指标的这一变化表明，该地在全新世早期的升温过程中存在多次的短暂降温事件。这可能与北半球 10.3 ka BP、9.3 ka BP 新冰期降温事件有关（Bond et al.，1997），其中中梁黄土所记录到的 9.3 ka BP 降温事件可能是与海洋沉积所普遍揭示的 9.2 ka BP 冷期阶段相一致（Fleitmann et al.，2008），但从各指标的波动特征来看在 8.2 ka BP 并没有明显的记录到该地区在这一时段有降温和干旱事件发生，而 Chen 等（2015b）对山西公海沉积钻孔的研究过程中也发现在早全新世 9.5～8.5 ka BP 出现降水量减小，8.2 ka BP 并没有明显的降温干旱发生。这一问题还需更多的地质记录进行分析。总的来说，该阶段晋南地区气候开始由冷干的环境向暖湿环境过渡，表现出温度和降水量都有增加的趋势，但整体上该区域的环境仍然较为干燥寒冷，并且在升温过程中出现了多次的短暂降温事件。

(2)8.5～5.0 ka BP 阶段，低频磁化率、频率磁化率呈现为峰值，中值粒径为整个序列的最小值，粒径＜5 μm 的黏粒含量在该阶段达到了最大值，色度 L^* 也表现为低值，Ba/Sr 值在该阶段相较其他时期为明显的高值时段。说明在这一阶段整体上土壤的成壤强度较大，降水量较多。指示这一时段东亚夏季风最强，为全新世大暖期时段。国内外资料也显示出这一时段环境最为温暖湿润。只是在开始和结束的时间上稍有不同。其中，7.2～6.0 ka BP 期间，多项指标指示了晋南地区古气候在这一时段是全新世大暖期阶段最为鼎盛的时期。6.0～5.0 ka BP 期间，前期频率磁化率、黏粒含量指标开始下降，但幅度不大，在大约 5.5 ka BP 前后，中梁黄土剖面中值粒径与色度 L^* 增大，黏粒含量减小，Ba/Sr 值下降明显，指示该时期出现了气候干冷事件，且在该事件后，低频磁化率、频率磁化率、黏粒含量、Ba/Sr 值下降趋势十分明显，中值粒径、色度 L^* 值开始增大，说明这一阶段夏季风强度开始减弱，冬季风增强，温度和降水量都明显降低，导致此时的环境条件逐渐变差。而此次降温事件很可能是全球性的，大约 5.5 ka BP 前后，全球不同区域不同地质材料均记录到这一时段存在一次较为明显的降温事件（Thompson et al.，2006）。总的来说，该阶段前期夏季风对环境表现出极为强烈的影响，气候暖湿，古土壤发育程度最强，暖湿期从 7.2 ka BP 持续到 6.0 ka BP 左右后，从 6.0 ka BP 夏季风的强度开始逐渐减弱，一直到 5.5 ka BP 后冬季风的影响明显增强。

(3)5.0～3.9 ka BP 阶段，该时期指标出现大幅度不稳定变化的特征，特别是色度 L^*、粒度，但从整体上来说，黏粒含量明显减少，中值粒径数值相较前一阶段有明显的变大趋势，说明本时段冬季风的影响持续增强。与之相应的，低频磁化率、频率磁化率及 Ba/Sr 值不断下降趋势。在 4.2 ka BP 附近频率磁化率、黏土含量、Ba/Sr 值及色度 L^* 等指标都呈现快速减低的趋势，而中值粒径相反呈现增大的特征，且环境指标波动频率较快，说明这一时段该地区的温度和降水量都明显下降，环境恶化，且环境不稳定。而在此之后各环境指标显示气候暖湿程度稍有恢复，但幅度较小。毛乌素沙地东南部神木县锦界剖面低频磁化率和有机质含量在 4.1 ka BP 附近呈现一个小的峰值，也说明在这一时段气候出现短暂的转好（杨帆 等，2017）。直到 4.0 ka BP 之后磁化率、频率磁化率及色度 L^* 等环境指标均呈现降低趋势，且呈现明显的谷值。总的来说，该阶段早中期气候呈现冷干化的特征，后期曾出现短暂的多雨期。

(4)3.9～3.1 ka BP 阶段，在 3.7～3.5 ka BP 频率磁化率，黏土含量、Ba/Sr 值以及色度等指标均出现一低谷，虽低频磁化率变化幅度并不明显，但也相应的出现一个小的低谷，而中值粒径在此时的值偏大，呈现一个小的峰值，说明在此时土壤的淋溶强度减弱，指示该阶段夏季风强度减小，而冬季风的强度增加，存在一次短暂的降温事件；此后黏土含量、Ba/Sr值以及色度等指标均出现一个小的峰值，但持续时间较短，之后各环境指标都呈现下降趋势，相对应的中值粒径在此时的值减小，之后又开始增粗，说明在3.5 ka BP之后该区域环境存在短暂的转好，但持续的时间比较短；总的来看这一阶段环境整体的暖湿程度较小，环境相对的寒冷干燥，尤其在3.7～3.5 ka BP存在一次明显的降温事件，此后环境的暖湿程度稍有增加，但幅度不是太大，持续时间也较短暂，大约在3.4 ka BP之后冷干化加剧，中值粒径升高，黏粒含量明显减小，Ba/Sr值降低。Yang等(2021)通过对青藏高原东北部德令哈地区53棵祁连圆柏共9526个树轮同位素样品测试分析得到，始于约2000 BCE(Before the Common Era，公元前)、于1500 BCE达到干旱顶峰的气候突变事件，标志着全新世中期到晚期的过渡。在此期间，降水趋于减少，年降水极值年在几十年内多次发生重大的变化。例如，年降水从1990 BCE年的309 mm降低至1950 BCE年的47 mm，以及从1715 BCE年的313 mm降低至1675 BCE年的95 mm，二者仅历时40 a。这一时期中国北方森林衰退，风沙活动增强，人口大规模迁徙(人类定居点遗址面积萎缩，数量剧减)，中国北方新石器时代的文明发生了重大转型(如齐家文化解体)。这一研究结果与我们的结论基本上相一致，只是在降温时间上存在一定的误差，可能主要受到研究材料或者测年方法的影响。

4.2 晋南地区全新世气候变化与其他区域对比

区域气候变化是在全球气候变化的大背景下发生的，因此本区黄土沉积揭示的区域性气候变化必然受到全球气候变化的影响。我们将本区气候的连续记录与其他地区对比，进而可以深入了解区域气候变化与全球气候变化的关系，以及我国环境的区域分异和季风变迁的关系。但是，就目前的研究结果来看，由于各个地区所采用的环境指标不同，分析精度也存在一定的差异，所以只能对环境变化千年、百年尺度的演化阶段进行对比。

通过上一部分的论述重建了晋南地区全新世以来的气候变化过程和特征。同时发现各环境指标虽然存各自的波动特征，但整体趋势是保持一致的，因此选择晋南地区中梁剖面频率磁化率指标与65°N夏季太阳辐射(Berger et al.，1991)、全新世北半球温度(Marcott et al.，2013)，以及六盘山天池(Zhao et al.，2010)、达里湖(Xiao et al.，2015)、青海湖-达连海湖(Li et al.，2017)、华北区域(Li et al.，2018)、公海的全新世降水量(Chen et al.，2015b)、及岱海黑炭浓度与花粉记录(Wang et al.，2013c)及其他国内外相关研究成果进行对比，综合分析该区域全新世古气候演变特征和过程。

(1)11.5～8.5 ka BP之前

11.5～8.5 ka BP之前，随着北半球夏季太阳辐射的逐渐升高，中国北方的年降水量和温度都显著升高，晋南地区各环境指标也指示这一时段气候的暖湿程度呈上升的趋势，但需要注意的是各地古气候指标与太阳辐射曲线、全新世年均温对比显示，多地全新世东亚夏季风对太阳辐射(Berger et al.，1991)明显存在大约4000 a的延迟响应(图4.2)。关于这一点，丁仲礼曾提出过“全球冰量驱动模式”，即东亚季风的变化并不仅仅响应于太阳辐射，同时也会受全球冰量变化的影响，全球冰量对冬季风造成影响，再通过副热带高压带间接对夏季风起控制作用(丁仲礼 等，1995)。7.0 ka BP之前的北美残余冰盖融化持续注入北大西洋(Liu et al.，2014；Yu et al.，2010)，抑制了东亚夏季风的强度。这可能是晋南地区及公海等地全新世古早期气候

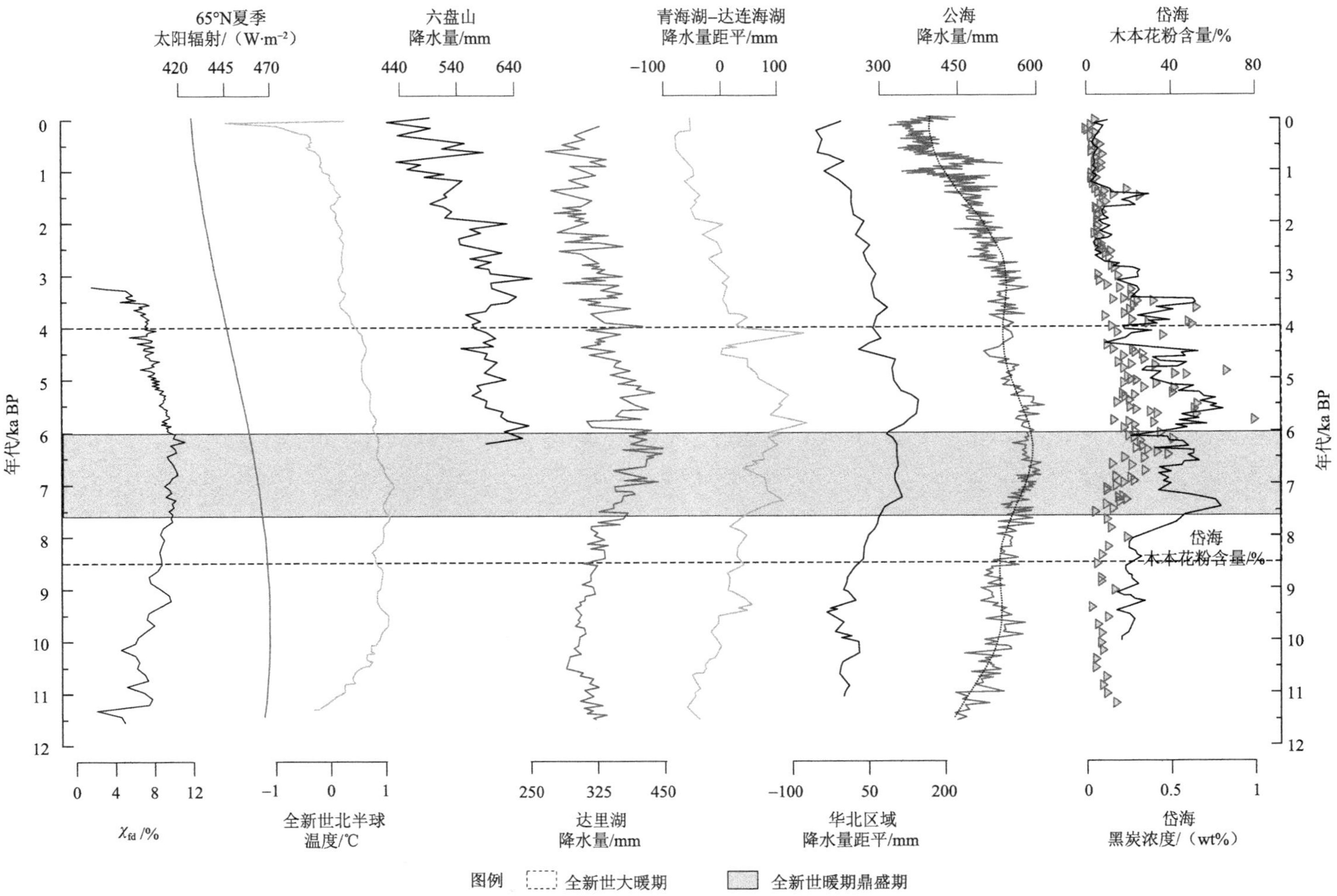

图 4.2　ZL 剖面频率磁化率、65°N 夏季太阳辐射（Berger et al.，1991）、全新世北半球温度（Marcott et al.，2013）、六盘山天池孢粉降水量（Zhao et al.，2010）、达里湖孢粉定量重建降水量（Xiao et al.，2015）、青海湖-达连海湖孢粉重建降水量（Li et al.，2017）、华北区域降水量集成（Li et al.，2018）、及公海孢粉重建降水（Chen et al.，2015b）与岱海花粉及黑炭浓度记录（Wang et al.，2013c）

对太阳辐射响应表现出滞后性的原因。整体上，该阶段气候仍然较为干燥寒冷。

(2)8.5～5.0 ka BP

8.5～5.0 ka BP为全新世大暖期，水热条件达到最佳组合状态，在7.0 ka BP之后东亚夏季风总体上受太阳辐射驱动控制较多，图4.2中北半球温度曲线(Marcott et al.，2013)、华北区域降水量集成(Li et al.，2018)、及ZL剖面频率磁化率等地区指标的变化都与65°N夏季太阳辐射曲线(Berger et al.，1991)较为一致，这可能与7.0 ka BP之后的全球冰量与全球海平面都保持在一个较为稳定的状态有关(Stanford et al.，2010)。7.5～5.0 ka BP是中原地区在全新世降水鼎盛的时期(Chen et al.，2015b)，气候达到全新世暖期的最高峰。研究发现，同时期黄土高原年均气温较现代高约2 ℃，年均降水量高约100 mm，400 mm等降水量线向西北推进200 km(侯光良 等，2019)。

晋南地区气候气候代用指标显示该时段的暖湿程度也达到最高(图4.1)，配置较好的水热条件成为了当地仰韶文化体系发展的最佳驱动力。地处吕梁山脉上的公海显示在6.0～5.0 ka BP期间降水达到全新世的最大值(Chen et al.，2015b)，内蒙古岱海地区重建的降水量达到全新世以来的最大值，据记录当时降水均高出现代接近100 mm之多(许清海 等，2003)。达里诺尔于7000～6900 a BP开始湖侵，6900～6000 a BP形成高湖面(史培军，1991)，这一时段也是北方洪水频发时期(袁宝印 等，2002)。与现代相比，当时中国季风区面积扩大了10.7%，降水量增加了18.7%(Tian et al.，2015)。一般来说，较高的黄土磁化率指示暖湿的气候环境(刘秀敏 等，1991)，临汾盆地的中梁铁厂剖面(李拓宇 等，2014)、蓝田地区黄土剖面(张婷 等，2011)和陕西榆林地区剖面记录(Lu et al.，2013)的磁化率曲线该时期基本上均处于数据的较大值。耀县磁化率重建的降水数据(Xia et al.，2014)显示出这一时段为全新世期间的最大值。基于东亚夏季风记录的中国北方湖泊孢粉资料，建立的全新世湿度指数也反映了当时最湿润的气候变化(Wang et al.，2013a)。毛乌素沙地在7000～5500 a BP古土壤最为发育，鄂尔多斯高原古土壤于6500～5500 a BP间发育达到极盛(史培军，1991)。位于季风边缘的青海湖-达连海降水数据(Li et al.，2017)，以及包括华北地区降水集成记录(Li et al.，2018)均显示出全新世期间的最大值(图4.2)。

另外，作为高分辨率并且年代精确的石笋氧同位素记录也被用作气候与环境的代用指标，石笋$\delta^{18}O$值的变化与东亚夏季风的强弱变化有很大的相关性。在这个时间段，湖北和尚洞(Hu et al.，2008)、贵州董哥洞(Wang et al.，2005)、湖北三宝洞(Shao et al.，2006)、甘肃乌鸦洞(Tan et al.，2020)、陕西九仙洞(Cai et al.，2010)这5个地区记录的石笋$\delta^{18}O$值均处于整个全新世以来最为负偏的阶段，说明东亚夏季风在此时达到最强盛的程度了。综合可见，以上这些结果都揭示了中全新世是整个全新世时期最暖湿的时期。从5.5 ka BP开始，多地气候显示冬季风明显增强，临汾盆地、公海以冷干化为主要气候特征；同在黄土高原上的六盘山降水重建记录显著降低，指示了该地区经历了明显的干旱事件；在整体温暖湿润的背景下，5.0 ka BP前后世界范围内存在一次变幅较大的环境突发事件。

研究表明：同时期，在甘肃葫芦河的大地湾剖面中，古土壤层之间存在一个较为短暂、干冷的黄土层(陈发虎 等，1993)，附近植被也由疏林草原变为小面积的干旱草原(夏敦胜 等，1998)。在(5030±150)a BP前后，河北平原地区气候明显转凉，孢粉组合由前期的以栎属为主转变为以松为主，并发现了部分冷衫成分(杨子赓 等，1979)。长江下游地区5600 a BP前后，土壤盐分减少，三角洲发生海退现象(王开发 等，1978)；余姚河姆渡遗址孢粉记录显示，气温表现出急剧下降的趋势，亚热带常绿阔叶林收缩，温带植被增加(孙湘君 等，1981)。华南地区湖光岩玛珥湖沉积物的研究结果表明叶绿素 a 浓度重建了全新世夏季风变化情况，数据显示叶绿素 a 浓度在 6000 a BP 左右开始降低，于 5500～5000 a BP 达到最低值，得出此时段夏季风强度较弱，气候较干冷(吴旭东 等，2011)。季风边缘地区的毛乌素沙漠、库布齐沙漠在大约 5.6 ka BP 之后环境恶化(Sun et al.，2006b；Li et al.，2011)。

以上结论与我们对晋南地区黄土沉积得到的降温时间是一致的。这种环境恶化事件在世界各地均有记录(朱艳 等，2001)，格林兰东部(Miskovsky，1985)、欧亚大陆北部(王开发 等，1990)、加利福尼亚(Glassow et al.，1994)、北极冰芯(Charles et al.，1995)等地均发现一个短暂的急剧降温的突发性事件。以及标志了非洲地区全新世最适宜期结束的“撒哈拉干旱事件”(de Menocal et al.，2000b)。王天艺(2020)对我国 5.5 ka BP 事件研究成果进行了统计，发现基本整个中国季风区，甚至包括青藏高原大部分地区，都出现了本次以干旱与降温为主要特征的气候恶化事件。总而言之，5.5 ka BP 气候恶化事件标志着全新世大暖期所带来的优越水热条件开始逐渐减弱，古人类开始步入新冰期阶段。

(3)5.0～3.9 ka BP

5.0～3.9 ka BP 时期，晋南地区气候指标记录(图 4.1)指示该阶段冬季风的影响持续增强，全球温度持续下降(Marcot et al.，2013)，多地降水均显示在该阶段不断波动下降。需要注意是，在 4.5 ka BP 后，晋南地区指标变化(图 4.1)指示该地区气温降水有小幅的增加，但幅度不大且不稳定；多地重建降水记录(图 4.2)也指示在 4.5 ka BP 后降水开始增多(Zhao et al.，2010；Xiao et al.，2015；Li et al.，2017)，Marcott 等(2013)重建北半球中高纬度的气温数据发现，在 4.4～3.9 ka BP 期间，降水量有些许增加，暖湿的蜗牛化石种类和阔叶木本植物种类均出现峰值。吕厚远等(2008)学者定量统计了渭南黄土剖面蜗牛化石在 4400～4300 a BP 前后，地层中的数量呈现较高值变化，代表了相对温暖湿润的气候环境。直到后期气候经历了一次突变，特别是 4.0 ka BP 前后的全球降温事件，对晋南地区的自然环境产生了巨大影响。

同一时期，世界范围内表现为北大西洋地区广泛降温(Bond et al.，1997)、非洲乞力马扎罗山冰芯氧同位素记录显示负偏(Thompson et al.，2003)、欧洲阿尔卑斯冰川广泛分布(Perry，2000)等。

在中国，位于亚洲季风边缘乌鸦洞石笋 $\delta^{18}O$ 值的记录，揭示出 4200 a BP 时间段亚洲夏季风呈现弱-强-弱的强度模式变化(Tan et al.，2020)。在 4200～3900 a BP，华中地区湖北的三宝洞石笋 $\delta^{18}O$ 氧同位素数据和年代结果表明东亚夏季风强度明显减弱(Shao et al.，2006)。中国北部地区鸭子海湖基于孢粉实验表明，在 4.2 ka BP 气候呈现干-湿-干的环境特征(王思凯 等，2023)。在湖北和尚洞(Hu et al.，2008)、贵州董哥洞(Wang et al.，2005)、陕西九仙洞(Cai et al.，2010)的石笋氧同位素记录基本上呈现一致显著的正偏趋势，均表明该阶段东亚夏季风强度减弱。山西省公海降水量(Chen et al.，2018)、包括西太平洋海温的浮动(Stott et al.，2004)、敦德冰芯记录(施雅风 等，1992)、黄土沉积记录中西峰剖面粒度(Sun et al.，2010)和临汾盆地中梁铁厂剖面粒径(Li et al.，2014b)大小变化均显示了 4.0 ka BP 前后存在明显的冷事件，说明这个时期可能是世界范围内强冷事件的区域性响应(李开封 等，2015)。方修琦等(2011)通过从文献中搜集整理 1397 条古气温记录，建立全新世古气温记录数据集，利用经剔除奇异值后的 1140 条有效记录，采用单样本区域订正-多样本平均集成法，定量重建中国全新世百年分辨率气温集成序列。集成重建序列表明4.0 ka BP以来中国气温距平均呈现降水量减少、气温下降的干冷气候环境。但是,4.2 ka BP前后的湿度格局变化目前仍存在不小争议,而对于该时段我国学者们一致认为在东部季风区的寒冷气候是源于极端降温的(Wu et al.,2004a)。

研究表明,太平洋年际振荡和厄尔尼诺南方涛动的相互作用,促使中国东亚夏季风降水异常,从而带来干冷气候条件下的极端干旱事件或者是高强度洪水(Sun et al.,2019)。对于黄河流域来说,与暖期相比,寒冷期更加不稳定,爆发高强度的降水概率更大(Li et al.,2021a)。根据沉积学证据(洪水沉积物、炭屑)和测年材料,发现沁河流域的XJC剖面和Q02010-1剖面(夏正楷,2004)、汾河流域的ZJZ剖面(Zhang et al.,2011),基本上可以确定4000 a BP前后的古洪水事件的发生。因此,在4.0 ka BP前后,普遍寒冷不稳定的气候环境下,更容易受到大洪水的危害。

此前研究发现古洪水事件是水文过程对异常气候变化的响应,经常发生于不同气候之间的过渡时期,尤其是气候转型时期的突变阶段(Knox,1993;Benito et al.,2003)。大量研究成果表明,发生于4.2 ka BP的北半球中低纬度的气候干冷事件以快速变干变冷为特征(Booth et al.,2005),而中国北方则主要以快速干旱为主,可能是引起我国北方季风边缘区环境敏感带许多新石器文明由盛而衰的主要原因(谭亮成 等,2008;Wu et al.,2004a)。

(4)3.9～3.1 ka BP

3.9～3.1 ka BP时期,正处于全新世大暖期的末期阶段。经历了极端气候事件之后,研究区的气候环境整体上趋于稳定且仍在小幅度的波动下降,朝着干凉化的方向发展。相较上阶段水患威胁减小,虽然前期气候暖湿程度稍有增加,北方季风区几个典型的记录也显示暖湿程度略有增加、植被恢复(Ji et al.,2021),但整体上仍处于环境恶化阶段,太阳辐射减弱,北半球温度持续下降(图4.2),并在3.7 ka BP之后冷干化加剧,多地降水明显降低,植被减少,冬季风的影响不断加强。呼伦湖(Xu et al.,2010)和岱海(许清海 等,2003;Wen et al.,2017)的年均降水和年均温重建结果表明,在4.4～3.0 ka BP时期,前期是低温干旱阶段,后期逐渐升温,降水量增加。山东威海地区在岳石文化(4.0～3.5 ka BP)时期,在经历了降温事件后,文化虽出现地域收缩,但也在缓慢恢复,随着海平面下降,形成了肥沃的泥炭层,由此文化继续发展(张丽娜 等,2020;王丽彬 等,2021)。浙江田螺山南麓两个钻孔的孢粉记录发现,在全新世晚期,针叶类和热带亚热带阔叶林的含量有减少的趋势,而温带阔叶林和蕨类孢子含量有所增加,草地面积也随着扩大,形成凉爽干燥的气候环境(郑丽波 等,2016)。青海湖周围的森林在4.0 ka BP后基本消失,逐渐被高等草原和草甸植被覆盖,整体气候向干冷化的趋势发展(侯光良 等,2009)。

4.3 小结

晋南地区11.5～3.1 ka BP以来的气候环境演化分为以下四个时期:(1)11.5～8.5 ka BP阶段虽然开始向暖湿过渡,但整体上仍然较为干燥寒冷,在9.2 ka BP左右有短暂且突然的明显暖湿事件;(2)8.5～5.0 ka BP阶段环境温度升高,强盛的夏季风带来了丰富的降水,古土壤发育,其中7.0～6.0 ka BP时期为暖期鼎盛期,暖湿程度达到顶峰后开始降低,5.5 ka BP气候恶化事件后冬季风的影响明显加强,古人类开始步入新冰期阶段;(3)5.0～3.9 ka BP期间,夏季风不断减弱,温度和降水都逐渐降低,气候较之前温干,黄土沉积,4.2 ka BP左右温度和降水量呈现下降趋势，之后曾出现短暂的季风增强，温度和降水量都有一定的增加，直到 4.0 ka BP 环境整体上表现出降温干旱的趋势；(4)3.9～3.1 ka BP 早期气候暖湿程度稍有增加，但并不稳定且程度微弱，整体上仍处于环境恶化阶段，并在 3.7 ka BP 之后冷干化加剧。

5 晋南地区全新世中期遗址时空分布

5.1 数据来源与研究方法

5.1.1 数据来源

(1)遗址资料:通过整理《中国文物地图集》(山西分册)(国家文物局,2006)、《山西地区庙底沟文化的考古发现与研究》(薛新明,2021)和《晋南地区龙山至西周区域聚落形态及相关问题研究》(田伟,2023)等刊物及发掘简报,共统计得到研究区遗址点 1450 处(注:为了判断研究区某时期遗址延续到下一时期的数量,已将跨时期遗址重复计算)。根据大量晋南周边及附近地区的考古资料和相关文献,建立了完善的考古年代序列:依次是仰韶文化、庙底沟二期文化、龙山文化和夏商文化。

(2)地图资料:基础地图数字高程模型(digital elevation model,DEM)通过登录地理空间数据云网站,下载 ASTER GEDM 30 m 分辨率的高程数据。利用 ArcGIS 10.8 软件对 DEM 数据进行坡度、坡向、河流缓冲区等分析。根据最近邻指数、核密度估算、标准差椭圆和泰森多边形等空间分析方法研究遗址的空间分布模式,以及通过 ArcScene 10.8 软件模拟研究区的龙山时期向二里头文化转折时期古人类的迁徙路线图。

5.1.2 研究方法

晋南地区遗址点数据处理方法如下:首先登录地理空间数据云网站,下载 ASTER GEDM 30 m 分辨率的高程数据。里面包括晋南地区在内的多个栅格数据,导入 ArcGIS 10.8 软件中,将地形图矫正、配准、选择 WGS 1984 坐标系,利用地理处理(Geoprocessing)进行镶嵌、裁剪,进而构建得到晋南地区的 DME 模型。继续进行重分类,得到晋南地区的海拔高程图,高程范围为 165～2471 m,大致呈现出东西两侧高中间低的趋势。

坡度是反映地表起伏和陡缓程度的指标,即垂直高差与水平方向距离的比值大小。本研究区坡地范围是 0°～58°。以晋南地区的高程 DEM 图作为基础,通过 ArcGIS 10.8 空间分析工具中,表面分析工具下的坡度分析,生成研究区的坡度图。坡向是坡面在水平位置的投影方向,即研究区某一地点的朝向。正北方向作为 0°,依次按顺时针方向将其分成 9 类。

自然界的地貌类型相当复杂,根据文献参考李炳元等(2008)人对我国陆地基本地貌的划分研究。结合晋南高程数据,将 DEM 数据按照数值大小,将研究区地貌分为六类,如表 5.1 所示。

表 5.1 晋南地区地貌分类表

地貌类型	高程/m	地貌类型	高程/m
平原	0～30	小起伏山地	200～500
台地	30～70	中起伏山地	500～1000
丘陵	70～200	大起伏山地	>1000

通过 ArcGIS 10.8 软件平台，再次加载晋南地区 DEM 数据，打开工具箱中的空间分析工具，使用水文分析工具(Hydrology)。依次进行填洼(Fill)、流向(Flow Direction)、流量(Flow Accumulation)、河流链接(Stream Link)、河网分级(Stream Order)等步骤，生成晋南水系图。使用邻域分析中的缓冲区工具对生成的河网矢量图进行划分，可以得到距离河流不同范围的缓冲区域。

5.2　晋南地区新石器时期遗址点时空分布

环境的变化会对一个区域农业的生产和自然资源产生影响，会使人类的社会生活、经济发展等发生不同程度的变化，因此探索古文化遗址分布与环境之间的关系成为环境考古研究者的研究热点(刘博 等，2005)。在古人类文明发展初期，先民们抵御自然灾害的能力极差。面对强大的自然力量，古人类既无力去应对又无法理解其原因，改造自然的能力也相对较低，生产生活受环境的约束极大。自然因素的优劣情况作为古人类选择生活发展区域的首要考虑方面，在古人类活动遗址的研究中占据了十分重要的地位，本章研究主要是利用 ArcGIS 10.8 空间分析方法中的叠加分析、缓冲区分析、综合加权叠加分析等方法，提取新石器时期文化聚落的地理环境因子，对比分析仰韶文化、庙底沟二期文化、龙山文化、二里头文化四个文化类型聚落分布的环境背景。利用缓冲区分析的方法对水系做多级缓冲，生成水系缓冲区的多边形，分析聚落分布与水系的关系。因此本章从地貌类型、坡度、坡向以及濒河度这四个方面来进行分析。

5.2.1　晋南地区各时期遗址点的时间分布

通过搜集各遗址的地理位置、高程、文化性质、年代信息等方面文化资料，最终共计遗址点 1450 处(注：为了判断研究区某时期遗址延续到下一时期的数量，已将跨时期遗址重复计算)。

从图 5.1 可以看出，晋南地区遗址数量丰富，不同文化时期遗址增幅较大。本书所涉及的文化时期包括：仰韶文化(7.0～5.0 ka BP)、庙底沟二期文化(5.0～4.5 ka BP)、龙山文化(4.5～3.9 ka BP)和夏商文化时期(3.9～3.1 ka BP)。仰韶时期，遗址数量共计 439 处，是晋南地区新石器时代统计到的最早的文化遗址时期，占比高达整个研究时期的 30.28%，可谓发展阶段；庙底沟二期的遗址数量共 289 处，较仰韶时期有所减少，处于下降阶段；龙山文化时期遗址数量增加到 459 处，占比为 31.66%，是该区域统计到的最多的遗址时期，可谓巅峰阶段；夏商时期遗址数量再度减少，为 263 处，占比低至 18.14%，整体处于衰落阶段。总体而言，晋南地区从仰韶时期到夏商时期遗址数量呈现“先减后增再减”的倒“N”型趋势变化。

5.2.2　晋南地区各时期遗址点空间分布与高程的关系

根据晋南地区的地貌类型，将研究区的高程划分为 5 个区间：165～500 m、500～900 m、900～1200 m、1200～1500 m、>1500 m。运用 ArcGIS 10.8 制图软件，将各时期遗址与高程图叠加，如图 5.2 所示。通过 Analysis Tools 下的 Spatial Join 功能，可统计得到晋南地区遗址在不同海拔区间的数量及占比情况，统计结果如表 5.2 所示。

由图 5.2 可知：从仰韶时期到夏商时期，研究区文化遗址数量大多分布在海拔高度为 165～500 m 的地区。在不同时期占比表现在：仰韶时期 48.97%，庙底沟二期 45.32%，龙山时期 41.39%，夏商时期 42.59%。其次是在 500～900 m 的范围内，在各时期占比分别是 33.26%、36.67%、39.21%、35.74%，而且这两个高程范围内遗址数量占比均高达 80%左右。

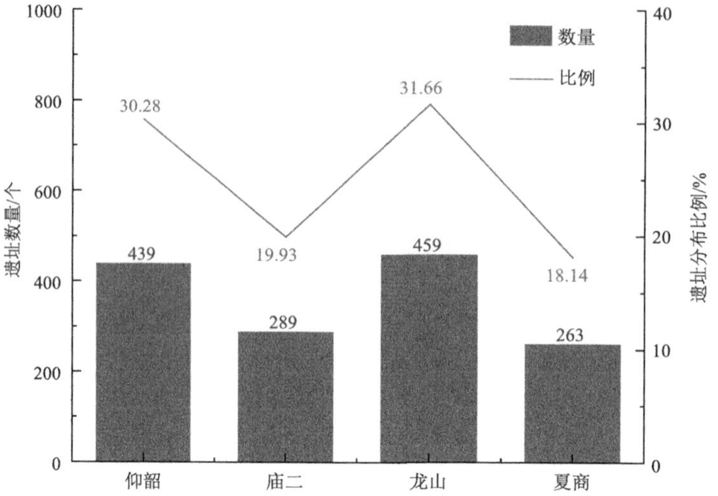

图 5.1　晋南地区文化遗址数量及所占比重统计图

而海拔大于 1500 m 的遗址点占比很少，新石器时期共计 5 处，夏商时期无遗址点，仅占全部遗址点的 1.12%。从图 5.2 可以明显看出，大部分古人倾向于选择低海拔的地区居住，说明随着海拔的增加，自然环境条件逐渐变差，对古人来说生产生活尚不适宜。

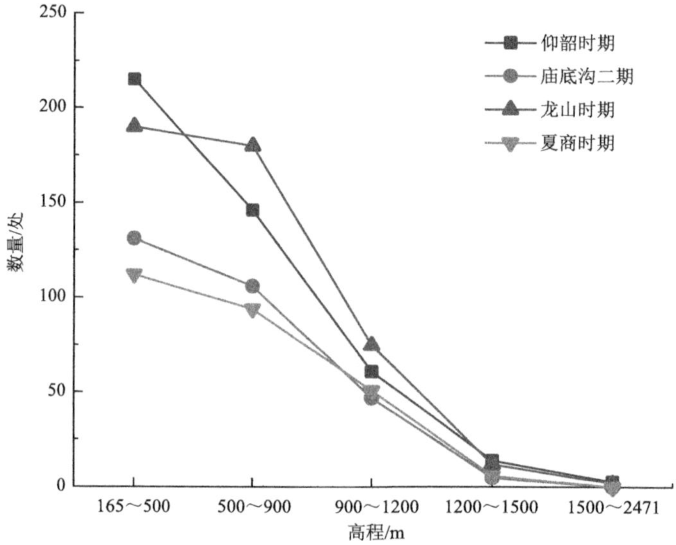

图 5.2　晋南地区各时期遗址点分布与高程关系图

结合表 5.2 分析发现：在新石器时期，遗址点分布均随着海拔升高呈现递减的趋势，遗址主要分布在海拔 165～500 m 和 500～900 m 的临汾盆地、山麓地区和河流沿岸。但随着时间的推移也略有差异：在 165～500 m 范围内，从仰韶时期到庙底沟二期再到龙山时期，遗址占比逐渐减少。而在 500～900 m 的高程区间内，这三个时期遗址比例逐渐增加，甚至在 500～900 m和 900～1200 m 范围内，龙山时期遗址占比一度超过仰韶和庙底沟二期。在大于 1200 m的海拔内，三个时期遗址占比仅为 3.86%、1.73%和 3.04%。在夏商时期，遗址点分布同样遵循随海拔递减的规律。但是夏商时期研究区遗址数量减少，分布范围集聚收缩，与新石器的三个时期相比，遗址比例在海拔 165～500 m 和 500～900 m 区间从 82.23%、82.21%、80.61%下降到 78.33%。而海拔大于 900 m 的文化遗址占比从 17.77%、17.99%、19.39%上升到 21.67%。说明在夏商时期遗址分布符合整体规律的前提下，有部分遗址开始向高海拔的迁移的趋势。

表 5.2 晋南地区各时期遗址数量及海拔关系表

高程/m	仰韶时期		庙底沟二期		龙山时期		夏商时期	
	个数	占比/%	个数	占比/%	个数	占比/%	个数	占比/%
165～500	215	48.97	131	45.33	190	41.39	112	42.59
500～900	146	33.26	106	36.68	180	39.22	94	35.74
900～1200	61	13.90	47	16.26	75	16.34	51	19.39
1200～1500	14	3.19	5	1.73	12	2.61	6	2.28
1500～2471	3	0.68	0	0.00	2	0.44	0	0.00

通过 ArcGIS 10.8 中，Spatial Analyst Tools 下的 Extract Values to Points 功能，得到各遗址的高程值，进而了解最低、最高和平均高程值，如表 5.3 所示。从仰韶时期到夏商时期，研究区的遗址点的最低海拔和平均高程整体上均呈现增加的趋势，最低高程从仰韶和庙底沟二期的小于 200 m，增加到龙山和夏商时期的 278 m 和 240 m，平均高程从仰韶时期的 613.34 m 和庙底沟二期的 611.08 m 增加到龙山时期的 640.71 m 和 632.36 m，增加幅度较大，而最高高程随着时间的推移整体呈现降低的趋势。

表 5.3 晋南地区各时期遗址高程统计表

高程类型	时期			
	仰韶时期	庙底沟二期	龙山时期	夏商时期
最低高程/m	196	196	278	240
最高高程/m	1702	1405	1561	1345
平均高程/m	613.34	611.08	640.71	632.36

进一步对晋南地区不同时期文化遗址的高程进行重分类，将其再次分为 13 级：165～300 m，300～400 m，400～500 m，500～600 m，600～700 m，700～800 m，800～900 m，900～1000 m，1000～1100 m，1100～1200 m，1200～1300 m，1300～1400 m，1400 m 以上，其中 165～300 m 为第 1 级，以此类推，1400 m 以上为第 13 级。并按照高程分级统计各时期的遗址数量、绘制百分比曲线图，如图 5.3 所示，据此分析各时期晋南地区文化遗址的高程变化。

通过分析各时期晋南地区文化遗址的高程分级变化，研究发现变化特点如下：从仰韶时期到夏商时期文化遗址高程占比曲线的基本一致性较高，逐渐趋于平缓。整体来说，各时期遗址数量均随着高程的增加而减少，10 级以上高程的遗址数量明显降低，表明遗址高程呈现下降的分布趋势。但是随着时间推移，各时期遗址分布仍有差异性。首先，这四个时期遗址主要分布在 1～5 级高程(165～700 m)，其累计比重分别为 67.88%、70.24%、65.36%和 65.40%，均超过同时期的一半以上，庙底沟二期占比最多，也从侧面说明低海拔地区是人类活动的主要选择。其次，各时期的第 1 个峰值均在第 3 级(400～500 m)，从仰韶时期的 28%上升到庙底沟

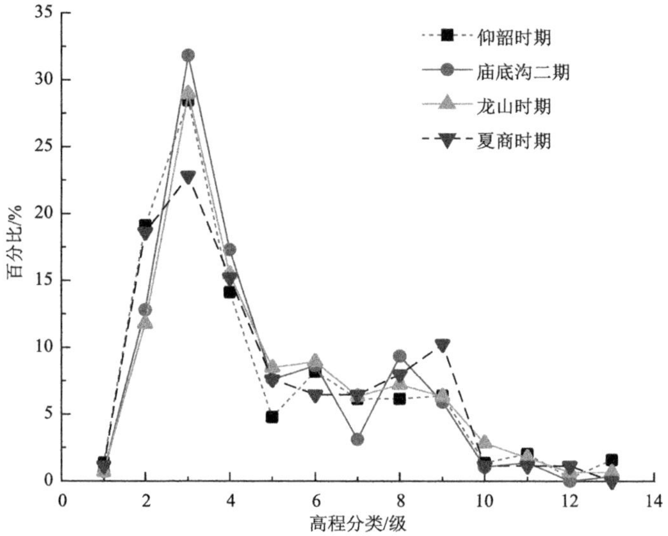

图 5.3　晋南地区各时期不同高程遗址百分比

二期的 32%，而在龙山时期又下降到 29%，在夏商时期持续较大幅度下降到 22.81%。同时，新石器时代，遗址曲线的峰值逐渐演变为 3 个峰值，三个时期的第 2 峰值和第 3 峰值均出现在第 6 级（700～800 m）和第 8 级（900～1000 m）。而在夏商时期曲线峰值变为 2 个，遗址在第 2 峰值发生了显著变化。整体转移到高程更高的第 9 级（1000～1100 m），比重从新石器时代的 6%左右上升到 10.27%，说明海拔相对较高的地区，遗址数量呈现增加的趋势。此外，遗址在第 8～13 级（>900 m）高程处遗址比重由仰韶时期和庙底沟二期的 17.77%和 17.99%，上升至龙山时期的 19.39%，继而进一步上升至夏商时期的 21.67%，其百分比的总体上升趋势，说明一部分文化遗址向高海拔处转移较显著。总的来看，各个文化时期的遗址分布均是随着海拔的增加而逐渐减少的，由此推断，晋南地区古人类对海拔的居住倾向在 1000 m 以下，因为海拔越高气候环境越恶劣，不适宜人类生存。1300 m 以上的高海拔地区和其他文化遗址数量较少的地区文化分布稀疏的原因也可能是当时战争的频繁或者资源的短缺，被迫在此居住（周金艳，2012）。

5.2.3　晋南地区各时期遗址点分布与坡度的关系

坡度是反映地表陡缓程度的指标，坡度陡缓大小既影响着古人日常生活出现的便利程度，更对古人农业生产耕种的难易程度产生直接影响。一般来说，坡度越小，视野越开阔，土壤肥沃，耕作难度越小，古人出行越方便，更适宜古人类进行农业、采集和狩猎活动。而坡度较大的地区，一方面在暴雨来临之时会增加泥石流等地质灾害发生的概率，特别是像晋南这种多山地的地区；另一方面，坡度越大，越不利于植物生长和房屋的建造，地表径流增加，也就不利于农业的发展和古人的生产生活。

运用 ArcGIS 10.8 软件将晋南地区的遗址点的数据与坡度叠加，如图 5.4 所示，坡度范围为 0°～58°。根据研究区各时期遗址点的坡度及地形，将坡度划分为 5 个范围，利用软件的 Spatial Join 工具统计各时期不同坡度区间内遗址数量及占比，如表 5.4 所示。从表 5.4 和图 5.4 可知，从仰韶时期到夏商时期，晋南地区遗址点的数量及占比在坡度为 0°～2°区间内分布最多。在此范围内各时期数量分别是 184 处、143 处、193 处和 127 处，所占比例分别是

41.91%、49.48%、42.05%和 48.29%，占比均接近总数的一半左右，可见多数古人倾向于选择在地势平坦开阔、坡度小的地区生产生活。

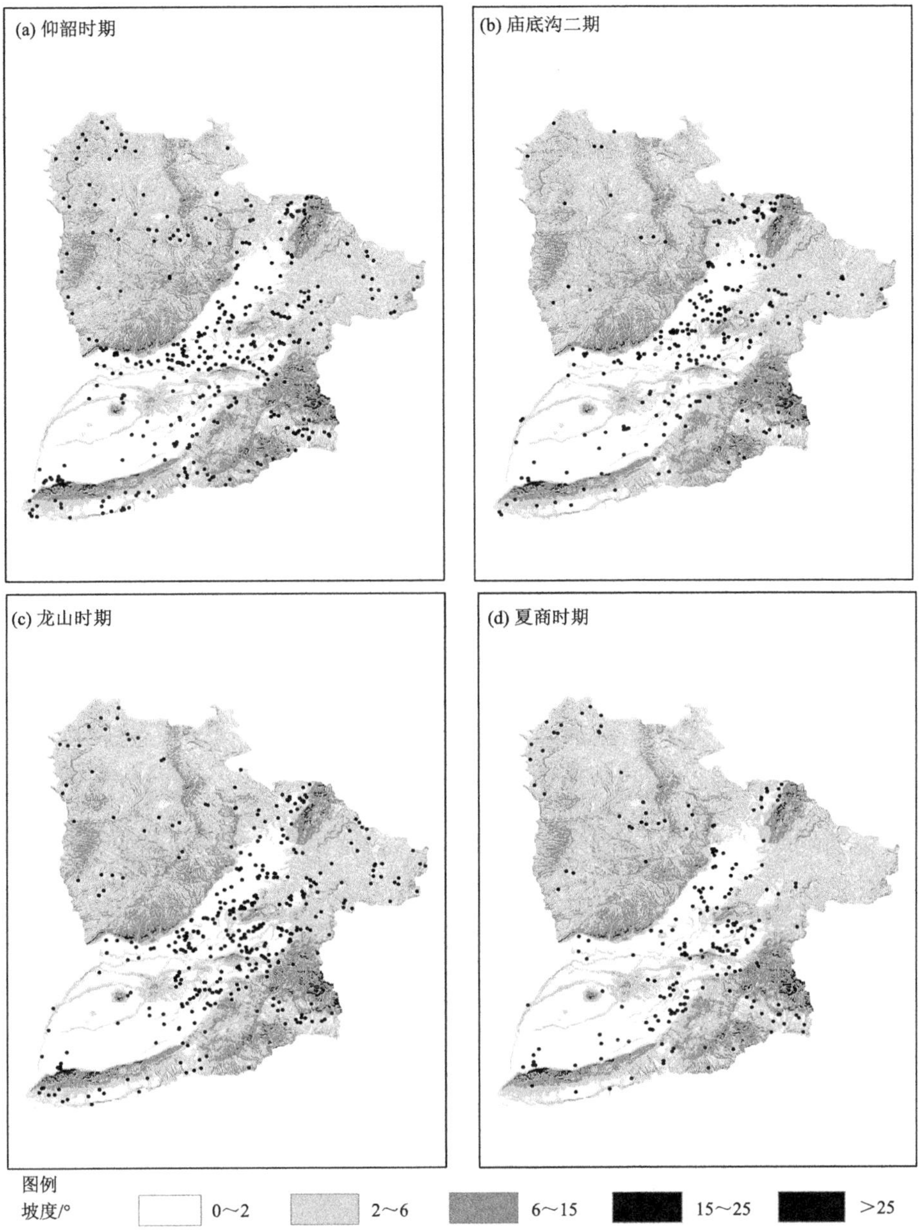

图 5.4　晋南地区各时期遗址点坡度分布

虽然低缓的坡度是宜居之地，但是在研究区的坡度为 2°～6°和 6°～15°的区间也有不少遗址点分布（图 5.5）。从仰韶时期到夏商时期占比分别为：51.48%、42.91%、48.37%和 44.49%。可以发现这两个区间的比例接近甚至高于坡度为 0°～2°区间。古人将文化遗址选择在坡度适中范围，可能是避开不利于水源利用的陡坡以及洪水等自然灾害频发的平坡地区。而大于 15°的坡度也有遗址分布，可能是古人适应环境的能力逐渐变强；也可能是地势平坦的地区可供利用的资源有限，古人由于需要维持基本生存只能将遗址选在坡度相对较大的地方。

表 5.4 晋南地区各时期遗址数量及坡度关系表

坡度/°	仰韶		庙底沟二期		龙山		夏商	
	个数	比例/%	个数	比例/%	个数	比例/%	个数	比例/%
0～2	184	41.91	143	49.48	193	42.05	127	48.29
2～6	113	25.74	67	23.18	106	23.09	48	18.25
6～15	113	25.74	57	19.72	116	25.27	69	26.24
15～25	27	6.15	21	7.27	43	9.37	16	6.08
>25	2	0.46	1	0.35	1	0.22	3	1.14

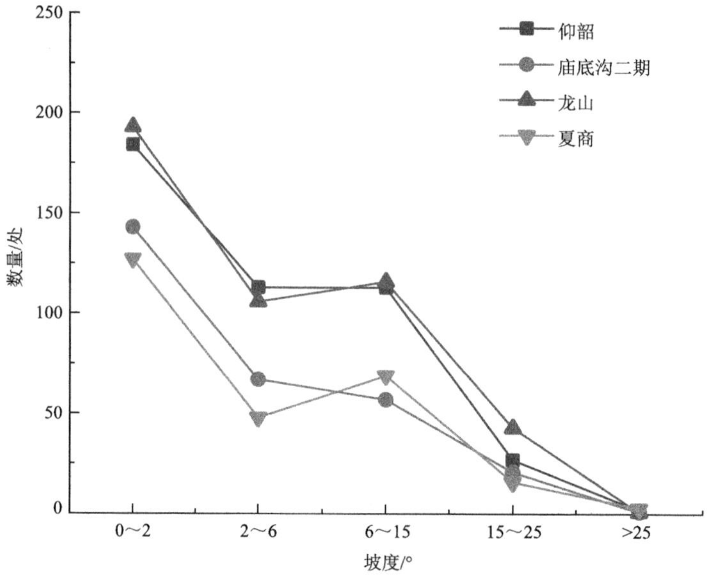

图 5.5 晋南地区各时期遗址点分布与坡度关系图

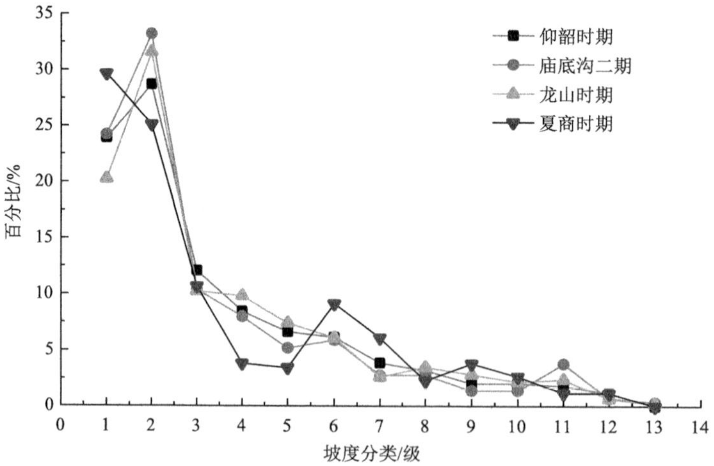

图 5.6 晋南地区各时期不同坡度遗址百分比图

再通过软件对坡度进行详细划分，从低坡度到高坡度共分为14级，即0°～1°、1°～3°、3°～5°、5°～7°、7°～9°、9°～11°、11°～13°、13°～15°、15°～17°、17°～19°、19°～21°、21°～23°、23°～25°和>25°。其中0°～1°为第1级，以此类推，并统计得到文化遗址占比图，如图5.6所示。

通过研究可以发现：首先，晋南地区在整个研究时段内，遗址在第1～4级(0°～7°)分布最集中，而且除了夏商时期的第1个峰值在第1等级(0°～1°)以外，其他均在第2级(1°～3°)。其次，新石器三个时期文化遗址的坡度曲线呈现较好的一致性，遗址数量均随着这坡度的增加而减少，其分布显著的向低坡度地区集中，说明人类活动倾向于更广阔平坦的地区。由此得出新石器文化遗址分布聚集在坡度较小的平坦地区。坡度大的陡坡会给居民带来很大的建设成本，不适宜聚落选址(闫丽洁 等，2013)。因此，文化遗址数量也相对较少。即文化遗址的分布密集程度是随着坡度的增加而稀疏的。

夏商时期，文化遗址的分布曲线总体上与新石器时期相一致，文化遗址的分布大致随着高度的增加而逐渐减少。但是值得注意的是，夏商时期的第2个峰值出现在第6级(9°～11°)，占比高达9.13%，显著高于其他各时期(仰韶时期15%，庙底沟二期5.88%，龙山时期6.10%)。此外，虽然遗址集中在1～4级(0°～7°)坡度范围内，但随着时间推移，遗址表示出从低坡度向高坡度转移的趋势。其比重从仰韶时期的73.12%到庙底沟二期的75.18%，再下降到龙山时期的71.90%，而进一步下降到夏商时期的69.20%。遗址在第9～14级(>15°)的坡度范围内，比例从仰韶时期的7.06%，上升到庙底沟二期的7.61%，再上升到龙山时期的8.50%，继而进一步上升到夏商时期的9.89%，也从侧面说明晋南地区遗址有向高海拔地区迁移的迹象。尽管平坦地区是聚落选址的适宜地区，但是在坡度较大的地方也有相当一定数量的聚落分布，这可能是由于地势平坦地区资源有限，有部分人为了生存仍然选择了坡度较大的地区生存(严文明，1965)。

5.2.4 晋南地区各时期遗址点分布与坡向的关系

根据坡向的定义，再结合研究区的地理位置可知：晋南地区整体地处北回归线以北，南坡向得到的太阳辐射量最多，光照条件最好，东南坡向和西南坡向次之，北坡最少。所以一般情况下，当地古人选址的地方也更倾向于偏南坡向。如图5.7所示，运用ArcGIS 10.8软件，按照顺时针将坡向划分为9类，并将研究区不同时期的遗址点与坡向图叠加。再根据实际情况需要，进一步将坡向划分为6类，并统计各时期遗址与坡向的数量及占比，如表5.5和图5.8所示。为了进一步说明古人选址的明确性，再次统计并绘制得到晋南地区各时期遗址点分布与光照条件关系图，如表5.6所示。

如表5.5和图5.7、图5.8所示，从仰韶时期到夏商时期，晋南地区的遗址点在不同坡向均有分布，但整体集中在坡向为90°～270°，即南坡、东南坡和西南坡向。在这四个时期，统计得到的遗址数量分别是268处、183处、256处和157处，该坡向范围内所占比例分别为61.05%、63.32%、55.77%和59.70%，均占据总比例的一半以上，远超过其他坡向。而在坡向为0°～45°和315°～360°，即偏北坡向，所谓光照条件差的地区。仰韶时期有87处遗址，庙底沟二期是55处，龙山时期为90处，夏商时期有52处文化遗址，各时期占比分别为19.82%、19.03%、19.61%和19.77%，约占总比例的1/5。说明即使是光照条件差的地区仍然有一部分古人生存，可能是当时的自然灾害或者战争频发等因素导致的结果。再结合遗址与光照条件关系图进一步佐证，大多数古人更愿意生活在光照条件丰富的地区，所以朝阳的地区自然成为理想的聚落所在地了。

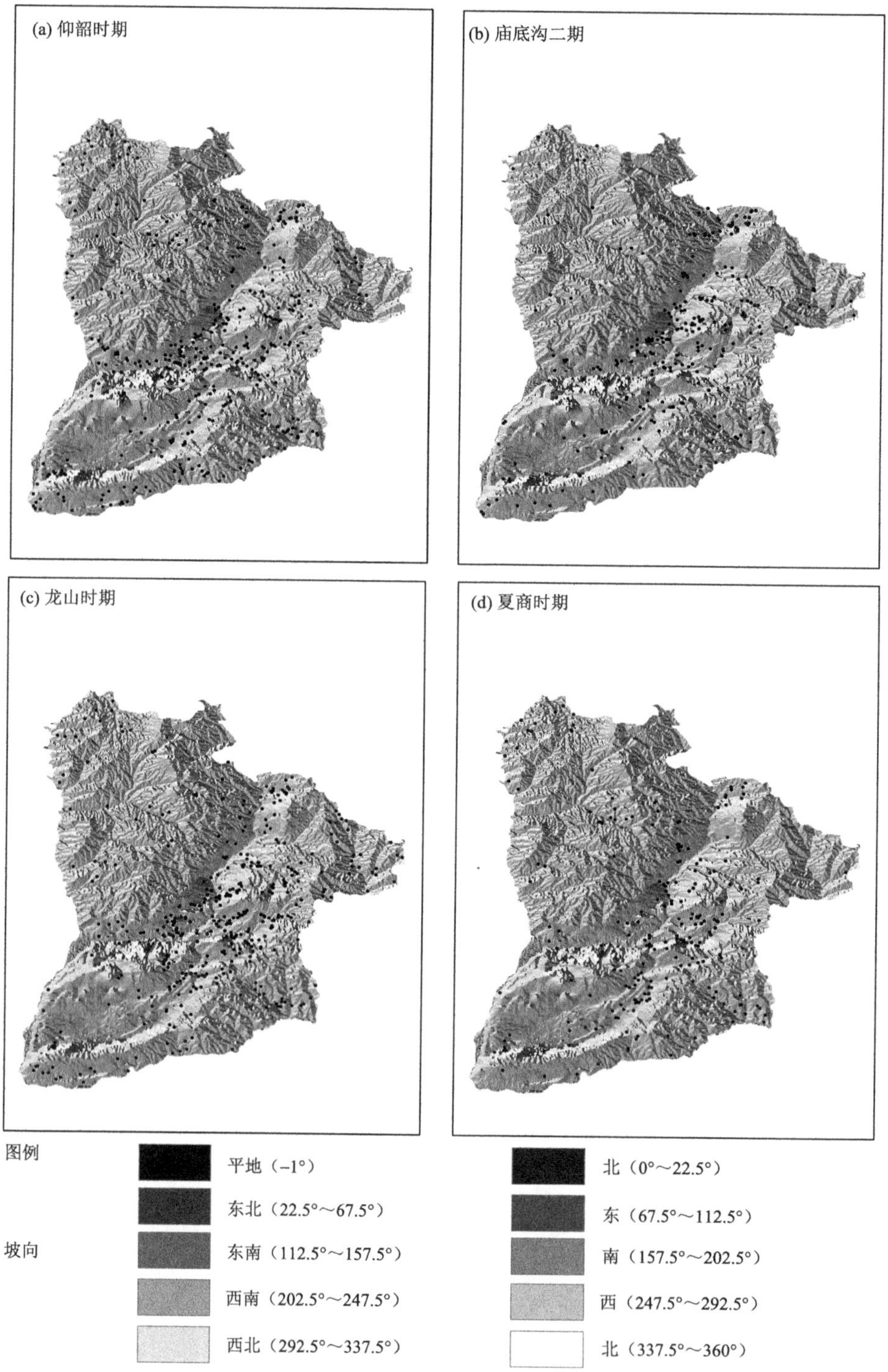

图 5.7　晋南地区各时期遗址点坡向分布图

但是如果考虑到现实情况，可能就有所不同了。晋南地区整体属于暖温带半湿润性季风气候类型，夏季多吹东南季风，冬季多西北风。因此，南坡和东南坡向光照充足，适宜居住。而冬季由于来自西北季风的强烈影响，西南坡向也被排除在外。因此，东北、东、西都算不上是良

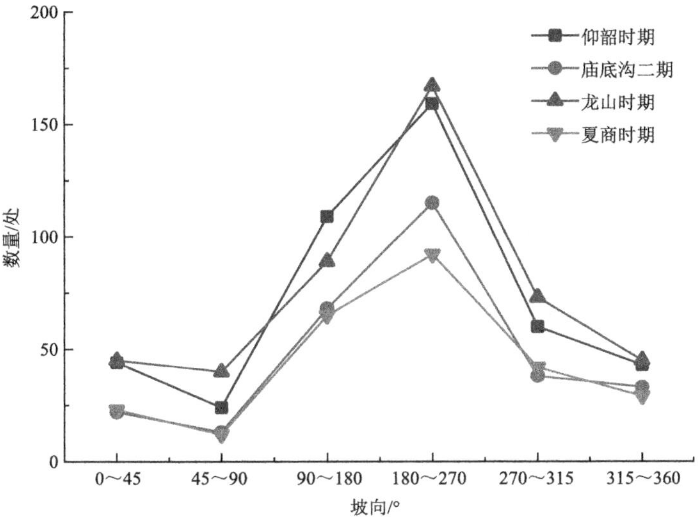

图 5.8 晋南地区各时期遗址点分布与坡向关系图

表 5.5 晋南地区各时期遗址数量及坡向关系表

坡向/°	仰韶时期		庙底沟二期		龙山时期		夏商时期	
	数量	比例/%	数量	比例/%	数量	比例/%	数量	比例/%
0～45	44	10.02	22	7.61	45	9.80	23	8.75
45～90	24	5.47	13	4.50	40	8.72	12	4.56
90～180	109	24.83	68	23.53	89	19.39	65	24.71
180～270	159	36.22	115	39.79	167	36.38	92	34.98
270～315	60	13.67	38	13.15	73	15.91	42	15.97
315～360	43	9.79	33	11.42	45	9.80	29	11.03

表 5.6 晋南地区各时期遗址点分布坡向与光照条件关系表

光照条件	仰韶时期		庙底沟二期		龙山时期		夏商时期	
	个数	比例/%	个数	比例/%	个数	比例/%	个数	比例/%
光照差	87	19.82	55	19.03	90	19.61	52	19.77
光照较差	84	19.13	51	17.65	113	24.62	54	20.53
光照较好	268	61.05	183	63.32	256	55.77	157	59.70

好的居住地。相比之下，纬度相对较高的北坡和西北坡，白昼长意味着光照时间较长，因此算是较宜居的坡向(杜心宇 等，2021)。通过统计可知(表 5.6)，仰韶文化时期遗址点处于宜居坡向的比例有 54.44%，庙底沟二期为 54.33%，在龙山文化时期明显减少，占比为 49.67%，可能是受到自然环境的影响。夏商时期再次增加到 57.41%，说明在不同时期，古人对选址的要求也在不断提高。然而，如果从另一个角度看，从仰韶时期到夏商时期，不宜居的坡向占比分别为：45.56%、45.67%、50.33%和 42.59%，均接近一半。因此，古人在选址的时候对于坡向的考量可能并没有放在决定性的地位上。

5.2.5 晋南地区各时期遗址规模分布特征与地貌的关系

参考李炳元等(2008)对中国陆地基本地貌类型的划分研究，基于 ArcGIS 10.8 平台功能，结合海拔、地形起伏度重建研究区地貌类型图，得到地貌分类标准(表 5.7)。

表 5.7 中国基本地貌类型

形态类型		海拔				
		低海拔 ≤1 km	中海拔 1～2 km	高中海拔 2～4 km	高海拔 4～6 km	极高海拔 ≥6 km
平原	平原 0～30 m	低海拔平原	中海拔平原	高中海拔平原	高海拔平原	—
	台地 30～70 m	低海拔台地	中海拔台地	高中海拔台地	高海拔台地	—
山地	丘陵 70～200 m	低海拔丘陵	中海拔丘陵	高中海拔丘陵	高海拔丘陵	—
	小起伏山地 200～500 m	小起伏山	小起伏中山	小起伏高中山	小起伏高山	—
	中起伏山地 500～1000 m	中起伏低山	中起伏中山	中起伏高中山	中起伏高山	中起伏极高山
	大起伏山 1000～2500 m	—	大起伏中山	大起伏高中山	大起伏高山	大起伏极高山
	极大起伏山＞2500 m	—	—	极大起伏高中山	极大起伏高山	极大起伏极高山

海拔为 DEM 图基本属性。地形起伏度是领域内最大高程与最小高程之差，用于反映宏观区域内的地面起伏特征，综合表征区域内海拔高度与地表破碎度(朱红春 等，2005；张伟 等，2012；姜瑾斐 等，2021)。

为了分析遗址规模的分布特征，参照高江涛(2009)文化遗址相关的分级标准，将从《中国文物地图集》(山西分册)(国家文物局，2006)中统计到的晋南地区已知遗址规模划分为特大型(＞100 万 m^2)、大型[(10～99)万 m^2]、中型[(1～9)万 m^2]和小型遗址(＜1 万 m^2)四个聚落等级。由表 5.8 可知，总体来看，晋南地区从仰韶时期到夏商时期，遗址规模均以中型为主，其次是大型遗址，数量最少的是特大型遗址。这四个时期，中型遗址占比分别为：58.20%、61.54%、58.68%和 63.08%，比例均高达一半以上。平均遗址规模为：11.67 万 m^2、11.03 万 m^2、14.61 万 m^2 和 3.47 万 m^2。除了夏商时期遗址平均规模较小以外，其他三个时期遗址平均规模均超过 10 万 m^2。

表 5.8 晋南地区各时期遗址点的规模分布

文化期	不同规模的遗址数量/个				总计
	小型	中型	大型	特大型	
仰韶时期	48	252	126	7	433
庙底沟二期	23	176	84	3	286
龙山时期	58	267	122	8	455
夏商时期	30	164	63	3	260

从图 5.9 可以发现，仰韶时期，晋南地区的小型遗址主要分布在吕梁山、王屋山的山麓地区和临汾盆地，中型和大型遗址分布范围较广，集中分布在晋南的中部的临汾盆地和汾河流域沿岸，大型遗址主要分布在中条山的山麓地区。到了庙底沟二期，遗址数量减少，分布范围大面积缩小，各种规模的遗址分布在晋南的中部地区。龙山时期，遗址数量增加，与仰韶时期和

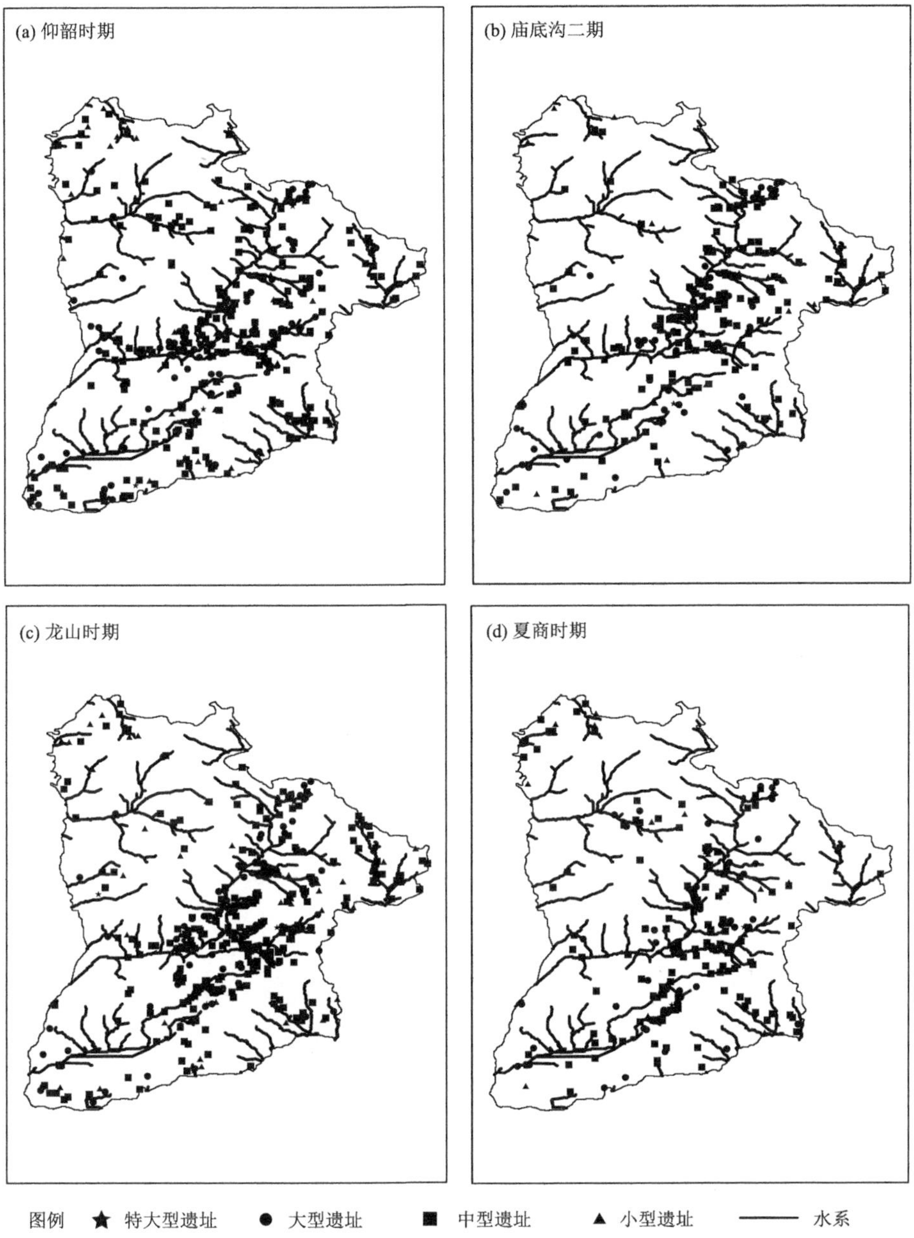

图 5.9　晋南地区各时期遗址规模分布

庙底沟二期相比，各种规模的遗址分布整体向东移动。其中，各种规模的遗址数量均接近庙底沟二期的两倍左右，说明该时期的社会文明程度和文化发展可能达到了更高的水平。而夏商时期，遗址数量再度减少，与龙山时期相比，大中型遗址分布较分散，遍及范围较广，特大型遗址和小型遗址明显减少。

为了进一步说明晋南不同遗址规模的分布情况，了解古人类活动范围与环境变化的关系。将各时期晋南地区的 6 种地貌类型与遗址规模叠加起来，如图 5.10 所示。研究区的平原地形主要分布在汾河流域两侧，部分山麓地区也有分布，台地分布在山的周围和盆地附近，丘陵多分布于晋南偏北地区，不同规模的山地主要分布在临汾盆地和运城盆地的东西两侧。在全部的遗址点中，位于平原地貌的遗址有 613 处（占 42.30%），分布在台地的遗址有 643 处（44.34%）。平原地势开阔，便于农耕，离河流近，理应是古人选址的最佳地形，但是遗址占比却小于台地，这种差异可能与自然环境有关。台地地势较高，距河流较远，其上有黄土覆盖，土壤较肥沃，不仅适宜农耕和生活，自然环境较稳定，而且很大程度上能够防范洪水灾害，这种遗址分布选择可能是古人综合考量的结果。

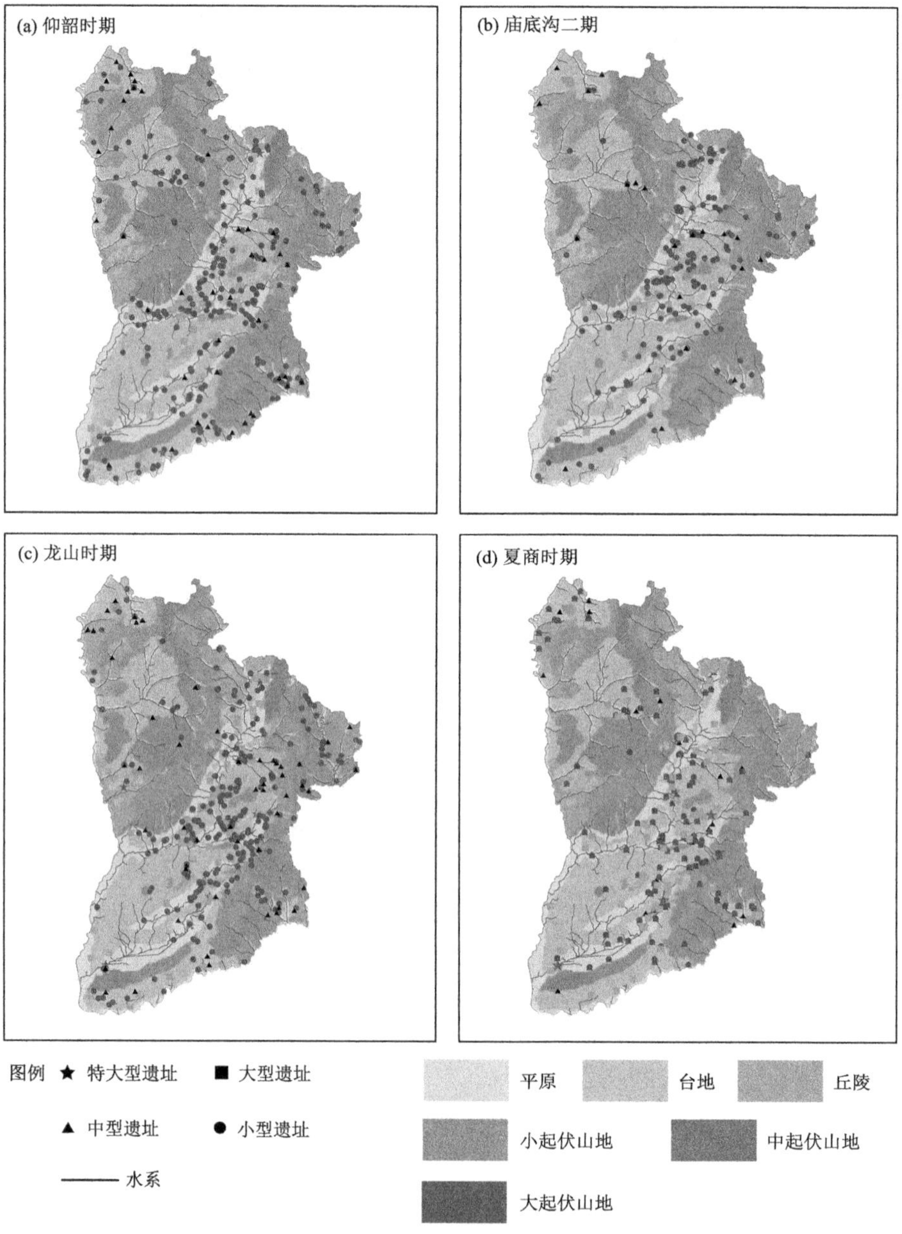

图 5.10　晋南地区各时期遗址点分布与地貌类型关系图

由表 5.9 可知，从仰韶时期到夏商时期，遗址分布 具有海拔较低，地势较平坦的选择倾向。不同规模遗址分布以均平原和台地类型为主，仰韶时期数量有 381 处，庙底沟二期为 252 处，龙山时期 390 处，夏商时期遗址有 233 处，各时期占比分别为 88.40%、88.42%、85.90% 和 89.62%。而山地和丘陵类型遗址分布较少，比例分别为 11.60%、11.58%、14.10% 和 10.38%。在仰韶时期，所有的小型、中型、大型、特大型规模的遗址基本上在平原、台地、丘陵和小起伏山地都有分布。其中，小中型和特大型遗址主要分布在台地上，大型遗址主要分布在平原上。到了庙底沟二期，与仰韶时期的分布特征有所不同，中型遗址主要分布在平原上，比其他各时期占比都多，高达 30.53%，其他规模的遗址主要分布在台地上。在龙山时期，不同规模遗址类型在台地地形分布均高于平原地形，可能是当时水患威胁带来的结果。到了夏商时期，小中型遗址多分布在平原上，大型和特大型遗址主要分布在台地上。

表 5.9 遗址点规模与地貌类型数据统计

文化期	遗址规模	地貌类型					
		平原	台地	丘陵	小起伏山地	中起伏山地	大起伏山地
仰韶时期	小	16	21	1	10	0	0
	中	107	111	13	11	7	1
	大	63	56	6	1	0	0
	特大	3	4	0	0	0	0
庙底沟二期	小	8	10	2	3	0	0
	中	87	65	14	4	5	0
	大	37	42	4	1	0	0
	特大	1	2	0	0	0	0
龙山时期	小	14	27	3	8	5	1
	中	101	124	21	13	7	0
	大	53	63	3	3	0	0
	特大	3	5	0	0	0	0
夏商时期	小	16	10	0	3	0	1
	中	75	70	7	7	5	0
	大	28	31	3	1	0	0
	特大	1	2	0	0	0	0

5.2.6 晋南地区各时期遗址规模分布特征与河流缓冲区的关系

根据黄河中游汾河流域全新世中期遗址距离河流的分布状况，结合相关研究中河流缓冲区的分级标准（杨林 等，2012），以距河流 0～1 km、1～2 km、2～3 km、3～5 km、5～8 km、>8 km 作为分级标准构建河流缓冲区。通过使用 ArcGIS 10.8 对晋南地区 DEM 图提取水系数据，并求得仰韶、庙底沟二期、龙山、二里头的文化遗址点的地理坐标至河流最近的地理坐标间的欧式距离，公式如下：

$$d_i = \sqrt{(x_{i1} - x_{i2})^2 + (y_{i1} - y_{i2})^2} \tag{5.1}$$

式中：d_i 为聚落距离水系的水平距离；x_{i1}、x_{i2} 分别为聚落点与距离水系最近点的横坐标；y_{i1}、y_{i2} 分别为聚落点与距离水系最近点的纵坐标。

如图 5.11 所示,结合表 5.10 可知,史前时期晋南地区遗址分布与距河流远近有着极大的相关性。具体表现在:仰韶时期,遗址在 1 km 河流范围内的遗址占比为 35.80%,庙底沟二期增加到 38.46%,而在龙山时期下降到 32.97%,在夏商时期又恢复到 37.69%。从仰韶时期到夏商时期,遗址主要集中分布于距离河流 2 km 的区域内,各时期的遗址数量分别是 245 处、

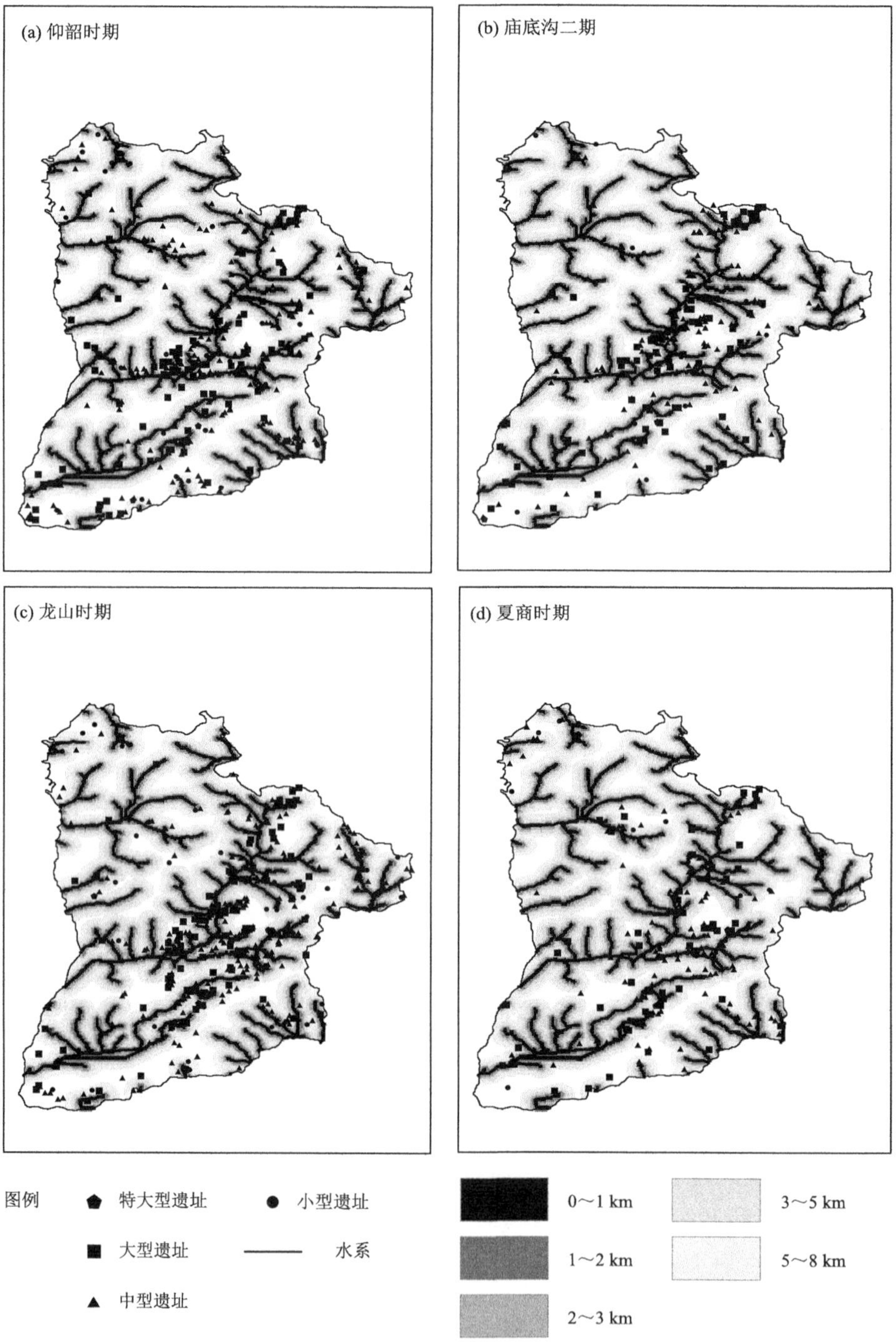

图 5.11　晋南地区各时期遗址规模与河流缓冲区

166处、259处和151处，占文化遗址总量的56.58％、58.04％、56.92％和58.08％，均高达其他范围的一半以上。各时期遗址在距离河流5 km范围的遗址占比分别是：87.30％、87.41％、83.74％和86.15％，大于8 km河流区域文化遗址占比分别为：3.00％、4.55％、3.96％和4.23％。以上数据一方面表明古人与河流的密切关系；另一方面，特别是在龙山时期，河流缓冲区1 km内遗址减少。随着时间的推移，>8 km的遗址数量增加，说明古人逐渐重视选择在既接近水源地又不易受到水灾的稳定性较高的地方生活，即所谓“近河而不临河”。

表5.10 不同时期遗址点数量(个)与河流缓冲区数据统计

文化期	河流距离/km					
	0～1	1～2	2～3	3～5	5～8	>8
仰韶时期	155	90	54	79	42	13
庙底沟二期	110	56	44	40	23	13
龙山时期	150	109	57	65	56	18
夏商时期	98	53	36	37	25	11

表5.11 各时期遗址点规模、数量(个)与河流缓冲区数据统计

文化期	遗址规模	河流距离/km					
		0～1	1～2	2～3	3～5	5～8	>8
仰韶时期	小	18	7	6	8	8	1
	中	98	48	26	49	20	11
	大	38	32	21	20	14	1
	特大	1	3	1	2	0	0
庙底沟二期	小	8	6	0	7	1	1
	中	81	29	21	19	16	10
	大	21	21	21	13	6	2
	特大	0	0	2	1	0	0
龙山时期	小	19	9	7	9	11	3
	中	91	70	27	33	35	11
	大	38	29	21	21	9	4
	特大	2	1	2	2	1	0
夏商时期	小	10	8	2	5	3	2
	中	70	29	17	22	17	9
	大	17	15	17	9	5	0
	特大	1	1	0	1	0	0

如图5.11所示，随着时间的变化，研究区的各种规模的遗址在不同河流缓冲区的分布也有变化。在仰韶时期，所有的小型、中型、大型、特大型规模的遗址基本上在不同河流缓冲区范围内均有分布。其中，大型遗址基本上随着距离河流越远数量越少，小型和中型遗址在0～1 km分布最集中，在大于8 km范围分布最少，特大型遗址集中分布在1～2 km区域内。到了庙底沟二期，与仰韶时期的分布特征有所不同，大中型遗址数量基本上随着河流距离增大而

递减，小型遗址集中分布在 5 km 以内，特大型遗址分布在距河 2～5 km 内，而且与仰韶时期(22.63%)相比，该时期中型遗址占比在 0～1 km 高达 28.32%。在龙山时期，不同规模遗址基本上延续了仰韶时期的河流缓冲区分布特征，略有不同的是，龙山时期中型遗址在 2 km 以内的占比小于仰韶时期。夏商时期遗址分布情况与庙底沟二期基本相似，其中的 3 个特大型遗址分布距河流在 5 km 以内。

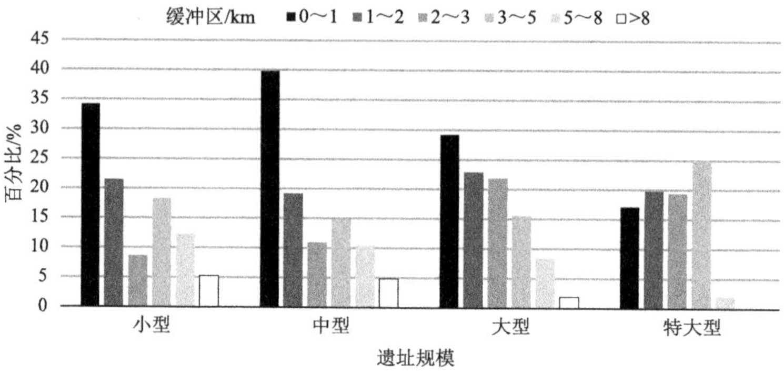

图 5.12　不同遗址规模与河流距离分布

由图 5.12 分析可知，晋南地区从小型到特大型遗址，遗址分布在距河流 2 km 以内的比例分别是 55.64%、58.91%、52.16%和 36.88%，小中大型遗址在该范围内占比显著高于其他范围。在河流缓冲区 0～1 km 范围内，除了小型规模遗址外，其他各种规模遗址随着面积增大，遗址占比呈现减小的趋势。约有 39.78%的中型遗址分布在距河流缓冲区 1 km 内，明显超过其他各类规模遗址在该缓冲区范围内的比例。晋南地区特大型遗址在距河流 3～5 km 缓冲区内占比为 25.04%，同样显著高于其他各种规模遗址在该范围内的比例。从小型到特大型遗址，与河流缓冲区在 5～8 km 和>8 km 范围内的遗址比例均呈现递减的趋势。

5.3　小结

晋南地区全新世中期遗址的考古文化序列是：仰韶时期(7.0～5.0 ka BP)、庙底沟二期(5.0～4.5 ka BP)、龙山时期(4.5～3.9 ka BP)和夏商时期(3.9～3.1 ka BP)。文化遗址数量丰富，共计 1450 处，数量及占比呈现倒“N”形变化，经历了发展期—下降期—巅峰期—衰落期四个阶段。

晋南地区各地形因子(高程、坡度、坡向、河流缓冲区和地貌)均对文化遗址的空间分布产生一定的影响，不同时期的遗址空间分布同自然要素呈现规律性。从仰韶时期到夏商时期，文化遗址分布遵循随海拔升高而递减的规律，遗址主要分布在 165～500 m 的低海拔地区，大于 1500 m 的高海拔处遗址分布较少，仅占 1.12%。遗址主要集中分布在 1～5 级高程上，但是随着时间推移，文化遗址有向高海拔处转移的趋势。就坡度而言，晋南地区在整个研究时段内，遗址点集中分布在坡度为 0°～2°的区间内，占比接近总量的一半左右，在大于 15°的坡度也有少数遗址分布。遗址在第 1～4 级坡度分布最集中，各时期文化遗址的坡度曲线呈现较好的一致性，遗址数量均随着这坡度的增加而减少。然而，遗址在第 9～14 级(>15°)的坡度范围内，比重呈现持续上升的趋势，也从侧面说明晋南地区部分遗址有向高坡度地区迁移的迹象。在坡向上，遗址点多集中在坡向为 90°～270°的范围内，大多数古人对光照条件有着明确的选择性，更愿意生活在光照条件丰富的地区。

各时期遗址规模均以中型为主，其次是大型遗址，数量最少的是特大型遗址。从仰韶时期到夏商时期，不同规模遗址分布均以平原和台地类型为主，山地和丘陵类型遗址分布较少。但是平原遗址占比却小于台地，可能是因为台地地势较高，距河流较远，黄土土壤较肥沃，不仅适宜农耕和生活，而且很大程度上能够防范洪水灾害。特别是在龙山时期，不同规模遗址类型均在台地地形分布均高于平原地形，可能是当时水患威胁带来的结果。就河流缓冲区而言，各种规模遗址主要集中分布于距离河流 2 km 的缓冲区的范围内，而在 1 km 范围内的遗址比例随着时间变化呈现递减的趋势，说明古人对河流的依赖程度逐渐减少。

总体而言，各时期不同规模遗址点多集中在海拔 165～500 m、坡度 0°～2°、偏南坡向、平原和台地地形，距离河流 2 km 以内的区域中。但是，随着时间的推移和自然环境的变迁，研究区的遗址可能在同一要素的影响下呈现不同的分布特征。

6 晋南地区新石器时期遗址的空间模式研究

6.1 研究方法

6.1.1 最近邻指数

最近邻指数通常是对不同时代文化类型的遗址进行空间集聚程度分析的方法，基于 ArcGIS 10.8 软件，空间分析工具下的分析模式，再点击 Average Nearest Neighbor 工具，依次导入各时期遗址点，生成最近邻指数分析结果。最近邻指数通常是对不同时代文化类型的遗址进行运算，从而反映具体空间集聚程度的分析方法。

通过计算得到每一个文化时期遗址点的最近邻指数 R。R 值小于 1 说明聚类分布；若大于 1 则呈扩散趋势。在同一个研究区内，R 值越大，表明遗址点分布聚集程度越低（Tobler, 1970；韩静 等，2020；李刚 等，2019），计算公式为：

$$R=\frac{d_a}{d_e}2\sqrt{\frac{n}{A}}d_a \tag{6.1}$$

式中：d_a 为邻近距离的平均值；d_e为期望距离；n 为样本数；A 为研究区域的面积。最近邻指数分析结果，如表 6.1 所示。各时期文化类型遗址点的最近邻指数 R 值（R 值均小于 1，Z 值均小于 0，结果都通过显著性水平 0.01 的检验，P 值为 0，避免随机分布的假设）。

表 6.1 晋南地区全新世中期遗址空间分布的最近邻指数表

文化类型	平均观测距离/m	预测平均距离/m	最近邻指数 R	Z	P
仰韶时期	2861.49	5562.81	0.51	−19.46	0.00
庙底沟二期	3417.95	6805.12	0.50	−16.19	0.00
龙山时期	2900.19	5448.49	0.53	−19.17	0.00
夏商时期	3358.85	6139.98	0.55	−14.05	0.00

6.1.2 核密度

核密度分析法作为一种重要的非参数估计方法，是从数据样本出发，通过估计随机变量的概率密度函数，形成连续的密度曲线以刻画随机变量的分布形态，反映变量分布的位置、形态和延展性等特征。核密度分析是通过对点要素进行密度估计从而判断其在空间中的集聚程度（Scott，2015），可以表示不同文化时期遗址点在空间上的散落与集聚变化，也可以显示核心密集地区对周围的影响程度。核密度值越高，代表该区域的遗址点分布越为密集，相反则代表遗址点分布稀疏，通过核密度分析可以直观了解区域内遗址在空间上的分布特征、时间上的演化规律（韩静 等，2020）。通过 ArcGIS 10.8 软件中，空间分析工具（Spatial Analyst Tools）模块中的密度（Density）工具（芮旸 等，2018），再点击 Kernel Density 工具，依次导入各时期遗址点，以 1000 m 为搜索半径，从而对遗址密度进行可视化分析。

聚落的聚集模式主要是指在空间范围内分布的疏密程度，核密度是指单位面积上遗址点的数量，为了真实准确表示研究区的遗址位置关系，选用核密度估计法。该方法既可以表示遗址点在空间上的散落与集聚变化，也可以显示核心区对周围的影响程度。核密度值越高，则表明区域遗址点在空间上的分布就越集聚，反之越离散（王劲峰 等，2006；禹文豪等，2015）。通过对史前时期的聚落聚集模式进行分析可以了解当时的人类对居住地选择的规律，使得对于了解史前时期的居住选址具有一定的学术价值；另外，我们通过聚落的聚集模式来窥探聚落空间格局的规律，还有助于了解在各相关因素的影响下人类的表现以及适应性的研究。运用 ArcGIS 10.8 软件中的“核密度分析”工具，搜索半径设置为 5 km，对研究区内仰韶至二里头阶段的遗址点进行核密度空间分析，来反映本研究区遗址密度的连续性变化。计算公式如下：

$$f_n(x)=\frac{1}{nh}\sum_{i=1}^{n}K\left(\frac{x-x_i}{h}\right) \tag{6.2}$$

式中：K 为核函数；$h>0$ 为预设半径；$x-x_i$ 为点 x 到 x_i 的距离。如图 6.1 所示，得到晋南地区 4 个时期遗址点的核密度图。

6.1.3 标准差椭圆

标准差椭圆是衡量空间要素分布特征的统计方法（Mitchell，1999），由美国学者 Welty Lefever 提出，能从整体空间上对各遗址点空间分布的中心性、方向性等空间特征进行定量的定性描述（Lefever，1926），标准差椭圆是空间分布方向性的经典方法之一，可以从全局的、空间的角度定量解释不同要素空间分布的中心性、展布性、方向性和空间形态等整体性特征。利用 ArcGIS 10.8 软件，Spatial Statistics Tools 模块中的 Measuring Geographic Distributions 工具，再点击 Directional Distribution（Standard Deviational Ellipse）工具，依次导入各时期遗址点，获得遗址点的标准差椭圆图，同时在属性表里可获取平均中心、长短轴、方向角度等数据，以便分析遗址点的空间变化。

标准差椭圆主要是从中心性、展布性、方向性、空间形态等角度解释点状要素的地理空间特征，是以 x 轴、y 轴标准差及平均中心定义圆的圆心、轴线、方向的一种定量分析方法。平均中心即遗址在空间上分布的重心，方向角度指示遗址整体在主要趋势方向上的离散程度。长短轴分别表示遗址在空间上分布较多或较少的方向，这两个要素的差值表示扁率，即遗址整体方向明确性和向心力的程度，差值越大，程度越强，反之越弱（田敏 等，2023；韩静 等，2020）。利用 ArcGIS 10.8 中“方向分布（标准差椭圆）”工具对研究区仰韶至二里头时期遗址点进行空间特征分析，其平均中心点公式（Mitchell，1999）如下：

$$\overline{X}_w=\frac{\sum_{i=1}^{n}w_ix_i}{\sum_{i=1}^{n}w_i} \tag{6.3}$$

$$\overline{Y}_w=\frac{\sum_{i=1}^{n}w_iy_i}{\sum_{i=1}^{n}w_i} \tag{6.4}$$

式中：$(\overline{X}_w,\overline{Y}_w)$为加权平均中心；$w_i$为第 i 个遗址点的权重；(x_i,y_i)为第 i 个遗址点的空间区位；n 为遗址点的总数量。其平均中心点的移动可以反映出整体的偏移方向。椭圆的长轴表示文化遗址分布的方向，短轴表示遗址分布的离散程度，扁率则表示文化遗址分布的方向性显著等级，椭圆重心则代表文化遗址的整体空间分布趋势。

6.1.4 泰森多边形分析

泰森多边形分析(Thiessen polygonal analysis)方法对已发现聚落进行泰森多边形分割，然后根据不同时期多边形的变异系数(c_v)考查人类活动与自然环境选择的耦合关系。该方法基于相邻区域属性数据贡献的均等性原则，与资源驱动型聚落发展相契合，因而可用于史前聚落地域范围或人口规模分析(Carneiro，1970)，以体现聚落与资源环境的对称性。Carneiro(1970)研究认为，新石器早中期聚落地域范围的划分多用资源域方法，而泰森多边形分析更适于新石器时期聚落域的研究。

6.2 晋南地区新石器时期遗址的空间分布特点

6.2.1 晋南地区各时期遗址点的最近邻指数分析

根据表 6.1 可知，R 值从仰韶时期的 0.51，到庙底沟二期的 0.50，增加到龙山时期的 0.53，继而增加到夏商时期的 0.55。说明各时期遗址在空间上皆呈现高度聚类分布，且聚类程度基本上呈现逐渐减弱的趋势。此外，平均观测距离可以较为明显地反映遗址疏密程度，对比统计结果可以发现，不同时期遗址疏密程度差异明显。仰韶时期遗址的平均观测距离为 2861.49 m，庙底沟二期的平均观测距离为 3417.95 m，庙底沟二期的平均观测距离比仰韶时期多 556.46 m，因此庙底沟二期遗址分布较仰韶时期更稀疏。龙山时期为 2900.19 m，较庙底沟二期少 517.76 m，其文化遗址较庙底沟二期更为密集。夏商时期是 3358.85 m，较龙山时期增加了 458.67 m，说明随着时间的推移，各遗址点的距离分布更稀疏。同时，仰韶时期的临界值 Z 值最小，为－19.46，说明该时期遗址点分布较集中。而到了夏商时期临界值 Z 最大，为－14.05，同样是集聚程度减弱的表现。

6.2.2 晋南地区各时期遗址核密度的空间分析

一般来说，不同文化遗址在地理位置上越接近，其社会组织关系及资源利用和共享程度越高。

从仰韶时期到夏商时期，可以看到均有遗址点高密度集中区域。而且均分布在汾河流域附近的盆地地形区，也印证了上文提到了古人多选址在地形相对平坦，河流附近的地方生活。但是不同时期遗址集中分布区仍有差异：仰韶时期，遗址点高密度集中在晋南中部，即临汾盆地地区，高密度区范围较大，周围还分布几个小密度集中区。到了庙底沟二期，高密度集中区明显缩小，且整体有向西向北移动的趋势，个别高值区分布在晋南北部。龙山时期，遗址点数量增加，高密度集中区从一整个团状分布演变为多个高密度团状组合而成的东北—西南走向的带状排列。值得注意的是以陶寺遗址为中心的高密度的带状分布，反映了兴盛的陶寺文化对周边文化较大的影响力，并且有资料说明当时晋南地区的陶寺文化也是中华文明在中原地区形成的起点(何驽，2020)。到了夏商时期，遗址点高密度区域在原来的基础上分成三个部分，较大密度中心区向东移动，另外两个较小的区域分别向在东南方的王屋山麓下和西北的吕梁山山麓地区移动(图 6.1)。

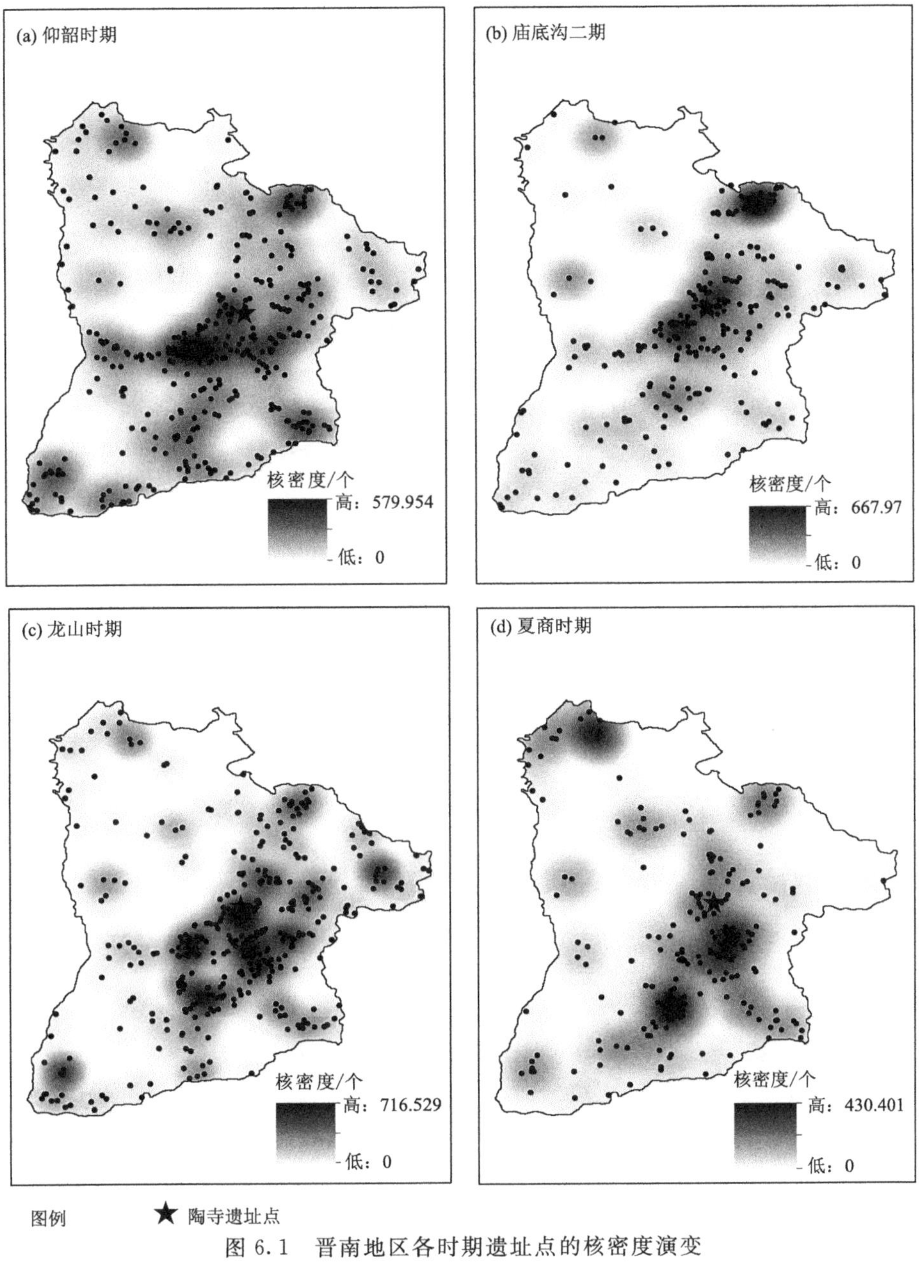

图 6.1 晋南地区各时期遗址点的核密度演变

6.2.3 晋南地区各时期遗址标准差椭圆的空间分析

如图 6.2 和表 6.2 所示，得到晋南各时期遗址点标准差椭圆图和平均中心、长短轴、方向角度等数据。

通过图 6.2，可以得到晋南地区仰韶到夏商时期遗址的整体分布方向。在仰韶时期，文化遗址空间走向大致为南北走向，海拔较高和距离较远的太行山、吕梁山、太岳山以及低海拔的盆地和汾河流域附近均有大量遗址分布。总体上该时期遗址分布范围明显大于其他各时期，几乎遍及整个研究区。到了庙底沟二期和龙山时期，遗址整体分布均呈现明显的东北—西南走向，与汾河流向基本一致。稍有不同的是，龙山时期遗址数量多，分布范围广，标准差椭圆面

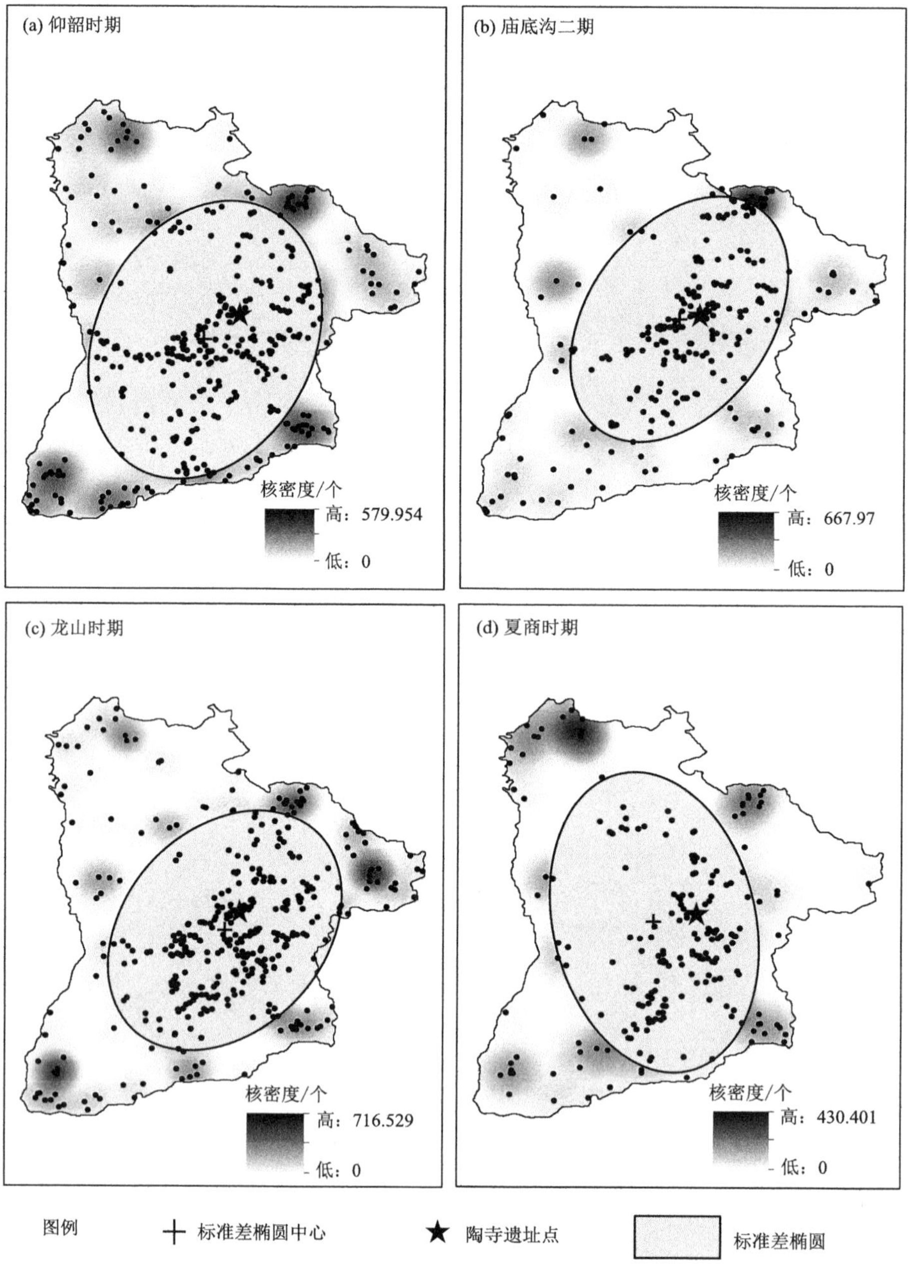

图 6.2　晋南地区各时期遗址点标准差椭圆图

表 6.2　晋南地区全新世中期遗址空间分布的标准差椭圆统计表

文化类型	中心点坐标	移动距离/km	移动方向	方向角度/°	扁率	叠置系数
仰韶时期	35°43′0.75″N,111°17′36.15″E	—	—	19.32	0.2960	—
庙底沟二期	35°51′51.9″N,111°23′12.05″E	18.44	东北	28.66	0.3628	0.2096
龙山时期	35°46′15.2″N,111°25′07.64″E	10.79	东南	33.67	0.2769	0.2007
夏商时期	35°50′48.8″N,111°16′56.94″E	14.92	西北	168.61	0.4183	0.1808

积更大一些。这两个时期遗址集中在水热条件较好的临汾盆地、运城盆地内部和汾河沿岸，也从侧面可以看出古人类的生产生活对河流的依赖性。而在夏商时期，整体分布转变为 西北—东南走向，与河流流向不一致。遗址多沿着西北部的吕梁山区、中部的塔儿山区、东南部的王屋山区分布。从扁率来看(表 6.2)，从仰韶到夏商时期，扁率变化各有差异。夏商时期扁率为 0.4183，旋转角度为 168.61，数值最高，说明与其他时期相比，这个时期遗址分布的方向趋势更加明显。

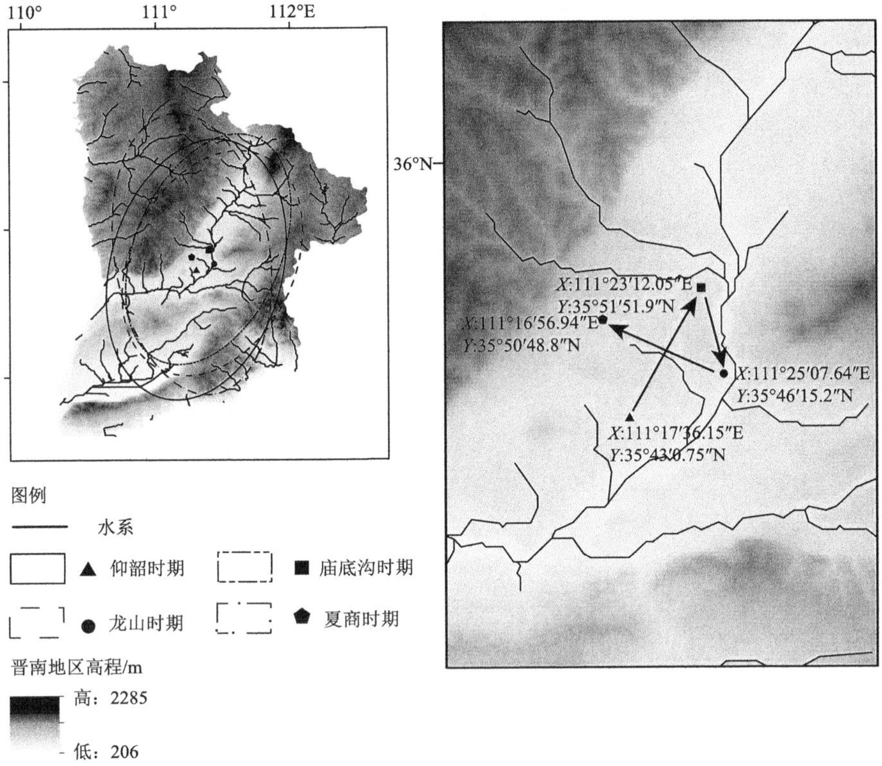

图 6.3　晋南地区各时期遗址重心迁移

由图 6.3 和表 6.2 可知，不同时期遗址整体过渡的方向、角度均有差异。从仰韶时期发展到庙底沟二期，遗址分布重心的经度变化为向东迁移约 6′，纬度变化明显向北迁移约 8′。重心整体向东北方向长距离迁移 18.44 km，叠置系数最大，为 0.2096，说明该时期文化的继承和延续性最明显。从庙底沟二期过渡到龙山时期，遗址分布重心的经度变化为向东迁移约 2′，纬度变化向南迁移约 5′。遗址整体向东南方向移动 10.79 km，迁移距离较小，叠置系数为 0.2007，文化的继承和延续相对较明显。从龙山时期到夏商时期，遗址分布重心的经度变化为向西迁移约 8′，纬度变化向北迁移约 4′。整体向更高纬度和更高海拔的西北方向的黄土台地上位移 14.92 km，遗址的重心海拔变化 135～460 m 向 460～688 m 迁移(图 6.3)，叠置系数最小，文化继承弱。这种迁移可能与该时期的降温事件有关；也可能是地势较高的地区可以免于水患的危险，遗址继承的难度大大增加；还可能是极端事件直接导致遗址消失，致使其难以在原有基础继续发展。

6.2.4　晋南地区各时期遗址泰森多边形的空间分析

泰森多边形是通过建立离散点的多个多边形，得到仅含有某一个关联点的区域，在这个区域内，任意点到这个关联点的距离均小于其他离散点的直线距离。因此，某个范围的区域面积越小，点分布就越集中(Stott et al. ,2004)。

按照四个文化时期，将1450个遗址点输入ArcGIS 10.8软件中，利用Analysis Tools模块中的Proximity工具，再点击Create Thiessen Polygons，绘制形成多边形集合。每个遗址点对应一个多边形，小多边形的数量越多，意味着该区域文化遗址越集中。再通过各时期的属性表计算得到每个小多边形的面积，在excel表格利用公式计算标准差(s)、平均值(v)和变异系数(c_v)，从而能够定量化表示遗址点在空间上分布的集聚程度。若变异系数(c_v)小于33%，则为均匀分布；在33%～64%，则点为随机分布状态；大于64%时，称其为集聚分布，变异系数越大，则偏离程度越大(Stott et al. ,2004)。

根据泰森多边形理论，结合图6.4和表6.3可知，从仰韶时期到夏商时期，计算得到的变异系数分别为123.97%、137.52%、134.55%和142.00%，均远大于64%。说明晋南地区全

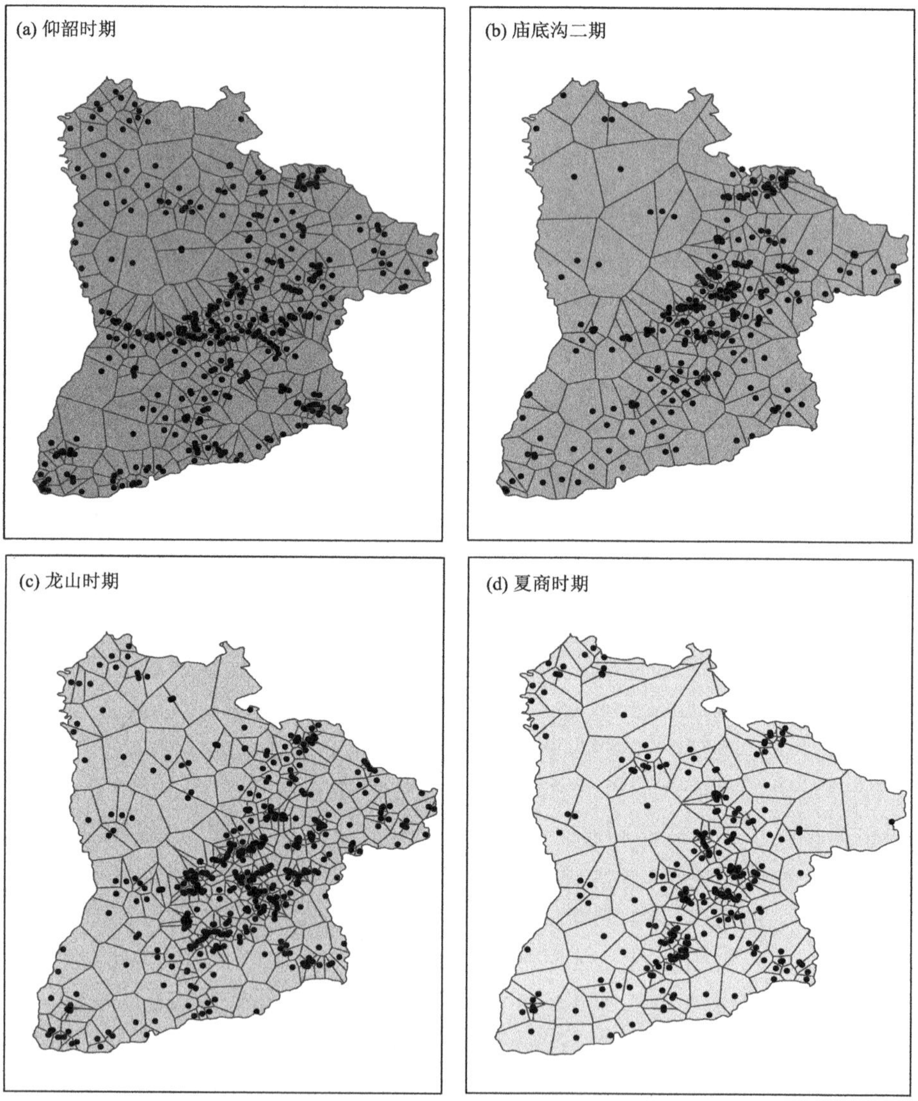

图6.4　晋南地区全新世中期遗址的泰森多边形分布

新世中期文化遗址点均呈现集聚分布的趋势，夏商时期的变异系数最大，遗址整体分布较离散。具体来看：在仰韶时期，聚落中心由400个多边形组成，这些多边形基本上沿着汾河连接成条带状，在临汾盆地、吕梁山、太岳山、中条山和王屋山的山麓地区形成密集地带，从侧面表明了仰韶时期遗址众多，广泛分布，文化繁荣发展。到了庙底沟二期，多边形数量减少到239个，遗址范围明显缩小，密集地带仅分布在临汾盆地和太岳山的山麓地区。在龙山时期，多边形数量增加到386个，密集地带整体向东南方向移动，文化遗址发展规模、文化交流程度和集中程度明显大于庙底沟二期。而在夏商时期，小多边形的数量减少到220个，表明这一时期文化遗址相对于龙山时期进一步分散，密集地带集中在研究区偏东位置，分布在盆地边缘、塔儿山、王屋山的山麓附近。

表 6.3 晋南地区全新世中期遗址的泰森多边形参数表

文化类型	标准差(s)	平均值(v)	变异系数(c_v)
仰韶时期	116.35	93.85	123.97%
庙底沟二期	215.37	156.61	137.52%
龙山时期	130.86	97.26	134.55%
夏商时期	243.42	171.42	142.00%

6.3 小结

结合最近邻指数和泰森多边形方法分析发现：晋南地区从仰韶时期到夏商时期，遗址在空间上皆呈现高度聚类分布的特征，且随着时间的推移，呈现逐渐减弱的趋势。仰韶时期的临界值 Z 最小，该时期遗址点分布较集中，而夏商时期的临界值(Z)和变异系数(c_v)达到最大，同样是集聚程度减弱的表现。

各时期均有遗址点高密度集中区域，主要分布在汾河流域附近的盆地地形区，但是，不同时期遗址高密度集中区仍有差异。在仰韶时期，遗址点高密度区集中在晋南中部；到了庙底沟二期，范围明显缩小且整体有向西向北移动的趋势；龙山时期演变为多个高密度团状组合而成的东北-西南走向的带状排列，特别是以陶寺遗址为中心的高度集中的带状分布；而在夏商时期又重新分成三个部分，较大密度中心区向东移动，另外两个较小的区域分别向东南方和西北方向移动。

从遗址的整体分布方向来看：新石器时期，基本上呈现与汾河流向较一致的东北—西南走向；而在夏商时期，整体分布转变为西北—东南走向，与河流流向不一致。遗址多沿着西北部的吕梁山区、中部的塔儿山区、东南部的王屋山区分布，遗址分布的方向趋势更加明显。文化的交流程度和集中程度随着遗址数量变化有所不同。

不同文化时期遗址过渡的方向、角度均有差异。从仰韶时期发展到庙底沟二期，遗址分布重心向东北方向长距离迁移且叠置系数最大，该时期文化的继续和延续性最明显。从庙底沟二期过渡到龙山时期，遗址分布重心整体向东南方向移动10.79 km，迁移距离较小，文化的继承和延续较明显。从龙山时期到夏商时期，遗址分布重心整体向更高纬度和更高海拔的西北方向的黄土台地上位移，叠置系数最小，文化继承较弱，可能与该时期的降温事件有关。

7　晋南地区全新世中期气候变化与古人类活动的关系

中国古文化的丰富多彩与中国自然环境的复杂多样关系密切，不同地区气候及环境差异如何影响古文化发展和文明进程，其对古文化产生和发展的作用的研究还有待加强（莫多闻等，2003）。考察和研究古文化对自然环境及其变化的响应，区域气候环境变化研究的深入极为重要。在古人类发展初期，由于生产力水平比较落后、自身能动性较低，故对气候环境条件依赖较强，气候变暖变湿润可以促进古文化萌发和发展；相应地，气候恶化也容易造成古文明的衰落（胡金明 等，2002），相对稳定且逐渐变干的气候条件，可以提供广阔的生产生活空间，黍粟类旱作农业和畜牧业快速发展，促使人口快速增长，环境承载力变大，遗址数量和规模扩张，文化随之繁荣发展。相反，不稳定的气候环境，即处于气候波动的时段，极大可能会影响文化发展。如果是短暂的气候恶化事件，可能由于人类对环境适应的弹性变大，经过调整继续发展；但是如果面临灾难性的、突发的且不可逆转的气候恶化事件，远超过的人类自身的调节能力，只能被迫迁徙，文化发展大大受限，通常被认为是文化衰退、转型甚至消亡的重要原因之一（吴文祥 等，2001；Chen et al.，2015a；Yang et al.，2021）。所以人类的演化历史从时间角度上来看，其实也是一部人地关系的演化历史。但需要注意的是，在人类文明演化的不同阶段，其主导因素是不一样的（董广辉 等，2021），人类文明的形成、发展和更替是一个复杂的过程，它不仅与外部的环境因素有关，也受制于人类社会内在的能动性因素（夏正楷 等，2019），如果过度放大环境影响，把气候环境视为人类社会发展演化的单一决定者，忽视人类自身能动性，将复杂的人类社会视为一个单纯接受者，便容易陷入了“环境决定论”的误区（吴文祥 等，2018）。

因此，研究该时期文化演化和环境之间的关系，要将文明起源过程中的外部环境机制、内部社会因素结合起来。本书基于晋南地区中梁村剖面所记录的古气候信息，并结合国内外不同地质材料所反映的古气候信息，结合考古资料及相关的文献资料，探讨晋南地区的气候环境变化对古人类文明的影响及古人类对自然环境变化的响应。

7.1　晋南地区古文化序列

中国的新石器时代文化可被划分为六大文化区（严文明，1987）：燕辽文化区、甘青文化区、中原文化区、山东文化区、江浙文化区和长江中游文化区。晋南地区属中原文化区，中原文化区在史前文明中占据着“花心”的地位，联系着周边地区，古人类文化类型丰富多样。

晋南地处晋、陕、豫的黄河金三角中心地带，具有重要是枢纽功能，是中国文化发展的核心地区之一，也是人类文明起源的发源地之一。这里是祖先丁村人在汾河谷地繁衍生息，中国奴隶制社会的开端，也是夏朝诞生的地方（国家文物局，2006）。晋南地区历史悠久，在多年的考古学者们调查和发掘中，发现了众多全新世时期的文化文化遗址。目前统计的仰韶至夏商时期文化遗址有 1450 处，从时间序列上来看，晋南地区自全新世以来主要的文化序列为：仰韶文化(7.0～5.0 ka BP)、庙底沟二期文化(5.0～4.5 ka BP)、龙山文化(4.5～3.9 ka BP)、夏商时期(3.9～3.1 ka BP)。仰韶文化、庙底沟二期文化、龙山文化大体对应新石器时代,夏商时期文化大体对应早期青铜时代。这种分期是较为宏观的,各时代之间相互联系并非割裂,其关系是相对并非绝对的,如仰韶文明可以划归到新石器文化晚期到早期铜石并用时代,龙山文明属于晚期铜石并用时代(严文明,1984)。所以,重要的不是时代划分方案,而是其背后所代表的古人类文明演化路程。

7.1.1　仰韶文化

学界以关中地区的半坡遗址仰韶文化遗存早、中、晚三期为代表,划分出了"关中地区仰韶文化发展的三个阶段",这一划分也适用于晋南地区。晋南地区的仰韶文化同样经历了从早期到晚期的发展过程,各个阶段的文化特征有所不同。例如,早期以枣园文化为代表,中期则以庙底沟文化为代表,晚期则可能受到其他文化的影响而呈现出更为复杂的文化面貌,主要以西王村类型为主。整体上,仰韶时期的农业以种植粟黍为主,逐渐进入熟荒耕作阶段,家畜饲养业已较为发达,同时也会通过狩猎与捕鱼获取肉类。建筑风格出现半地穴式、地面式及两者结合式。制造业以彩陶为主要代表,影响广泛,生产分散,以家庭为主要生产组织单位。晋南地区的仰韶文化遗存对于研究中国新石器时代文化具有重要意义。这些遗存不仅揭示了当时人类的生产生活方式、社会组织结构、宗教信仰等方面的信息,还为研究中国文明的起源和早期发展提供了重要线索。此外,晋南地区仰韶文化的研究还有助于我们更深入地了解黄河流域史前文化的交流与融合过程。

晋南地区仰韶时期(7.0～5.0 ka BP)遗址数量相当丰富,目前发现的遗址数量共计439个,按照遗址出现的时间分为早期、中期和晚期,如图7.1所示,该区遗址点集中分布在临汾盆地、王屋山东麓、中条山南麓及吕梁山周围地区。仰韶早期(7.0～6.0 ka BP)文明初步发展,典型的文化遗址有垣曲古城东关和宁家坡及邻区的侯马褚村、翼城枣园和北橄遗址等,该类遗存被命名为"枣园类型"。陶器以泥质红陶为主,夹砂陶较少。陶质以夹砂红陶和泥质红陶最多,也有少量的夹砂灰陶和泥质灰陶。器表常见素面磨光和线纹,彩陶花纹次之,弦纹少见,剔刺纹很少。彩陶花纹只有黑彩,未见红彩,绝大多数绘于器物外表。彩陶纹饰比较简单,一般由近直角的三角形纹、圆点纹、宽带纹和鱼形纹等组成各种图案。器形有钵、碗、深腹盆、杯、尖底瓶、壶、罐、器座等(中国社会科学院考古研究所山西工作队,1989)。人类社会较为简单,农业经济在该阶段已经开始发展(冯宝 等,2018),农业维持在"刀耕火种"的水平(胡泽学,2011),并出现了石斧、石刀(中国社会科学院考古研究所山西工作队,1989),但生业模式以狩猎采集和渔猎经济仍占较大比重(何抚顺,2009),栽培作物和家畜饲养的种类和数量并未出现普遍分布(袁靖,2019)。此时,聚落内部已有明确规划,大型房址周围环绕小型房址,布局合理,结构紧凑,具凝聚式和向心式的布局特征,呈现出当时正处于相对平等的简单社会的特点。房址分地穴式和半地穴式两类,并出现了地穴式与窑洞式相结合的房址,表明此时已出现迄今所见中国最早的窑洞式建筑。墓葬为长方形竖穴土坑单人葬和方形或长方形竖穴土坑多人二次葬及瓮棺葬等,反映出重视血缘纽带的重要作用。

仰韶中期(6.0～5.5 ka BP)晋南地区出现了典型的庙底沟文化类型,或还包含半坡类型,或还包含西王村或三种类型遗存全有。有西王村遗址、北橄遗址、西阴遗址等,继承了早期文化的主体因素,并在此基础上广泛交流迅速发展。单纯庙底沟类型的遗址,面积一般在数万平

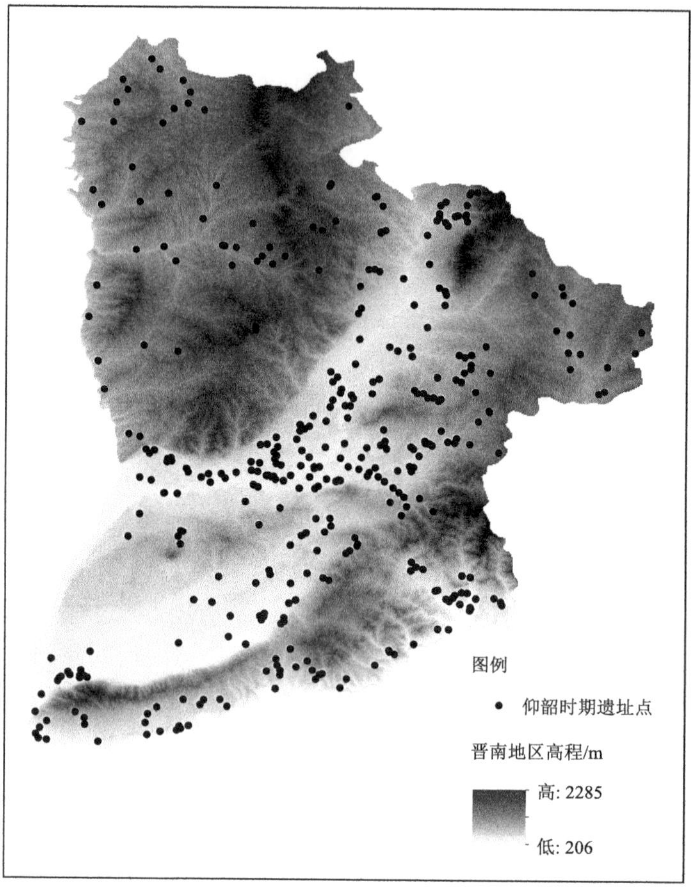

图 7.1　仰韶时期晋南遗址分布

方米，有的十余万平方米，最大的新绛县泉掌镇遗址达 20 万 m^2，最小的永济县东马铺头山上遗址和襄汾县赵康镇(东南)遗址为 5000 m^2。一般说，规模较大的遗址，文化层也较厚；规模较小的遗址，文化层则较薄。如：泉掌镇遗址，文化层厚度都在 1 m 以上，而赵康遗址文化层厚度只有 30～50 cm。一个明显特征是：史前人口数量、农业发展水平和文化发展均进入了繁盛时期，而人口增长的直接表现就是遗址数量的快速增加(Li et al.，2015a)，遗址数量达到仰韶时期的顶峰，有 291 处。彩陶制造以圆点、直线、弧边三角纹为主要元素，绘有流畅、繁缛的同旋钩连纹、花瓣纹等图案，陶器以泥质和夹砂的红陶最多，泥质和夹砂的灰陶很少。器表以线纹为主，彩陶花纹、素面及磨光次之，附加堆纹又次之，弦纹很少见。泥质红陶中，质地较粗的，常常先涂上一层泥浆再经磨光；质地较细的，一般多经磨光饰彩。彩陶花纹以单一黑彩为主，单一红彩、白底黑彩和黑彩镶白边的都很少见。彩纹一般都饰于器物的腹部和少数盆、钵的沿、唇上，饰于钵内的仅发现一件，图案结构虽比较复杂，但基本是由弧线三角纹、网纹、圆点纹、平行条纹和动物形纹等互相配合组成。另外，还发现捏塑的鸟头形和蝎形装饰。器形有钵、深腹盆、浅腹盆、敞口直腹盆、敛口直腹盆、杯、小口瓶、大口罐、敛口罐、直腹罐、鼓腹罐、深腹罐、鼎、灶、釜、器盖等。

有研究者认为仰韶中期的彩陶是史前艺术的第一个高峰期，其自由奔放的风格，代表了背后古人类文明的繁荣兴盛(王仁湘,2010);甚至更有研究者赋予了彩陶更高的社会意义,认为其就是陶制礼器的前身(魏兴涛,2010)。农业发展水平体现在该时期生产工具基本涵盖了史前时期的全部类别,包括石斧、石刀、石铲、石锛等农业工具;石(骨)镞和石刀等渔猎工具;以及砺石、石(陶)纺轮、骨针、骨锥等手工业工具。石耜和石犁工具的出现,极大提高了农业生产效率,减少人们的劳动强度。再加上考古发现夏县西阴村和万荣荆村的谷子和高粱作物,在某种程度上说明当时从"刀耕火种"的阶段转变为"耜耕农业"的耕作方式,是原始农业进入熟荒耕作农业的重要时期(胡泽学,2011)。文化发展主要表现在大范围的扩张,庙底沟文化的迅猛发展,不仅覆盖了整个中原地区,其影响涉及范围之广,北达长城和燕山,南及江汉平原地区,西至甘青地区,东到黄河中下游地区。这种文化间的交流与融合促使其成为生命力最强的史前文化(张宏彦,2009)。仰韶中期建筑技术水平较早期进步,作为中期典型遗址之一的枣园遗址,被发现保留有完整的半地穴居住面(李寒冰,2022),建造相对考究。聚落表现出壕沟环绕特征但均不封闭,说明这时期各聚落尚无来自于其他聚落的威胁,社会构成简单、人们相对平等、生活安宁稳定(赵辉,2000)。墓葬为长方形竖穴土坑单人葬和方形或长方形竖穴土坑多人二次葬及瓮棺葬等,且成排分布、头向基本一致。仰韶文化庙底沟类型是本研究区古人类社会复杂化的开端,也是中原地区文明发展的起始阶段,在鼎盛时期其曾向周边地区强力渗透,东达豫西、北至岱海、西到六盘山的广阔区域均为庙底沟类型所影响(严文明,1980),范围甚广。

仰韶晚期(5.5~5.0 ka BP)文化类型为西王村类型,依旧维持以农业种植为主,狩猎、饲养为辅的经济模式,虽然晚期承自中期繁荣的庙底沟类型,但呈现出衰败景象。陶器以夹砂红陶和泥质红陶为最多,泥质灰陶较少,夹砂灰陶很少,泥质黑陶偶有发现。陶色多不纯正。泥质红陶多呈橙红或橙黄色,器表常见灰斑;夹砂红陶或呈褐色,或呈褐皮红胎;泥质灰陶有的有褐斑;有的器物,陶色介于红、灰之间。陶器均手制,器表经常看到刮削痕迹,口沿经轮修。泥质陶多素面,夹砂陶器表多着绳纹和附加堆纹,也有弦纹、线纹、篮纹、磨光及少量的方格纹。彩陶仅见一例:红地红彩,绘网纹组成带状,和秦王寨、大司空村习见的彩陶花纹非常相似。器形有碗、钵、浅腹盆、豆、尖底瓶、平底瓶、敛口罐、深腹罐、浅腹罐、带流器十种(中国社会科学院考古研究所山西工作队,1989)。石器主要为打制和磨制,器形有刀、斧、铲和纺轮等,苗圃遗址还出土1件玉环。骨器有骨锥、针、镞等。发现的遗迹有房址、窖穴和墓葬等。遗迹数量明显减少且规模变小,分布散乱。墓葬为长方形竖穴土坑单人一次葬,无随葬品,且分布杂乱、头向差异较大。墓葬类型的遗址中出现一些非正常死亡的现象,这似乎代表了仰韶晚期开始社会动荡起来,经济下行,文明发展步入低谷期。这种大一统的文化受中原以外其他地区文化影响,分裂成多个不同的地方文化类型,致使当时文化呈现出相对衰退的迹象(杨前进,2004)。以江汉地区和海岱地区文化的影响和渗透为主,在一定程度上促使了中原文化改变了发展进程和方向,可能是导致长达2000多年仰韶文化的结束并向新文化嬗变的重要原因之一(魏兴涛,2010)。

同时期,我国最早出现金属器物的遗址之一在榆次源涡镇的义井类型遗址出土(胡泽学,2011),说明早在仰韶阶段,山西的先民对金属已经有了一定的认识,为龙山铜器的应用奠定了基础(Wang et al.,2018)。

7.1.2 庙底沟二期文化

关于这一段文化类型归属的认识,各研究者看法不一,有属于仰韶文明、属于龙山早期文明、自成独立阶段等看法,时至今日仍无定性的结论,故在各地古文明研究中,多根据当地实际发掘遗存的风格特点来进行划分，参考对山西该时段文明遗存的研究（山西考古研究所，1994），书中将其作为一个独立的发展阶段进行分析。

庙底沟二期阶段（5.0～4.5 ka BP），在晋南地区起到了从仰韶文化过渡到龙山文化的类型。统计得到研究区该时期遗址数量为289个，与仰韶时期相比明显减少，分布范围缩小，主要分布在汾河下游及其支流两侧沿岸地区（图7.2）。山西考古研究所对侯马东吴王遗址进行挖掘，研究发现该地遗物丰富，但庙底沟二期文化内涵较单纯，其中陶器最具特征。聚落建设方面相较仰韶文化时期有了明显发展，如居住区与制陶作坊区、墓葬区分离开来，聚落内部的空间布局精心设计，房屋建设仍以半地穴式为主。社会开始分化，社会矛盾开始凸显，墓葬遗迹中发现有殉人等不平等现象。制造业方面，陶质以夹砂灰陶和沉尼质灰陶为主，夹砂红陶和泥质红陶很少，少量灰陶近灰褐色。制法均泥条盘筑，口沿多经轮修。器表以篮纹为主，绳纹和附加堆纹较常见，还有一部分素面和个别的方格纹。篮纹多拍成横行或斜行，堆纹多用手指按成波浪状。泥质灰陶，灰地红彩，口沿以下绘网纹条带。能辨认出的器形有鼎、罐、瓮、缸、盆、盘、皿、碗、杯、豆、尖底瓶等，其中以各种大型的瓮、罐器为多（中国社会科学院考古研究所山西工作队，1989）。说明专业化的制陶工坊诞生，制陶场所更规范完整，表明制陶业或许已独立成为专门的经济类别（魏兴涛，2010）；石器种类增加、制作方法与形制改进，出现了新的农业收割工具——磨制长方形穿孔石刀和半月形石刀（胡泽学，2011）。养殖业方面，出土的家畜遗

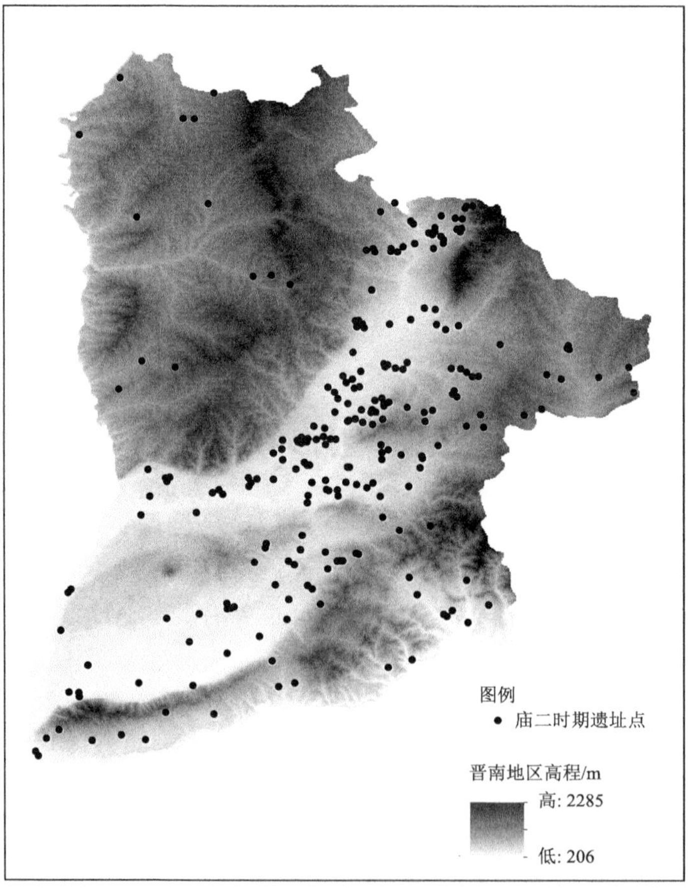

图7.2　庙底沟二期晋南遗址分布

存种类增多(袁靖,2015)、饲养规模不断扩大(胡泽学,2011)。农业方面,通过对植物遗骸的实验分析证明古人类此时已开始通过施肥来改良耕作环境(Wang et al.,2018),加之生产工具的进步,粟黍农业在该阶段得到了不断地强化。侯马市乔山底村遗址出土的大型谷仓和大量碳化谷子,证明了当时农业生产已具有相当大的种植规模(胡泽学,2011)。在已出土的石器中,农业工具石锛、石凿、磨石等共 32 件,渔猎工具和手工业工具分别统计 6 件、20 件。同时,炭化粟的发现也说明了农业生产在当时的重要地位(王万辉 等,1991),农业和家畜饲养均得到发展,渔猎成为辅助性的经济手段之一(任式楠 等,2010)。文化来源多样、成分复杂是庙底沟二期文明的典型特点,因为这一阶段是广泛吸纳周边文化后融合与创新的时期,如庙底沟二期就是中原新石器时代以来炊器种类最多的一个时期,既有大汶口等外来文化风格的鼎,承自仰韶文化的罐,也有自己创新的釜灶等(魏兴涛,2010)。发现的遗迹有房址、灰坑、陶窑和墓葬等。房址以圆形、圆角方形的小型半地穴式为主,偶见地面式,聚落内经过周密规划,作坊区设计精心,设施齐全,管理有序,居住群较为分散,布局也不再是向心式的。灰坑多圆形,有不少袋状坑;陶窑均为斜穴式,且保存完好,有完整的制陶窑场;墓葬为单人一次土坑葬,出现了殉人现象,反映出社会存在着尖锐矛盾。此时,表现出以海岱和江汉文化对庙底沟二期文化产生的影响为主。同时也与屈家岭文化存在密切的联系,各种文化间的吸收、汇聚和创新,促使晋南地区该文化持续发展,成为新石器时代文化发展的关键阶段(魏兴涛,2016)。“所贵乎君子者以能兼容并蓄”,这种海纳百川、融汇创新的品质在后续古文明中不断延续了下去,成为了中原文化发展的动力之一。

7.1.3 龙山文化

如图 7.3 所示,在研究区统计到的龙山文化遗址共计 459 处,与庙底沟二期相比,龙山遗址数量明显增加,分布更集中。研究区发现的龙山文化有白燕类型、陶寺类型、三里桥类型以及少量小神类型。整体上,中原地区的古文明经过庙底沟二期的调整之后在龙山文明时期再度崛起,临汾盆地陶寺文化与关中地区的客省庄二期文化、豫西地区的王湾三期文化、豫北冀南的后冈二期文化、豫东地区的造律台文化,共同结成了巨大的“中原龙山文化”体系,可以称得上是史前农业文明的核心,同时也意味着考古学文化意义上的“以中原为中心”的局势就此形成(赵辉,2006)。龙山文化时期属于中国原始社会发展变化的重要时期,人类文明已经步入了建城立邦的时代。具体表现在:海岱地区的城邦林立模式,具有政治、军事和宗教中心的良渚古城出现,形成多等级“金字塔”模式的陶寺城址等发现无不体现了当时强势的文化发展地位(韩建业,2010;李拓宇,2013)。本地区内的中原龙山文化可分为两个类型:陶寺类型主要分布在临汾盆地,三里桥类型主要分布在运城盆地,二者大体以绛山、峨嵋岭一线为界。陶寺类型遗址一般都在数万平方米以上,有的达到十数万或数十万平方米。遗址面积,除个别的较小外,规模最大的有三处:翼城县开化遗址(含 SE20、SE27)面积 128 万 m^2;曲沃、翼城之间的方城—南石遗址(含 SH25、SE43、SE44)面积 230 万 m^2;襄汾县陶寺遗址(含 JS61、JS62、JS69)面积 300 万 m^2 以上。这些遗址的龙山文化堆积厚度多为 0.3 m,有的可达到 4 m 以上。

龙山文明阶段(4.5～3.9 ka BP),农牧业生产有了较大的发展,犁状石器的出土证明该区域的农业生产正逐步进入犁耕时代(胡泽学,2011),陶寺遗址出土的石耜、“V” 形石刀、犁状石器,有利于扩大种植面积,作物产量增加,生产效率提高,标志着晋南地区是中国北方最早进入犁耕时代的地区之一(胡泽学,2011)。结合蔡明等(2008)对陶寺生产工具的微痕研究,出土农业工具、渔猎工具和手工业工具各 100 件、14 件、61 件。陶寺遗址出土的炭化植物种子粟、

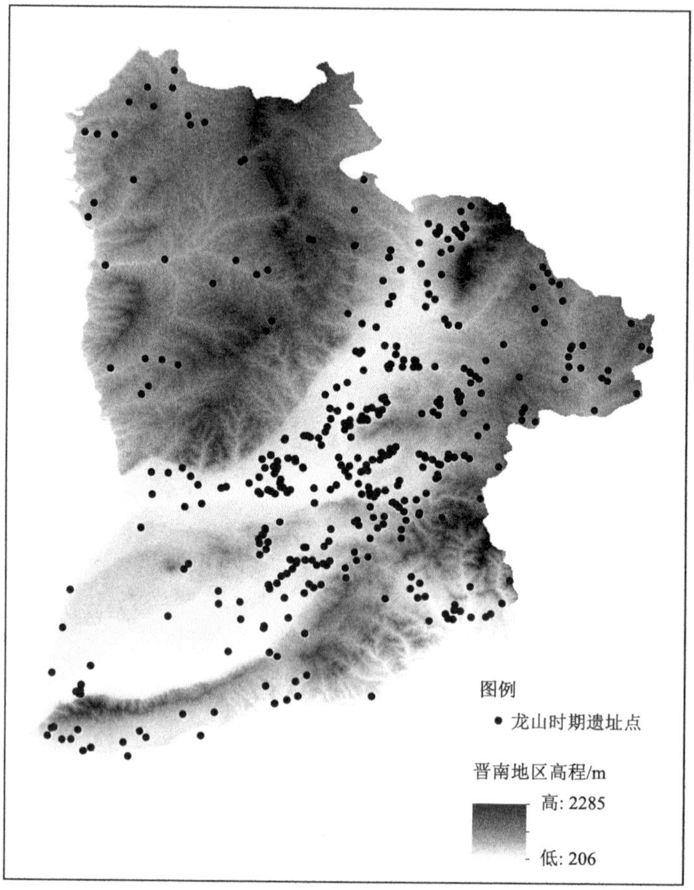

图 7.3　龙山时期晋南遗址分布

黍、稻谷占总数的 75%(赵志军 等,2006)。通过芮城清凉寺的样品发现,古人以 C_4 类植物为主的食物结构,以粟、黍类旱作谷物为主要的食物来源(魏兴涛,2014)。侯马市乔山底大型谷仓的炭化谷子(胡泽学,2011),以及专门的储粮窖穴的出现(赵志军 等,2004)等均说明虽然当时的生产力在各类经济活动上分配不同,但农业仍是当时最主要的生产活动,甚至是其他各种社会活动的前提条件。农业经济的发展促进了社会文明的进步,也为黄河流域的文明起源奠定了坚实的基础。家畜种类进一步增加,家畜除了作为肉食之外,还出现了以其骨骼制作卜骨的现象,具备典型的宗教特色(魏兴涛,2010)。传统手工制造业,如制陶业等从农业中分离出来,由此开始设立更专业化的制陶个体作坊,制陶方面开始采用轮制法,从慢轮发展到快轮(魏兴涛,2010),技术显著进步,该时期陶器风格多数为颜色纯正、风格简洁的灰陶,有较少黑陶,这可能是窑内渗碳所致(魏兴涛,2010),器表以绳纹为多见,其次是篮纹,附加堆纹、弦纹、方格纹较少。篮纹有三种:一是与庙底沟二期文化近似的粗篮纹,纹痕稀疏,数量较少,仅见于早期器物;二是宽行的竖篮纹,排列整齐,数量亦不多,一般发现于中期的器物上;三是纹路细密的竖篮纹,竖纹之间有很细的横丝,数量多,常见于晚期泥质陶器上。有相当部分素面陶器,有的泥质黑陶和泥质褐陶的器表经过磨光。器形有带釜灶、鼎、斝、鬲、甗、甑、罐、缸、瓮、扁壶、盆、钵、碗、杯、簋、豆、器盖等(中国社会科学院考古研究所山西工作队,1989),形态各异,装饰精美，反映了当时人们的审美观念和生活方式。陶器制作过程中轮制技术的应用，使得陶器更加规整、光滑。玉器类型主要有玉璧、玉琮、玉钺等，造型独特，纹饰精美，反映了当时人们对美的追求和对神秘力量的崇拜。青铜器虽然在这一时期还处于初步发展阶段，但已有一些铜器出土，如铜刀、铜环等，显示了当时人们对金属冶炼技术的掌握。该时手工产品技术进步、专业化提高、种类多样化，使得手工制造业达到了空前繁荣的程度。建造方面，掌握了较高的房屋建筑和凿井技术（何驽，2006，2019），出现窑洞式房址类型，陶寺古城面积高达 280 万 m^2，且出现明显的功能分区特征，是中原地区早期古城的代表性城址之一（Liu，1996）。在龙山时代末期，遗址显示文明开始衰退的现象，暴力色彩明显。整体上，该阶段社会分层显著，社会复杂化程度提高，研究区遗址数量指标达到最高，是晋南地区新石器文明结束前的又一高潮。同样是晋南地区龙山文化的重要遗址之一，位于山西省绛县周家庄村附近。该遗址在兴盛期拥有环绕聚落的大型环壕，显示了其较高的社会地位和防御能力。晋南地区的龙山文化在中国古代文明史上占有重要地位，是探索中华文明起源和发展的重要线索之一。晋南龙山文化的陶器制作技术、玉器加工技艺以及社会组织形式等都对后世产生了深远的影响，为中华文明的发展奠定了坚实的基础。

运城盆地三里桥类型的龙山文化遗址，分布于闻喜、夏县、永济、芮城、临猗诸县。遗址面积一般在数千至数万平方米。单纯的三里桥类型只有夏县闻喜南宋村（SW9）和夏县陈村（SW29）两处。夏县堰掌、东下冯、芮城南礼教是三处较大的遗址，虽遗址范围内都有二种以上的古文化遗存，但龙山文化的分布面积都在 10 万 m^2 以上。遗物主要有石斧、石铲及格式石刀等。陶器以夹砂灰陶和泥质灰陶为最多，夹砂红陶和泥质黑陶很少，另外还有个别的夹砂褐陶。夹砂陶颜色一般比较纯正，斝、鬲等炊具皆用之；泥质灰陶质地有细有粗，主要用于制作罐、碗、杯、豆等容器和食器；泥质黑陶质地较细腻，其器形仅见于一部分杯和豆。制法有轮制、模制和手制，以轮制较为普遍，口沿和器身往往有轮旋痕迹。纹饰以绳纹所占的比例最大（约二分之一），篮纹次之，附加堆纹、弦纹又次之，方格纹和镂孔少见。在篮纹中，既有近似于庙底沟第二期文化那样短粗的篮纹，也有类似于陶寺类型晚期那样的竖行细篮纹。器形有鬲、斝、甑、甗、缸、罐、盆、双腹盆、盉、碗、杯、豆、器盖等（中国社会科学院考古研究所山西工作队，1989）。本区该期早段在文化性质上属于陶寺文化范畴，偏东和偏西区分别受王湾三期文化和客省庄文化的强烈影响；该期晚段文化格局发生变化，偏东、偏西和偏北区分别为王湾三期文化、客省庄文化和陶寺文化占据，且每区内都有其他两种文化因素，但自身缺乏具有指征性器类的器物，所以始终没有形成一支独立的考古学文化（中国社会科学院考古研究所山西工作队，1989）。

7.1.4 夏商时期文化

继龙山文化之后，晋南地区文化发展进入了二里头时期（3.9～3.6 ka BP）。在该研究区统计到的遗址数量共 186 处，与龙山文化相比数量明显减少，主要分布在河流沿岸或山麓地区，如图 7.4 所示。研究区发现的二里头文化以东下冯类型为主。二里头文化的年代、分布范围与历史记载中的夏王朝纪年、活动区域基本相一致，其所处的社会发展阶段也与处于奴隶制社会的夏朝相仿，二里头文化即为夏文化已成为绝大多数学者的共识（张国硕，1998），文化发展的中心南移到豫中、豫西地区（王琼，2015），因此研究区晋南有“夏墟”之称。此时文化在运城盆地相对发展，而临汾盆地二里头文化东下冯类型虽发展低迷，受河南二里头文化影响深厚，甚至一定程度上受其掠夺，但也并未被完全控制，仍具备一定独立性（朱芃宇，2020）。

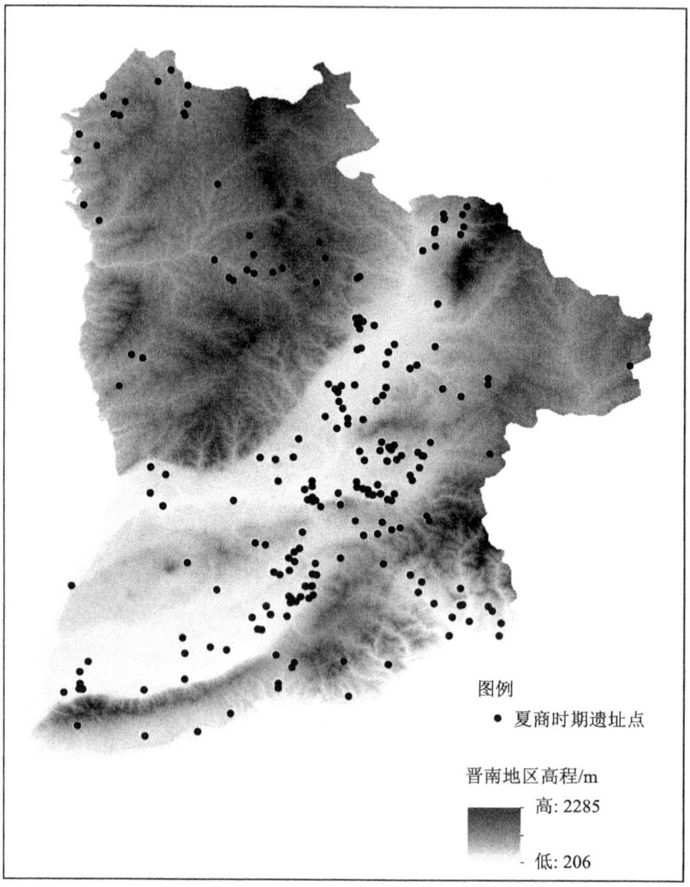

图 7.4　夏商时期晋南遗址分布

二里头时期(3.9～3.5 ka BP)社会组织形式由公天下变为家天下,社会形态进入真正意义上的广域王权国家(朱芃宇,2020),由母系氏族转为父系氏族,女性地位下降,直接体现在墓葬中男性数量增加、女性墓葬减少,且男女墓主在其墓葬规格上也会稍有差距;社会不平等加剧,沦为奴隶的人越来越多,乱葬墓比例上升(顾丹玮,2021)。该时期,严格意义上的礼制已经形成,以青铜礼器为核心,与陶礼器、玉礼器等共同构成了礼器系统(李志鹏,2008)。聚落建造方面,出现了大型的宫殿建筑群(中国科学院考古研究所二里头工作队,1974),墓葬与房址没有明显分界,出现独特的窑洞式墓葬。手工制造业方面,陶器混合多种文化风格,器型种类增多,从多粮食谷物类食器变为多肉食食器(顾丹玮,2021);陶器的陶质以泥质灰陶和夹砂灰陶为主,一部分灰陶颜色不纯正,呈灰褐色。另有少量夹砂红陶和泥质红陶。器胎较厚,有的陶器火候较低。制法有手制、模制、轮制三种,手制和模制的器物,口沿多经轮修。器表以饰绳纹最多,素面和磨光的器物占有一定比例,弦纹、附加堆纹、篮纹均较少,回字形纹、云雷纹和变形云纹、单圈纹、S 形纹等均有少量发现,器形有鬲、鼎甑、斝、罐、盆、缶、豆、尊、瓮、杯、器盖等。玉石器等装饰物的精细程度提升。玉器类型包括玉琮、玉璋、玉圭等,其中玉琮最为常见。这些玉器不仅造型美观,而且工艺水平高超,被广泛用于祭祀、礼仪等场合。此外,石器如石斧、石锛、石镞等也是该文化的重要组成部分,反映了当时社会的生产工具和技术水平(中国社会科学院考古研究所山西工作队，1989）。农业方面，正值早期东西方交流强化时期，小麦、大麦和羊等传入中原地区，中国传统的五谷作物集全（Lee et al.，2007）。考古研究发现，该时期的生产力逐渐发展起来。其中，金属冶炼技术领先全国，率先进入青铜时代，耒耜的普遍使用和农田水利建设，极大地推动了农业文明的进步（胡泽学，2011）。从畜牧业来看，运城夏县裴介辕村遗址考古资料显示，该时期猪骨比例占全部动物总数的30%，羊和牛分别为15%，兔和狗各占10%，马鹿、鼠、狍和梅花鹿各占5%，由此可见，人们已经把牛和羊等家畜饲养作为肉食生活的主要来源（王月前 等，2009）。整体上，尽管二里头时期社会矛盾日趋严重，但社会生产力大幅提高，人口不断增长（Hodder，1985），居民健康水平提升、人均寿命变长（顾丹玮，2021）。晋南二里头文化的社会组织以家族为单位，家族之上是部落。各个家族组成一个部落，部落之间进行联合和分裂，形成了一个相对分散的政治组织形态。同时，该文化还具有分工明确的特点，如土地的耕作、生产工具的制造、商业交易等方面都有专业的分工。晋南二里头文化的宗教信仰主要是祖先崇拜和天神信仰。人们认为自己的祖先是有力量的，可以保护他们免受疾病、灾害等威胁。因此，祖先崇拜是该文化的核心信仰之一。同时，天神信仰也在该文化中占据重要地位，反映了当时人们对自然力量的敬畏和崇拜（中国社会科学院考古研究所山西工作队，1989）。

而进入商朝时期（3.6～3.1 ka BP），遗址共计80处，是整个研究时间段遗址数量最少的时期。特别是在临汾盆地地区，遗址点呈现零星分布，而且整体趋于向南扩展的趋势。文献中提到的“汤始居亳”，即晋南垣曲的商代城址，城墙、城壕、宫殿区、居民生活区等均坐落在城址内，青铜和陶器已经在该时期较为普遍。晋南地区靠近河东盐池，盐业经济在商时期非常发达。盐业资源的开发和利用不仅促进了当地经济的发展，也加强了晋南地区与其他地区的贸易往来。商时期晋南地区的经济形态以农业为主，同时畜牧业也占有重要地位。农业的发展为商文化的繁荣提供了物质基础，而畜牧业的兴盛则反映了当时社会经济的多元化。晋南地区的商文化在发展过程中，受到了内部和外部多种因素的影响，形成了多样的文化面貌。不同阶段的商文化遗存具有不同的特征，如早期和晚期的商文化在分布、遗物等方面存在显著差异。在已经挖掘的农具中石器数量最多，有垣曲古城出土的石铲、石镰、石刀、骨铲等。陶器主要以日用陶器为主，陶质以夹砂灰陶数量最多，泥质灰陶次之，夹砂红陶仅见数片。纹饰以绳纹为主，弦纹次之，方格纹、云雷纹、饕餮纹、人字形纹都有发现，但数量极少。器形有鬲、甑、簋、盆、大口尊、尊、深腹罐和器盖等。商时期晋南地区的宗教信仰丰富多样，包括自然崇拜、祖先崇拜等。这些宗教信仰在当时的社会生活中占据重要地位，对人们的思想观念和行为方式产生了深远影响。晋南地区的商时期墓葬具有独特的丧葬习俗。墓葬中出土的随葬品丰富多样，反映了当时社会的等级制度和人们的生死观念。同时，墓葬的形制和布局也体现了商文化的独特之处（中国社会科学院考古研究所山西工作队，1989）。虽然在青铜时代，但青铜农具并不多见。考古多发现精美的礼乐器和锋利兵器，可能是由于统治者把祭祀和战争作为国家的主要大事件，而青铜农具数量稀少（胡泽学，2011）。此外，古语云：“祖乙时，相又有河患之害，迁都于耿”，说明晋南河津的耿乡一度成为当时商朝的统治中心之一（胡泽学，2011；冯伟民，2014）

7.2 晋南地区气候变化对古文明演化的影响

研究表明，气候环境是影响文化演变的重要原因。相对稳定且逐渐变干的气候条件，可以提供广阔的生产生活空间，黍粟类旱作农业和畜牧业快速发展，促使人口快速增长，环境承载力变大，遗址数量和规模扩张，文化随之繁荣发展。相反，不稳定的气候环境，即处于气候波动的时段，极大可能会影响文化发展。如果是短暂的气候恶化事件，可能由于人类对环境适应的弹性变大，经过调整继续发展；但是如果面临灾难性的、突发的且不可逆转的气候恶化事件，远超过的人类自身的调节能力，只能被迫迁徙，文化发展大大受限，通常被认为是文化衰退、转型甚至消亡的重要原因之一(Chen et al.，2015a；Yang et al.，2021)。在全新世早期，晋南地区气候虽然开始向暖湿过渡，但整体上仍然较为干燥寒冷。这种冷干的环境条件能提供给古文明的驱动力很低，人类能够从自然环境中直接获取的生活物资有限，难以满足人类的基本生存需要。人类繁衍和活动范围受到限制，导致该时期晋南地区及整个华北区域的遗址极少、人口相对数量很低(图 7.5)，位于甘肃六盘山的樊家城剖面遗址的陶屑等统计结果也显示该时期人类活动强度很弱(温瑞艳，2019)。整体上，该时期虽然气候回暖，但仍不足以提供古文明发展所需的资源，古人类遗址数量极少(Wang et al.，2014a；Hosner et al.，2016)。

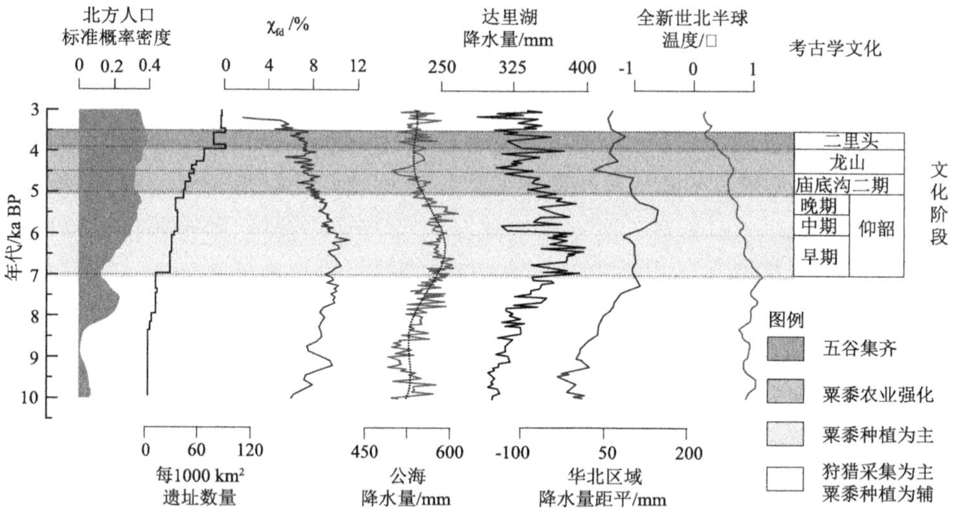

图 7.5　北方人口标准概率密度(Wang et al.，2014a)、华北每 1000 km^2 的遗址数量(Hosner et al.，2016)、临汾盆地磁化率、公海孢粉重建降水(Chen et al.，2015b)、达里湖孢粉定量重建降水量(Xiao et al.，2015)、华北区域降水量集成(Li et al.，2018)、全新世北半球温度(Marcott et al.，2013)对比

仰韶文明时期(7～5 ka BP)正值全新世大暖期，黄土高原部分区域年均气温较现代普遍高 2～3 ℃，400 mm 等降水量线向西北内陆推进 200 km 左右(侯光良 等，2019)，适宜的水热条件以及在该时期发育起来的古土壤对农耕文明的兴起和发展起到了促进作用。晋南地区的仰韶文化由此迅速发展起来，遗址数量丰富，分布范围几乎遍及整个研究区(图 7.1)。大部分遗址多集中分布在海拔在 165～900 m 的平原和台地上，0°～6°的低缓坡度以及 2 km 以内的濒河区域。空间上遗址点高密度集中在晋南中部，即临汾盆地地区，高密度区范围较大，周围还分布几个小密度集中区(图 7.1)，人口快速增长，进而扩展生存空间，成为晋南遗址分布范围最大的时期，较高海拔和距河较远的地方也被人类进行不同程度的开发使用。当时农业生产工具应有尽有，特别是以石铲、石耜、石犁所代表的翻土工具的出现，标志着仰韶时期逐渐进入耕作农业阶段(庞小霞 等，2006)。粟黍为主的种植农业，一度成为黄河流域多个地区的主

要生产方式(董广辉 等,2016a),以猪为代表的养畜业已逐步成为家畜饲养的主要方式(赵越云 等,2016)。暖湿的气候、生业经济迅速推进,是晋南地区仰韶文化遗址广泛分布的主要原因。一定程度上也推动了定居式农业的形成,并成为当时影响广泛的主流文化(董广辉 等,2016a)。同期红山文化(6.4～5.0 ka BP),在暖湿的气候环境下逐渐发展壮大,成为粗耕农业第一次繁荣发展的重要时期(何瑾 等,2021)。环太湖地区的马家浜文化晚期遗址数量增加,分布范围扩大,社会经济由此迅速发展起来(郑铎,2023)。

晋南地区仰韶文化早期(7～6 ka BP)遗址较少,仅发现 19 处(图 7.6),人类生产生活由狩猎采集经济为主向粟黍农业经济为主转型(赵志军,2014;董广辉 等,2016b),遗址数量持续增加,发展为相对固定的居住模式,集中在地势相对平坦的区域,而高海拔地区几乎没有遗址发现。

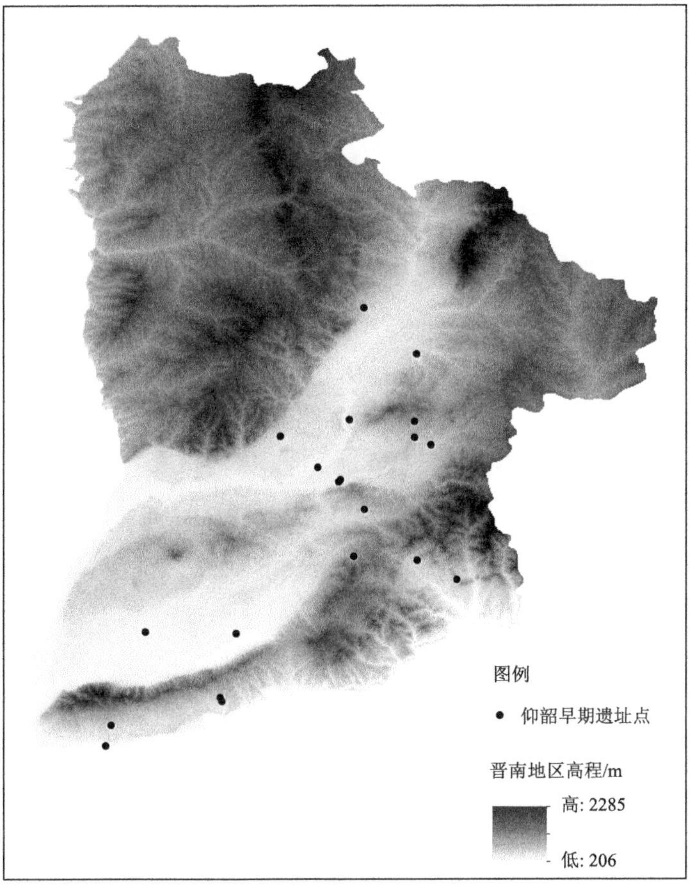

图 7.6　仰韶文化早期遗址分布

仰韶中期(6.0～5.5 ka BP)环境条件较早期有明显的下降,但仍属于较为暖湿的阶段。此时先民的活动强度和范围继续扩大,加快了与周边地区的文化交流与融合(张宏彦,2009),其在文化面貌上表现出来的内部统一性达到最高(赵辉,2000),遗址数量增加到 291 处(图 7.7),开始出现一些规模较大的中心聚落,为后续文明的延续与发展奠定了优秀的基础。而且在高海拔的地方也出现了相当数量的遗址,该时期人类生产活动以农业为主,畜牧业、狩猎采集和手工制造业等并存发展(黎海明,2018)。此时的早期农业已经发展到非常繁荣的程度,农作物以粟为主,辅以黍。各种农业生产工具已经比仰韶早期更加先进且种类繁多,其中,石铲、石耜等工具的出现,代表当时的农业生产已开始淘汰"刀耕火种"的落后方式,而进入熟荒耕作阶段(胡泽学,2011)。制造业以陶器和石器为首有了很大进步,仰韶风格的彩陶风格细腻、规整且漂亮,影响甚广(赵辉,2000)。仰韶中期文明的蓬勃发展,说明气候稍许干凉化不仅没有阻碍先民的发展,反而可能在一定程度上刺激生产技术进步、社会生产力提高,以弥补环境恶化所造成的资源减少(袁靖,2015)。同时期的北欧地区也因高温环境,促进了狩猎采集生产力的提高,这一时段的人口数量持续增长(Tallavaara et al.,2012)。

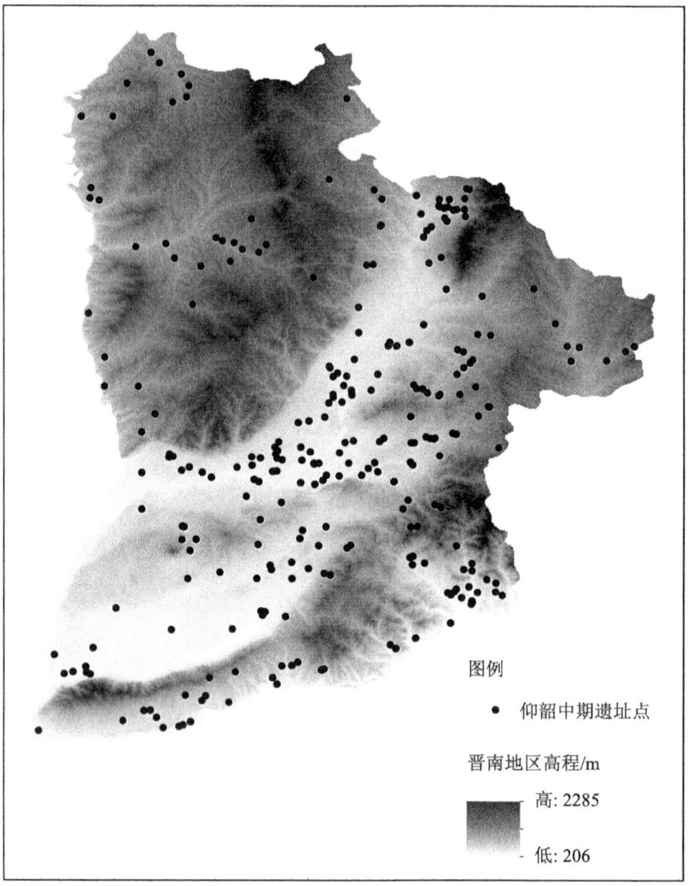

图 7.7 仰韶文化中期遗址分布

仰韶晚期(5.5～5.0 ka BP)正处于气候过渡期,此时世界各地都出现较为明显的气候干冷化事件(de Menocal et al.,2000a;Hong et al.,2001;Wang et al.,2013a),其快速的气候变化使得先人定居强度显著下降,遗址数量明显减少,仅发现 129 处遗址(图 7.8),社会发展趋于沉稳(赵辉,2006)。总体上,在 7～5 ka BP 期间,晋南地区水热条件的组合达到全新世中期的最佳状态,后期虽然夏季风开始减弱,但气候总体仍是较为暖湿的状态,为仰韶农业、畜牧业、手工制造业的快速发展提供了充足的环境驱动力,也因此仰韶文化在晋南地区迅速扩张甚至向周边地区辐射,为后续文明的延续与发展奠定了优秀的基础。

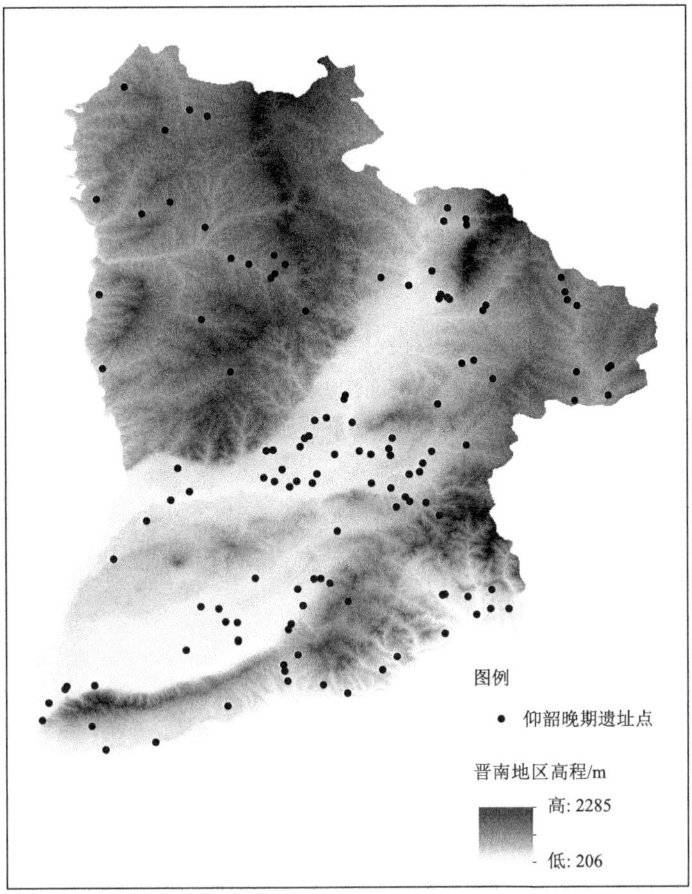

图 7.8 仰韶文化晚期遗址分布

晋南地区全新世中期暖湿的气候给仰韶时期的原始农业的发展提供了有利的条件，因此，在此基础上，晋南地区的仰韶文化迅速发展起来了，使人口规模不断扩大且文化的发展进入一个繁盛时期，尤其是仰韶文化中期的庙底沟文化规模空前发展。但文化的快速发展也可能带来了人口相对过剩的危机，扩张文化的生存空间变得尤为重要。这种扩张主要是从文化的中心区向周边地区迁徙多余的人口，迁徙的结果是对新领地的开发而导致文化分布区域的扩大(方修琦 等，1998)。由于温暖期的到来，使得宜于农耕地域的扩大。文化的扩张性移民也达到了高潮。仰韶时期文化的大扩张，大大加快了不同区域文化的交流与融合(王绍武，2005)。北方农牧交错带众多考古遗址表明，仰韶时期人类活动不断增加、文化蓬勃发展。遗址密度明显增加，表明这一时期人口相对密集，人类活动在仰韶早期主要集中在黄河、西辽河及大凌河等河流及其支流两岸，以及岱海、黄旗海等湖泊周围；仰韶中晚期人类的活动范围大大扩展，科尔沁沙地、西辽河流域等地遍布人类活动遗址(杨志荣 等，1996)。

庙底沟二期文明时期(5.0～4.5 ka BP)，此阶段气温和降水量均呈现波动下降的趋势，晋南地区气候开始迎来冷干阶段，水热条件相较仰韶时期已经有了显著的下降。文明类型也发生了明显的转变，被庙底沟二期文化所替代。气候恶化，遗址大量减少，分布密度降低，范围明显缩小，由四周向中心迁移(图 6.1)。地形因子对遗址的影响主要表现在，与仰韶时期相比，庙底沟二期的遗址由高海拔地区迁移向低海拔地区，最高海拔降低了 297 m(表 5.3)，在 0°～2°坡度范围的遗址占比增加了 7.57%(表 5.4)，河流 1 km 缓冲区范围内数量明显增加(表 5.10)，且多为大中型遗址(表 5.11)。而且，从仰韶时期过渡到庙底沟二期，叠置系数最大，为 0.2096(表 6.2)，说明该时期文化的继承和延续性最为明显(严文明，1965)，也从侧面反映了该时期的气候环境并没有致使文化中断。具体表现为吕梁山脉等高海拔区域的遗址显著减少，转而向低海拔区域发展(图 6.2)，围绕汾河的遗址密度显著提高(图 6.2)，遗址分布的方向性达到最高(表 6.1)，这可能是因为气候逐渐变得干冷、水源水位下降，古人类便选择到离河较近、地势较低的地方居住，符合自古以来"择水而居"的选址理念(李友谋，1985)。这种气候干冷化并没有造成文明中断，庙底沟二期正处于晚期铜石并用阶段，当地的经济生活仍以农业为主，渔猎为辅。与仰韶时期相比农业收割工具改进、生产种植规模扩大(胡泽学，2011)，并会通过施肥来改良耕作环境(Wang et al.，2018)，出土的家畜遗存种类增多(袁婧，2015)、饲养规模不断扩大(胡泽学，2011)，粟黍农业在该阶段得到了不断的强化，北方遗址数量显著增加(图 7.5)。生产技术的发展提高了农牧业强度，促使了文化进步，除此此外，该文化与周围其他文化长期保持密切联系(魏兴涛，2016)，共同促使晋南地区庙底沟文化持续发展。庙底沟二期文明也迅速扩张到豫西的洛阳平原，并对郑州、嵩山以南以及渭河上游等地区产生了影响(赵辉，2006)。因此，如果气候环境变化在可适应的程度范围之内，人类为了基本生存，往往可能在生产工具、技术水平等方面做出相应的调整甚至改变，生活经验和适应能力大大提升。若后期气候环境好转，很大可能会加快文化发展速度(吴文祥 等，2005)。

龙山文明时期(4.5～3.9 ka BP)，多地重建降水记录较上阶段丰沛有一定增加(图 7.5)，但波动较大并不稳定，远不如仰韶时期。在这种气候条件下，本阶段遗址数量达到了最高值 459 处，占比高达 31.66%，人口相对数量上升(Wang et al.，2014a)，空间分布相对聚集，由仰韶期的团状分布变为龙山期的以陶寺遗址为中心的高度集中的带状分布(图 6.1)。遗址密度(图 6.2)在四个文化阶段中位居第一，且其主要分布区域仍在南部平坦地带，由此可知这里的地理环境在史前应该是最适宜居住及发展农业的地区。龙山文明的发展可能得益于生产技术的进步，人类应对环境变化的能力得到提升。

然而，在弱暖湿的气候条件下，晋南地区龙山文化遗址数量较前期显著增多，一部分原因可能是些许干凉化的气候仍然适合农作物生长，人类的适应能力也随之增强，农业生产工具的制作水平提高。除了有占主导地区的石铲、石刀等，还在襄汾丁村遗址、曲沃方城遗址中发现了石耜、石刀、犁状石器等(庞小霞 等，2006)，均是晋南地区进入了犁耕时代的标志。另一方面，随着时间的推移，晋南地区的农业水平也经历了长期的发展，农业技术不断改进，作物种类由仰韶时期的以黍和粟为主逐渐到龙山时期五种农作物齐全(黍、粟、水稻、大豆和小麦)(李拓宇，2013)分布。这种相对单一化演变为多元化、复杂化的作物布局能够大规模提高作物产量(赵志军，2020)，进而促使人口增加，利于大型聚落的产生(孙楠 等，2022)。已经发现的晋南地区襄汾陶寺、曲沃方城、垣曲古城东关等多处大型文化遗址分布，在当时形成了经济发达的核心区(庞小霞 等，2006)。从家畜种类、农业生产工具的制作水平和种类、农作物品种和种植规模、遗址数量和规模等，都反映了晋南地区的龙山文化达到了史前文化较为发达的阶段。说明了气候变化在人类可适应和调节的范围反而可能激发生产技术的进步，进而推动文化繁荣发展。同时期甘青地区的马家窑文化(5.8～4.0 ka BP)遗址分布广泛(侯光良 等，2009)、河南地区的龙山文化(4.9～4.6 ka BP 之前)(Li et al.，2015b)遗址迅速增加且分布范围从山区向平原扩散，以及浙沪苏地区的良渚文化(5.3～4.0 ka BP)(张黛，2021)繁荣发展等都离不开相对暖湿的气候环境条件。

该时期农业生产进入犁耕时代，家畜种类进一步增加，房屋建造技艺也提升明显，以陶寺古城作为典型代表。龙山晚期正值全新世大暖期结束之际，虽然人类社会应对自然生态系统变化的韧性不断提升，但气候环境持续恶化仍不可避免地会对古文明产生了不利影响。在这个气候过渡阶段，不仅在中原多地发现了程度不同的水患灾害事件(张俊娜 等，2011；王浩宇 等，2021；陈诗越 等，2020)，在世界各地也均有关于该次古洪水事件的大量地质记录(Ely，1997；Macklin et al.，2003；Slagle，2006)，这可能就是水文过程对异常气候变化的响应(Knox，1993；Benito et al.，2003)。该时期研究区内地势较低地带长期内涝积水(杨前进，2004)，不少仰韶时期便建成的遗址也由于地理位置较低被废弃不用(曹兵武，2000)，此时距河较远的区域遗址数量增多，尤其是大中型遗址(表 5.10、表 5.11)。繁华一时的陶寺城址有被山洪冲毁的痕迹(高炜 等，2002)。制陶以朴素的灰黑陶器为主(严文明，1981)，彩陶极少，这种陶器简化现象在中欧也曾出现(Hodder，1985)。可能是出于木材资源匮乏、节约燃料的原因(吉德炜 等，1993)，龙山晚期遗迹内有被砍切过的人骨，墓葬内出现了殉葬女性的葬俗(邵晶，2020)与捣毁墓地(高江涛，2017)的情况，有着明显的暴力色彩(何驽 等，2013；严志斌 等，2005)，这些现象一方面可能与社会矛盾加剧有关(高江涛，2017)，另一方面也可能与外来势力的入侵有关(赵春燕 等，2014)，但不管是哪种原因，都离不开环境恶化的影响，人类的生存空间被不断压缩，便会加剧了社会矛盾的爆发。这种气候恶化对文明造成负面影响的情况并不少见，如 4.2～4.0 ka BP 的沙漠化事件导致中国东北燕辽地区古文明衰退和人群迁离(Liu et al.，2012；Wagner et al.，2013；Yang et al.，2015)；4.2 ka BP 左右，两河流域和印度河流域发生严重的干旱事件，古人类难以抵御自然环境的力量，生产生活受到重创，美索不达米亚文明和哈拉帕文明由此没落(Weiss et al.，1993；Staubwasser et al.，2003；Cookson et al.，2003)。

整体上，本研究区 5.0～3.9 ka BP 远短于 7.0～5.0 ka BP 阶段，但总遗址数却达 531 处，远超于在暖盛期发展起来的仰韶文化，可能有如下原因(胡珂 等，2010)：一，虽然该阶段的气候条件逐渐恶化，但在前期发育起来的如木材等自然资源在一定程度上仍可维持古文明发展；二，仰韶先人在暖盛期开辟了较多的生存空间，为庙底沟二期及龙山时期的聚落建设与文明发展奠定了基础；三，农牧业、制造业及建筑业水平不断进步，人类抵御环境恶化的能力也随之提高，人类文明得以继续发展。综上所述，5.0～3.9 ka BP 期间的外部气候条件和内部生产力水平，共同成为了晋南地区庙底沟二期与龙山文明发展的驱动力。

夏商时期文明阶段(3.9～3.1 ka BP)，在整体北半球中高纬持续度降温的背景下，从龙山时期到夏商时期，遗址分布重心的经度变化为向西迁移约 8′，纬度变化向北迁移约 4′。整体向更高纬度和更高海拔的西北方向的黄土台地上位移 14.92 km，遗址的重心海拔变化 135～460 m 向 460～688 m 迁移(图 6.3)，主要在西北地区的吕梁山区形成一个较为集中的区域。这种迁移可能与该时期的降温事件有关；也可能是地势较高的地区可以免于水患的危险，遗址继承的难度大大增加；还可能是极端事件直接导致遗址消失，致使其难以在原有基础继续发展。

由于气候不断恶化，北方遗址数量显著下降(宋高 等，2022)，此时晋南地区夏商时期人口数量也大幅减少，遗址数量仅有 263 处，分布密度迅速下降，聚类程度降到最低(表 6.1)，部分遗址地域分布表现出向北收缩的趋势，在中条山山麓及以南的地区聚落遗存较少(图 6.1)。

遗址密度降到最低(图 6.2),分布最为分散(表 6.3),这可能是由于社会不平等加剧、冲突矛盾突出(顾丹玮,2021),人们为了躲避纷争而减少聚集。而这种降温事件对古文化的影响在其他地区也有反映,同时期,青岛地区的岳石文化遗址数量下降,密度骤减,农业生产滞后,几乎不能满足人们生活的基本保证(张丽娜 等,2020;王丽彬 等,2021);河南地区的二里头时期遗址数目大幅度减少,分布范围向河流的上游地区收缩(Li et al. ,2015b);甘青地区的马家窑文化也因此转变为齐家文化,大部分遗址和植被带东移,畜牧业比重增大(侯光良 等,2009)等变化都可能受到气候事件的影响(王绍武 等,2011)。

一部分先民向纬度更高的地方迁徙。据史料记载,殷的压迫使夏人多向北方逃亡成为匈奴(游牧部落)的远祖之一(杨瑞琛 等,2022),由于当地气候环境并不适合原始农业,因而生产方式发生变化,夏商畜牧业与游牧农业逐渐形成(韩茂莉,2005)。由此看出,在交通和商业行为极不发达的史前社会,古人为了获取足够的食物来源,往往逐水草、耕地或各种生物资源而居。这些资源很大程度上受气候变化的影响,人类聚落的空间分布是一件很复杂的事情,既受气候环境的影响也受生业活动和文化控制的影响。

二里头时期是早期东西方交流强化时期,中国传统的五谷作物在中原集全(Lee et al. ,2007),农业种植以粟作与稻作并举,出土陶器中发现肉食类器具数量增多,人们的饮食水平提高(顾丹玮,2021)。手工业高度发达,大规模的青铜器生产开始于此,开始在各个领域应用,并成为了礼器系统的核心(李志鹏,2008)。社会组织结构和技术体系进一步得到提升,社会形态进入国家阶段,出现了如河南偃师二里头遗址这样的大型宫殿建筑群(中国科学院考古研究所二里头工作队,1974)。在这种文明起源的关键时期,晋南地区二里头文明却远不如前三个文明时期,且整体华北区域遗址数量在该时期也明显下降(图 7.5),出现这种现象的原因可能有:(1)整体环境持续恶化,发展农牧业需要的水热条件得不到满足,食物来源受到限制,因此人口下降;(2)二里头文化属于青铜时代早期,各个领域青铜器具的使用虽然让生产力较之前有明显的提高,但同时也导致先民们对自然环境的破坏力明显加大、暴力与战争现象加剧(陈胜前,2022);(3)此前庙底沟二期、龙山时期人口大幅增加,大量开垦土地导致该区生态环境恶化、自然资源被严重消耗难以恢复(李拓宇 等,2014),因此文化发展受限,引起古人类活动遗址数量大幅度下降(胡珂 等,2010);(4)二里头时期古文明重心南移到相邻的豫中、豫西地区(韩建业,2010),不仅限制晋南地区二里头文明发展,甚至一定程度上产生了文化掠夺(朱芃宇,2020)。文化重心的南移与东亚夏季风减弱、雨带南移的气候演化相一致(张志平,2022),且这种情况在动物界也有所体现:6.0 ka BP 以前,我国境内扬子鳄分布范围最北可达 37°N;在 3.5 ka BP 以前,这一范围南移至 35°N 左右,其变迁与气候变化趋势基本吻合(徐紫瑾,2021)。

总的来看,适宜的环境促进文化的发展,一定程度的环境恶化可以刺激生产技术的进步,从而使人类适应环境的能力提高,但当环境恶化超过人类可以应对的阈值后,文明便会开始衰落甚至消亡。

7.3 晋南地区极端气候事件对古文化的影响

地球经历了 64 亿 a 的演化历史,生物的起源和演化在很大程度上受到了气候变化的影响。地球上的生物曾多达 1.5 亿种,而显生宙的 5 次生物大灭绝事件,导致了 99%的物种消失,恐龙的灭绝事件就发生在6500 万 a 前白垩纪末期的第 5 次生物大灭绝事件里。

人类文化的发展与自然环境之间存在密切的联系，从中新世末与上新世之交到上新世晚期，在6.0～3.0 Ma BP东非的气候由暖湿变为冷干，气候的变化迫使古人走出非洲、走向文明(Tierney et al.,2017)。Beyer等(2021)通过古气候的重建和降雨量的估算，认为过去30万年可能出现多次非洲人向外的迁徙，气候条件是影响智人离开非洲的关键。而进入石器时代，人类对自然环境的改造能力依旧很弱，更多的时候人类的发展是依赖于自然环境。因此，适宜的气候环境条件对于区域人口发展和生产水平的提高有着显著的影响(施雅风 等,1992;Chen et al.,2015b;Xu et al.,2019)。这是因为地质历史时期，生产技术落后、物质资料有限，初级生产力都比较低，适宜的自然气候条件更能够促使农作物的生长和畜牧业的繁荣，致使初级生产力增加，进而促使古文明的发展。

史前时期，人对自然的依赖性强，自然环境更是人类发展、进步和繁荣的重要条件(Wu et al.,2004a;Zhang et al.,2005;de Menocal,2001;Weiss et al.,2001)，但是自然灾害以及突发的环境事件，对一个聚落或者区域文化的打击往往是致命的(Luongo et al.,2003;夏正楷 等,2003a;2003c;Haug et al.,2003;Sun et al.,2019;Buckley et al.,2010)。突发的环境事件或自然灾害，往往会毁掉一个发达的文明或聚落(Luongo et al.,2003;夏正楷 等,2003a;2003c)。Wigley 1985年就提出，短期的极端气候恶化比长期的但强度弱的气候变化的影响更严重。之前的研究发现，全新世以来几次季风的衰退对人类文明的发展产生了重要的影响(An et al.,2005;Dong et al.,2012;Zhang et al.,2008;Cook et al.,2010)。其中，温度和降水量的变化往往对人类的生产、生活带来重大的影响，甚至有可能会造成区域文化的空白(严文明 等,2004)。王绍武(2011)研究发现中国近4 ka BP以来经历约10次朝代更替，据史书记载其中7次与气候干旱有关，6次与寒冷相关，4次是因气候变冷迫使北方游牧民族向南侵袭。因此，有关过去自然环境和文化演替响应关系的环境考古研究，可以为未来人地和谐相处提供重要科学依据(de Menocal,2001)。

由于区域环境的不同以及不同时期人类生产技术的差异，从而使不同时间、空间上人与环境的作用是不同的，影响人类文明发展的主要因素也有差异(Dong et al.,2017)。因此，要认识到古人地关系的差异性，避免出现简单人地关系模式套用的现象。在人类文明演化的不同阶段人与环境相互作用的特征是不一样的，而不同空间尺度影响古代社会演化的主导因素同样存在差异(董广辉 等,2021)。晋南地区是人类文明的发源地之一，该区属于中原文化区。本章节通过对晋南地区史前文明演变与该区域短时间时间气候恶化事件进行对比分析，同时结合国内外的研究成果，探讨短尺度降温事件对史前人类文化发展的影响及响应，在此基础上探讨自然环境变化与人类文化演变之间的关系。

7.3.1 5.5～5.0 ka BP极端气候事件对遗址分布的影响

中梁黄土沉积记录显示在5.5～5.0 ka BP期间存在明显的降温、干旱发生，主要表现在磁化率和频率磁化率明显降低，说明土壤的成壤强度减弱，指示降水量减少，中值粒径值增大，<5 μm粒径组分减小，说明气候变得干旱。同样的Ba/Sr值也呈降低趋势，色度L^*值呈现增大的趋势，说明这一时段温度呈现明显的明显降低。总的来说5.5 ka BP左右温度和降水量都出现了下降的趋势，出现了一次明显的干冷化事件。全球不同地区均记录到在约5.5 ka BP均出现一次较为明显的降温事件(Stuiver et al.,1995;Stwig,1999)。5500 a BP的气候事件是全新世气候演化的一个重要转折点，受到研究者的普遍重视(吴文祥 等,2002)。绪论中已对此进行总结，本部分不再赘述。

东亚季风区，在 9000～5000 a BP 时段气候温暖湿润，也是全新世人口大规模增加的时期，说明温暖潮湿的条件和新石器时代文化繁荣同时发生，温和的气候事件刺激了史前人口的增长和人类文化的进步(Wang et al.，2014a)；在中原地区，7500～5000 a BP 是全新世暖湿程度最大的时期，黄河流域仰韶文化体系在此基础上发展和兴盛(Chen et al.，2015b)。中梁黄土剖面的分析显示晋南地区在 8000～5500 a BP 时段气候温暖湿润。黄土高原地区年均气温可能普遍比现在高 2～3 ℃，降水量也比现在多，根据(Dabison et al.，2006)研究成果显示，当时中国季风区的面积较比现在要大，降水量较现在增加约 18.7%。此时优越的自然条件为古人类的发展提供的条件，古文化呈现繁荣的面貌，晋南地区的新石器文化也是在暖湿的基础上发展起来的，晋南地区发展了仰韶文化早、中期的枣园类型和庙底沟类型。遗址在整个区域从北向南、从东到西均广泛分布(图 7.9)。其主要原因是暖湿的环境促使中原地区的古人类向高纬(北方)和高山迁移。人类的定居强度开始呈现增加的趋势(董光辉 等，2021)。尤其是仰韶文化庙底沟类型遗址数量大增，文化上呈现出繁荣发展的景象。农业生产工具也比新石器早期更加的先进和适用，出现了石斧、石锛、石铲以及石刀等石制工具，开始了以粟作为主的原始种植业(赵志军，2014；张雪莲 等，2010；张之恒，1998)，并且有了畜牧业以及开始了人工栽培的林业(史宝琳，2014)。仰韶文化时期社会高度发达也表现在制造业方面，以及风格细腻、规整且漂亮彩陶艺术等方面(Yu et al.，1988)，并出现了由壕沟所围成的方形或长方形聚落，在自然条件好的区域出现中心聚落，房址主要为半地穴和地面建筑，说明此时出现了社会分化现象(魏兴涛，2010)。到仰韶文化晚期出现明显的衰落现象，仰韶文化类型由庙底沟类型转变为西王村类型，主要表现出文化规模明显变小，遗址被废弃，此时的晋南地区仰韶文化晚期遗址数量仅有 129 个，不到仰韶文化中期的一半，并且维持约 500 a，仰韶文化衰落，龙山文化兴起。这说明，5500 a BP 左右在晋南地区出现了大的经济类型的转变，导致人口数量减少，虽然在时间上文化是连续的，但是在文化内涵上并不是连续的出现了明显“断层”。这种突然的转变，导因是什么呢？

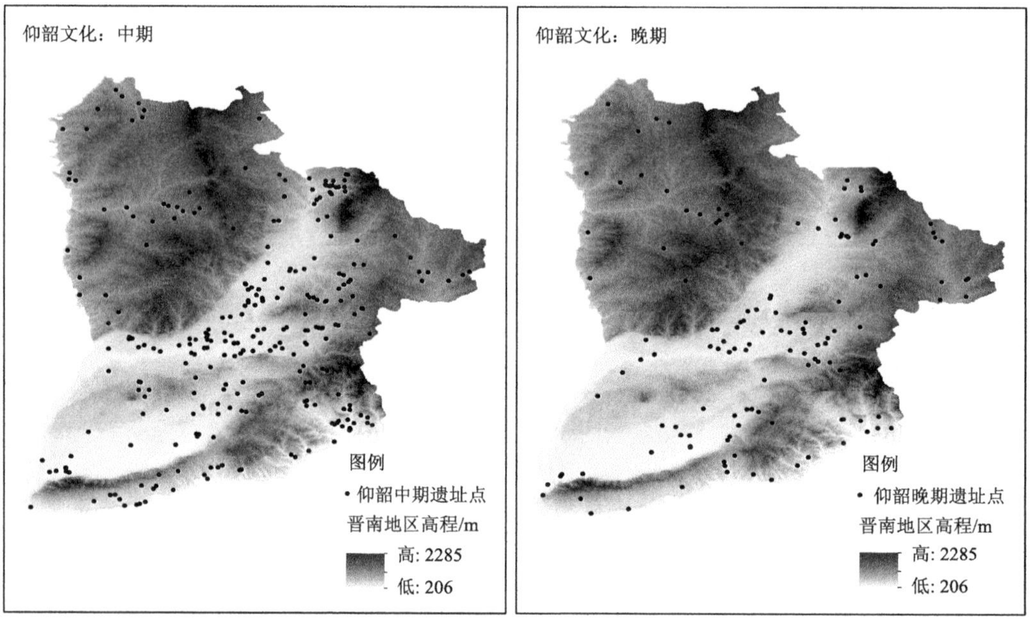

图 7.9　晋南地区仰韶文化中、晚期遗址分布对比

通过晋南地区全新世以来环境演化序列与该区域古文化演变的序列进行对比，我们发现晋南地区在5.5 ka BP左右温度和降水量都出现明显下降的特征，而此时古文化类型也出现了转变，仰韶文化由庙底沟类型转变为西王村类型，古文化发生剧烈演变正对应于此气候干冷事件。这一现象说明气候降温事件可能对古文化的演变有比较大的影响。同样的在关中陕北陇东地区的5.6～5.0 ka BP冷干事件也导致该区仰韶文化迅速衰竭，由庙底沟类型转变为西王村类型(贾鑫 等,2008)。Bond等(1997)研究发现关中盆地5.8～5.0 ka BP期间出现气候表现为明显的干旱特征，正是由于这一气候恶化时间导致了该区仰韶文化的衰落。虽然在5.5 ka BP左右人类适应自然环境的能力有了一定的提高，但是原始的渔猎、采集等活动仍然占据比较重要的地位，这也意味着人类的生产生活在很大程度上要依赖于自然土地以及生物资源，因此，环境的恶化会引起植被的退化与土地资源的贫瘠化，人口与资源之间的矛盾加剧，从而使人类的生存受到了影响，文化上多出现衰落的特征。根据研究发现黄河中游地区的粟作农业在环境恶劣的5.5～5.0 ka BP时段受到了影响，出现的频率明显降低(董光辉 等,2021;吴梓林,1983)，因为此时农业生产水平相对较低，年平均气温的下降可能就意味着作物生长期的缩短，致使作物无法成熟而出现歉收的情况，如果持续几年可能就会导致失去农作物的种子，致使农业生产在短期内无法正常生产。燕辽地区的红山文化与小沿河文化之间的“断层”可能与5.0 ka BP前后出现的降温事件有关(许宏,2001)，吕厚远(1991)研究发现干冷的气候导致北方生态环境恶化促使中国北方草原文化南下。而此时发生在非洲的“撒哈拉干旱”事件(Perry et al.,2000)，也迫使当地居民改变生活方式，由原先的定居变为游牧，或被迫迁徙(de Menocal et al.,2000a)。历史记录显示，历史上发生的大规模人口流动是因为作物歉收和大规模饥饿，而不是逃离战区(Hsu,1998)。根据Hosner等(2016)统计发现此时整个华北地区古人类遗址数量明显减少。其主要原因可能与气候的干冷化导致的人类适宜的生存空间被压缩，人类为了得到更好的资源不得不放弃原先生存的地方，而另寻他处。这一时段晋南地区古人类向低海拔迁移的趋势，遗址点的空间分布主要集中在临汾盆地南部靠近河流的区域(图7.9)，正是由于人口的迁移从而导致了区域人口密度增加，出现了争夺生存空间和生活资源的现象，使人类在相互的接触过程中促进了文化的交流和进步(苏秉琦,1988)。庙底沟二期文化的农业生产技术与仰韶文化相比更加先进，生产效率有了显著的提高，此时的农业和畜牧业较之前有了很大的发展，其中畜牧业所占的地位有了进一步的提高(安志敏,1960)。尤其是在农业生产方面出现了石耜、磨制石镰、二齿工具等较先进的生产工具，说明庙底沟二期农业生产力水平超过了仰韶文化，此时进入了一个新的更高的发展阶段(Higgs et al.,1972)。而后期的龙山文化达到了空前繁荣的程度，文化上表现出“海纳百川”的特质(邵望平 等,1993;高江涛,2008)。不仅农业和畜牧业有了进一步的发展，尤其是粟作农业取得了巨大的进步(赵志军等,2006)，而且分离出了专门的手工业，生产类型出现多样化和专业化的特征(刘莉,2007)，掌握了难度较高的房屋建筑及凿井等技术。当时社会趋向复杂化，等级差异明显，空间聚集程度增加，出现了陶寺古城这样的核心区。房屋建造水平提高，如中原地区早期古城代表性城址之一——陶寺古城，面积达280万 m^2(Liu,1996)，功能分区特征明显(Brunson et al.,2016)，社会复杂化程度显著增强(Underhill,1990)。

总的来看，5.5 ka BP前温暖湿润的环境促进了晋南地区新石器文化的发展，而5.5～5.0 ka BP的降温事件是导致晋南地区史前文化衰落的主要原因。同时由于环境的恶化，致使人类的生存空间被压缩，古人类之间相互接触的机会增大，在争夺资源的过程中也促进了文化的进步。但是我们并不能简单地将文化的发展与气候冷暖变进行简单的对应，要根据不同时期、不同的历史背景进行分析。

7.3.2　4.0 ka BP 极端气候事件对遗址分布的影响

在全新世中期整体温暖湿润的背景下，不同的时空尺度仍然存在差异性（王绍武 等，2011），特别是在 4.0 ka BP 前后的全球降温事件（侯光良 等，2008），对文化发展产生了不可忽视的影响。关于该降温事件在不同地质记录中均有发现，事件大约出现在 4.2～4.0 ka BP 时间段内，绪论中已有论述，此处不再赘述。对于晋南中全新世气候环境而言，与全国以至全球具有总体一致性的变化特征，但波动变化强度以及时间先后略有差异，中梁黄土剖面各环境指标（图 4.1）显示，在 4.2 ka BP 附近频率磁化率、黏土含量、Ba/Sr 值及色度 L^* 值等指标都呈现快速减低的趋势，而中值粒径相反呈现增大的特征，且环境指标波动频率较快，说明这一时段该地区的温度和降水量都明显下降，环境恶化，且环境不稳定。而在此之后各环境指标显示气候暖湿程度稍有恢复，但幅度较小。直到 4.0 ka BP 之后磁化率、频率磁化率及色度 L^* 值等环境指标均呈现降低趋势，且呈现明显的谷值。

由于 4.0 ka BP 前后的极端降温事件造成原始农业难以为继，致使晋南地区夏商时期遗址数量大幅下降（图 7.10），仅为龙山时期的一半左右（图 5.1），分布范围也明显的缩小。聚类程度由原本精耕细作的集聚生活开始分散（图 6.4）。一部分先民向纬度更高的地方迁徙，在西北地区的吕梁山地形成了一个小的集聚中心（图 6.1）。据史料记载，殷的压迫使夏人多向北方逃亡成为匈奴（游牧部落）的远祖之一（杨瑞琛 等，2022），前人的研究也发现由于当地气候环境并不适合原始农业，因而生产方式发生变化，夏商畜牧业与游牧农业逐渐形成（韩茂莉，2005）。对甘肃永靖的秦魏家和大何庄齐家文化遗址的发掘表明（中国社会科学院考古研究所甘青工作队，1974；1975）：齐家时代，猪、羊、牛是主要的畜养对象，大量猪骨的出现说明当时畜养业的发达，到后期，羊骨所占比重明显加大（张忠培，1987）。很显然，畜牧业比重显著增加，是齐家居民适应环境由森林草原演变为温带草原的结果。侯光良等（2009）通过系统的研究认

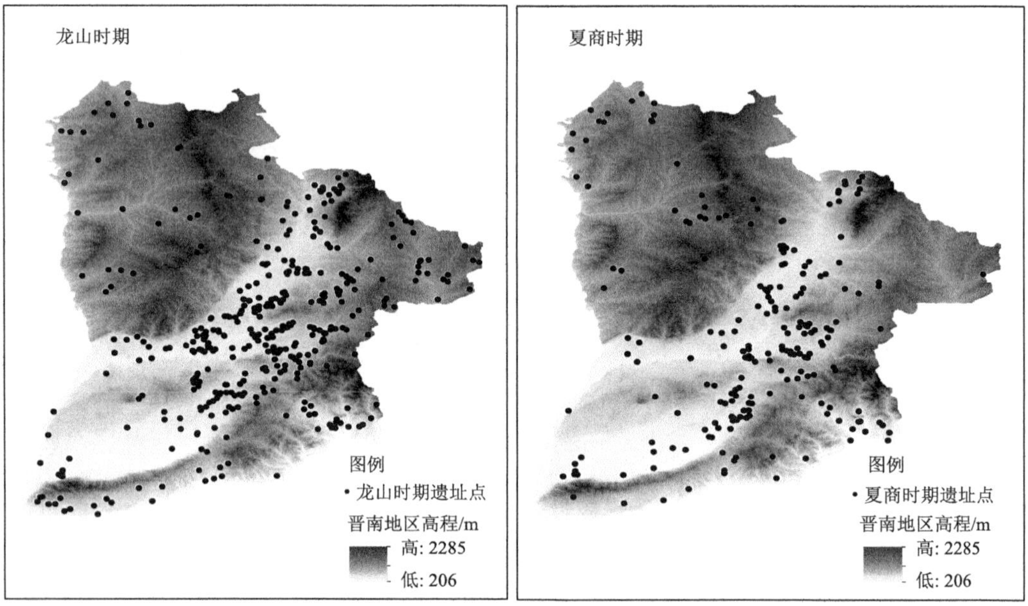

图 7.10　龙山时期、夏商时期遗址对比

为，4 ka BP 前后的气候变化，导致甘青地区自然环境恶化，使得适宜暖湿气候的马家窑文化脆弱性大大提高，为适应变化的气候和环境，齐家文化产生了。齐家文化向东南迁移，是对植被带向东、向低海拔地区退缩的响应；而齐家文化生产方式中畜牧业比重加大，是对环境由森林草原退化为草原的响应。而在晋南地区，4.0 ka BP 前后由于受到黄河流域洪水灾害频发的影响，此时晋南遗址分布在距离河流 1 km 以内的占比明显减少(图 5.11)，可能是先民们需要较高的地势躲过洪水的威胁，被迫迁向高海拔的黄土台地上(王浩宇 等，2021)。如图 7.11 所示，晋南地区从龙山时期延续到二里头时期，包括孝养遗址、南石遗址、东下冯遗址等在内的 11 个遗址，特别是位于临汾翼城县的面积高达 200 万 hm^2 的苇沟-北寿城遗址，这些遗址主要分布在海拔 460 m 以上的台地上。在较长的一段时间内未被洪水摧毁，得益于台地上大量黄土覆盖，有利于城址建设和旱作农业的进行，再加上当时打井取水技术的发展(Li et al.，2014b)，提供稳定水源，维持了生产生活。因此，降温的气候环境和洪水灾害的发生，改变生产生活方式或者迁徙躲避山洪都可能是人类应对环境变化的选择，表明气候环境变化较大甚至超出了人类的适应能力，将会抑制文化发展，甚至产生致命的打击。

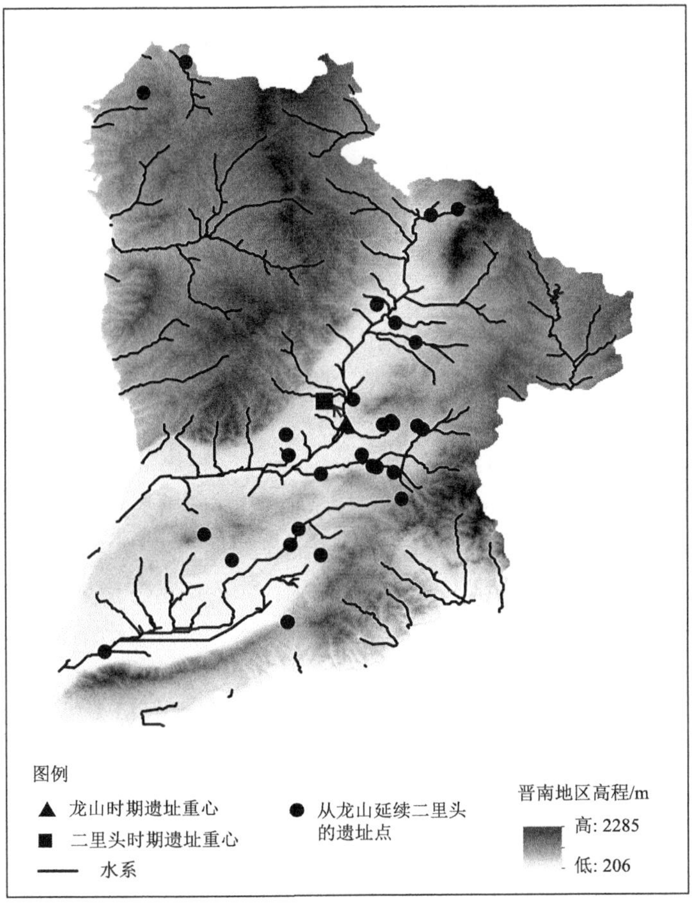

图 7.11 晋南地区龙山时期到二里头时期遗址分布

而中梁黄土各指标显示晋南地区在 4.2 ka BP 降温之后，环境呈现出短暂的恢复时期，这可能也是晋南地区龙山末期文化(陶寺文化类型)出现短暂繁荣的原因。但随着之后 4.0 ka

BP 左右温度和降水量下降，晋南龙山文化也受到了较大的影响被迫中断。曾经辉煌一时的陶寺古城此时也进入了陶寺晚期，统治政权衰落失强，并出现了捣毁陶寺早期大墓的现象(高江涛，2017)。这种气候变化对文明产生的影响并不少见：如 4.0 ka BP 前后，长江中游地区的汉江-洞庭盆地洪水泛滥，河湖水位上升，遗址数量锐减，最终导致以稻作农业为主要生业模式的石家河文化逐渐衰退(赵成双苹 等，2020)。在我国，还有岱海地区的老虎山文化、江浙地区的良渚文化以及甘肃青海地区的齐家文化等不同地区新石器时期文化的衰落和消亡(吴文祥等，2005)。同时期世界范围内的印度河、尼罗河流域由于长期持续的干旱事件，无法维持古人生活基本需求，致使广为流传的哈拉帕文明和米索不达米亚文明日渐衰落(Cullen et al.，2002)。4.2 ka BP 左右，两河流域和印度河流域发生严重的干旱事件，古人类难以抵御自然环境的力量，生产生活受到重创，美索不达米亚文明和哈拉帕文明由此没落(Weiss et al.，1993；Staubwasser et al.，2003；Cookson et al.，2003)。

此外，史前及历史上民族迁徙浪潮的背后都有气候突发事件的影子。例如，埃及古国在 4.2 ka BP 左右因快速气候变化导致的干旱而消亡(Hassan，1997；Weiss，1997；Cullen et al.，2000)。Hodell 等(2001)通过对美洲尤卡坦半岛 Chichannab 湖的气候记录研究发现干旱事件与古典玛雅文明的衰落也具有对应关系。在中国大量的研究也发现了类似的现象，如4.2～4.0 ka BP 的沙漠化事件导致中国东北燕辽地区古文明衰退和人群迁离(Liu et al.，2012；Wagner et al.，2013)，同样的 Yang 等(2015)认为自 4.2 ka BP 开始，红山晚期文化开始在达里湖南部的浑善达克沙地消失。这种时间上的空缺表明在浑善达克沙地开始干旱化后，当地人口迅速抛离原居住地并迁徙至别处(Yang et al.，2015)；韩建业(2017，2020)认为 4.2 ka BP 的东亚夏季风快速衰退使得中国北方人群逐渐南迁。北方人群南迁的最清晰证据是具有中国北方代表性文化(老虎山文化)典型特征的陶器出现在了山西南部的临汾盆地，导致当地的陶寺文化转化为陶寺晚期文化。这与我们的研究结果相一致，经过 4.2 ka BP 降温后晋南地区的龙山文化(陶寺文化中期)曾出现过短暂的繁荣，随后快速的衰落，陶寺古城也遭废弃。诸如以上的文化衰落也从侧面证实了当时恶劣的气候环境条件对人类生存和繁衍造成的不利影响。其主要原因在于在气候变化的冲击下，农业仅在河谷低地得以保存。

农业经济体系解体，畜牧经济占据主要地位。方修琦等(1998)对内蒙古中部地区环境与文化的关系研究表明，4.2 ka BP 前后出现寒冷事件，当时温度较现在低 3 ℃，当地农业种植海拔上限下降 600 m，达到 1200 m，岱海地区老虎山文化所处的位置在 1300～1400 m(田广金，1991)。超出了该地区可种植的上限，这意味着整个岱海地区均不满足种植业对温度的需求。热量不足是以农业为主要经济手段的老虎山文化中断的原因。位于鄂尔多斯高原东部、陕北、晋北地区的朱开够文化文化的下层(4.2 ka BP)的墓葬中只发现殉葬猪下颚骨，反映农业文化特征，孢粉分析表明属于森林草原：中段(4.0～3.8 ka BP)随葬品中羊下颚骨大量出现，反映畜牧业经济已比较发达，孢粉分析表明已属于灌丛草原，表明游牧业文化可能已经产生，畜牧业文化取代了农业文化(田广金 等，1988)，有利于农业发展的环境此时已转变为不利于农业发展的环境。4.0～3.6 ka BP 的冷干气候事件导致甘青地区史前人类由粟作生产方式向粟作和麦作农业并存的生产方式变化(Ma et al.，2016)。莫多闻等(1996)研究发现，齐家文化时期(4.4～3.9 ka BP)，甘肃葫芦河流域古文化中牧业因素有所增加，农业的地位下降，农业分布的西界东移，可能与气候变冷有关。农业生产方式出现明显的空间分异，进而导致该地区～3.6 ka BP 史前文化面貌由主流的齐家文化分散为不同区域并存的数支青铜文化

(Dong et al.,2017)。有必要指出的是,环境变化尤其是气候突变事件对人类的影响究竟有多大,更多地取决于当时的生产方式。对一个农业生产力水平不高,采集、渔猎仍占相当地位的古人类群体来说,年平均温度的降低可能就意味着寒冷的春天和过早地来临的冬天。作物因生长期缩短而无法成熟,连续几年的歉收或绝收很可能导致失去农作物的种子,使农业活动在短时间内无法恢复正常生产(安成邦 等,2003)。Li 等(2013,2014a)认为 4.2 ka BP 的冷事件是导致石家河文化消亡的原因,也是当时长江中游新石器时代古城废弃的重要因素。

尽管这次降温事件影响巨大,但与此同时又促进并推动着中原地区包括晋南在内的中华文明的发展。晋南地区作为龙山文化的主要分布区之一,也是二里头文化代表的华夏文明的诞生地(夏正楷,2004)。当时的极端降温事件激起了人与自然资源、人与土地之间的矛盾与斗争,部分地区也加强了各部族的凝聚力和合作能力,从而推动了原始国家产生与发展(吴文祥 等,2001)。另外,中原地处第二、三级阶梯的过渡区,一直以旱地粟作农业为主,因此当地农业生产可以适应不同的地貌类型。在气候上,位于从暖温带向亚热带,从半湿润区向湿润区过渡区域,这种气候的多样性可以适应多个种类农作物的生长,拥有较强的环境适应能力,这也是中原周围地区新石器时期文化衰落,而以中原为主的古代文明夏朝建立的重要原因。张志平(2022)通过系统总结认为从气候突变的角度出发,~4.2 ka BP 华北与华中的"南涝北旱"气候格局对于中国的古文明演化具有深远影响。以达里湖水位快速下降为代表的~4.2 ka BP 华北干旱迫使史前人群向南方迁徙,而同期豫东地区的洪涝灾害使得当地人群向海拔更高的豫西地区迁徙,两股人群在豫西地区相互交融、碰撞,最终导致在中原地区兴起二里头青铜文明,其影响遍及于中国大部分地区,使得中国进入成熟的"王国"文明阶段。因此,在某种程度上来看,自然环境变化也是中华文明产生的重要驱动因素(吴文祥 等,2001;吴文祥 等,2005)。

7.4 小结

晋南地区新石器时代以来的文化演变是一个复杂而丰富的过程,此时气候变化也经历了仰韶早期和中期气候较为暖湿;仰韶晚期气候由暖湿向温干转换;庙底沟二期,气候稍有恶化;龙山时期温度和降水较之前有所下降;夏、商和西周时期气候持续干凉化等几个阶段。

仰韶早期和中期,气候较为暖湿,古土壤发育。水热条件好,物质来源较为丰富,原始农业出现,优越的自然条件推动仰韶文化发展,遗址数量迅速增加,分布范围几乎遍及整个研究区。晋南地区的人类活动逐渐增多,形成了具有地方特色的早期文化。这一时期的陶器制作技术相对简单,主要以手制为主,器类多为盆、钵、罐等简单形状,且多为夹砂陶和泥质陶,纹饰较少,主要以素面为主。仰韶晚期气候由暖湿向温干转换,可能对文化发展有一定影响。

庙底沟二期,气候稍有恶化,致使这一时期人口规模有一定减小。但随着人类社会的发展,晋南地区在新石器时代中期逐渐形成了具有地方特色的文化。其中,庙底沟二期文化是这一时期的代表。庙底沟二期文化以河南陕县庙底沟遗址第二期文化遗存而得名,其分布地跨河南、山西、陕西三省,包括豫西、晋中南和整个关中地区。在晋南地区,尤其在中条山南麓的黄河沿岸是这一文化的集中分布区。庙底沟二期文化的陶器以灰陶为大宗,夹砂陶所占比例较大,同时还有少量泥质红陶和黑陶等。制法早期仍用泥条盘筑法,晚期轮制陶已普遍出现。纹饰以篮纹最多,此外还有绳纹、附加堆纹、方格纹等。主要器类有罐、鼎、灶、斝、盆等十几种,还盛行用三足器作炊器。这些文化特征反映了当时人类社会的生产和生活状况,以及文化交流和互动的情况。

龙山时期温度和降水较之前有所下降，但气候仍较现今暖湿，又因相对干旱的气候促使先民积聚在水源地附近，以及农业生产技术水平的不断进步，该时期文化快速繁荣发展。晋南地区的文化面貌发生了显著变化。以陶寺、下靳、周家庄、清凉寺等墓地和遗址为例，这一时期的陶器制作技术更加成熟，器类也更加丰富。随葬陶器的种类和数量增多，且出现了彩绘陶等新的装饰技法。这些彩绘陶的图案繁复程度在一定程度上反映了墓葬间的等级差异。同时，这一时期的陶器制作技术也呈现出南北分化的趋势。北区（包含临汾盆地和运城盆地）和南区（包含平陆芮城谷地和垣曲盆地）在陶器制作技术方面存在明显的差异。例如，北区特有的典型器——扁壶，主要采用泥条筑成法制作；而南区则可能采用了其他成型技术。此外，新石器时代末期的晋南地区还与其他地区进行了广泛的文化交流和互动。例如，与豫西、关中地区的庙底沟二期文化存在密切联系；同时，也受到大汶口文化等周边文化的影响。晋南地区与其他地区的文化交流也日益频繁，如与中原地区以及周边地区的文化产生交流和融合，对当地文化的发展起到了积极的促进作用。

夏、商和西周时期气候持续干凉化，文化发展受到制约。由于经历了 4.0 ka BP 前后全球范围内的急剧降温事件，致使人类生存面临严峻挑战，可能是龙山文化衰落的主要原因之一。但是从某种意义上来说，环境变化也促进了中华文明的诞生，夏商文化由此发展起来。

综上所述，晋南地区新石器时代以来的文化演变是一个复杂而丰富的过程。从早期的简单文化到中期的庙底沟二期文化再到末期的多样化文化面貌，在此过程中自然环境在文化的演变和发展过程中起到了重要的作用，同时人类社会本身的变化也对文化的也变起到重要的影响，比如人类社会的生产和生活状况的变化、文化交流和互动等都对文化的演变及人类社会的发展起到了重要的作用。

参考文献

安成邦，冯兆东，唐领余，等，2003. 甘肃中部 4000a 前环境变化与古文化变迁[J]. 地理学报，58(5)：743-748.

安成邦，冯兆东，唐领余，等，2004. 黄土高原西部 9～38 ka BP 的湿润气候[J]. 海洋地质与第四纪地质(3)：111-116.

安芷生，PORTER S，KUKLA G，等，1990. 最近 13 万年黄土高原季风变迁的磁化率证据[J]. 科学通报，35(7)：529-532.

安芷生，吴锡浩，汪品先，等，1991. 最近 130 ka 中国的古季风——古季风记录[J]. 中国科学(B 辑)，10：1076-1081.

安志敏，1960. 我国新石器时代的仰韶文化和龙山文化[J]. 历史教学(8)：7-18.

拜格诺 R A，1959. 风砂和荒洪沙丘的物理学(中译木)[M]. 钱宁，林秉南，译. 北京：科学出版社.

蔡明，2008. 陶寺遗址出土石器的微痕研究[D]. 西安：西北大学.

蔡永立，陈中原，章蔽，等，2001. 孢粉-气候对应分析重建上海西部地区 8.5 ka 以来的气候[J]. 湖泊科学，13(2)：118-126.

曹兵武，2000. 从仰韶到龙山：史前中国文化演变的社会生态学考察[A]//周昆叔，宋豫秦，环境考古研究(第二辑)[G]. 北京：科学出版社.

曹升庚，1985. 土壤颜色的测定和描述——门赛尔土壤比色卡的应用[A]//土壤分类及土壤地理论文集[C]. 北京：科学出版社.

曹艳峰，韩军青，2009. 运城盆地全新世时期的野火活动与生态环境演变[J]. 干旱区资源与环境，23(2)：126-130.

陈发虎，陈建徽，黄伟，2009. 中纬度亚洲现代间冰期气候变化的“西风模式”讨论[J]. 地学前缘，16(6)：23-32.

陈发虎，黄小忠，杨美临，等，2006. 亚洲中部干旱区全新世气候变化的西风模式——以新疆博斯腾湖记录为例[J]. 第四纪研究，26(6)：881-887.

陈发虎，张维信，1993. 甘青地区的黄土地层学与第四纪冰川问题[M]. 北京：科学出版社.

陈敬安，万国安，张峰，等，2003. 不同时间尺度下的湖泊沉积物环境记录[J]. 中国科学(D 辑)，33(6)：563-568.

陈骏，汪永进，陈旸，等，2001. 中国黄土地层 Rb 和 Sr 地球化学特征及其古季风气候意义[J]. 地质学报，75(2)：259-266.

陈骏，2012. 新世纪亚洲风尘系统地球化学研究进展[J]. 地球化学通报(9)：33-38.

陈敏，李保生，王丰年，等，2022. 腾格里沙漠西南缘土门剖面微量元素记录的 MIS3 高分辨率季风环境变化[J]. 中国沙漠，42(4)：253-263.

陈胜前，2022. 早期中国社会权力演化的独特道路[J]. 历史研究(2)：36-54，220-221.

陈胜前，2006. 中国北方晚更新世人类的适应变迁与辐射[J]. 第四纪研究，26(4)：522-532.

陈诗越，强柳燕，张风菊，等，2020. 黄河下游地区堌堆遗址时空分布特征及其与黄河洪水关系[J]. 地理科学，40(7)：1202-1209.

陈星灿，刘莉，李润权，等，2003. 中国文明腹地的社会复杂化进程——伊洛河地区的聚落形态研究[J]. 考古学报(2)：161-217.

陈一萌，陈兴盛，宫辉力，等，2006. 土壤颜色——一个可靠的气候变化代用指标[J]. 干旱区地理，29(3)：309-313.

陈旸，陈骏，季峻峰，等，2002. 陕西洛川黄土剖面的白度参数及其古气候意义[J]. 地质论评，48(1)：38-43.
程良清，宋友桂，李越，等，2018. 粒度端元模型在新疆黄土粉尘来源与古气候研究中的初步应用[J]. 沉积学报，36(6)：1148-1156.
崔建新，周尚哲，常宏，2005. 全新世环境考古研究进展[J]. 冰川冻土，27(6)：913-919.
戴向明，2021. 晋南盐业资源与中原早期文明的生长：问题与假说[J]. 中原文物(4)：43-53.
邓成龙，刘青松，潘永信，等，2007. 中国黄土环境磁学[J]. 第四纪研究，27(2)：193-209.
刁桂仪，文启忠，1979. 第四纪沉积物中的微量元素[J]. 地质地球化学(5)：62-67.
丁新，2015. 中国文明的起源与诸夏认同的产生[D]. 南京：南京大学.
丁仲礼，安芷生，1989. 250 万年以来的 37 个气候旋迴[J]. 科学通报，33(19)：1494-1496.
丁仲礼，刘东生，1989. 中国黄土研究新进展(一)黄土地层[J]. 第四纪研究，9(1)：24-35.
丁仲礼，任剑璋，杨石岭，等，1999. 最后两个冰期旋回季风-沙漠系统不稳定性的高分辨率黄土记录[J]. 第四纪研究，19(1)：1617-1624.
丁仲礼，孙继敏，余志伟，等，1998. 黄土高原过去 130ka 来古气候事件年表[J]. 科学通报，43(6)：567-574.
丁仲礼，孙继敏，1999. 上新世以来毛乌素沙地阶段性扩张的黄土——红粘土沉积证据[J]. 科学通报，44(3)：324.
丁仲礼，余志伟，1995. 第四纪时期东亚季风变化的动力机制[J]. 第四纪研究，15(1)：63-74.
丁仲礼，任剑璋，刘东生，等，1996. 晚更新世季风-沙漠系统千年尺度的不规则变化及其机制问题[J]. 中国科学(D 辑：地球科学)，20(5)：385-391.
董广辉，夏正楷，刘德成，等，2006. 河南孟津地区中全新世环境变化及其对人类活动的影响[J]. 北京大学学报(自然科学版)，42(2)：238-243.
董广辉，刘峰文，杨谊时，等，2016a. 黄河流域新石器文化的空间扩张及其影响因素[J]. 自然杂志，38(4)：248-252.
董广辉，张山佳，杨谊时，等，2016b. 中国北方新石器时代农业强化及对环境的影响[J]. 科学通报，61(26)：2913-2925.
董广辉，仇梦晗，李若，等，2021. 探讨过去人地关系演变机制的“支点”概念模型[J]. 地理学报，76(1)：15-29.
杜青松，2011. 黄土高原黄土—古土壤序列古气候代用指标综述[J]. 西北地质，44(2)：177-185.
杜水生，1991. 山西古地理环境与古文化关系初探[J]. 环境考古研究(第一辑)，13(3)：130-135.
杜心宇，胡希军，金晓玲，等，2021. 洞庭湖区新石器时期文化遗址时空分布与自然环境的关系[J]. 经济地理(41)：167-176.
方修琦，孙宁，1998. 降温事件：4.3 ka BP 岱海老虎山文化中断的可能原因[J]. 人文地理，13(1)：71-76.
方修琦，侯光良，2011. 中国全新世气温序列的集成重建[J]. 地理科学(31)：385-393.
冯宝，魏坚，2018. 石虎山类型生业模式初探[J]. 农业考古(6)：22-29.
冯伟民，2014. 汤陵初考[J]. 文物世界(4)：57-59.
高迪，1981. 环境变迁[M]. 北京：海洋出版社：124-170.
高江涛，2008-07-16(5). 陶寺所在晋南当为“最初中国”[N]. 中国社会学报.
高江涛，2009. 中原地区文明化进程的考古学研究[M]. 北京：社会科学文献出版社.
高江涛，2017. 试析陶寺遗址的“毁墓”现象[J]. 三代考古(0)：345-354.
高炜，张岱海，高天麟，2002. 陶寺遗址的发掘与夏文化的探讨[M]//郑杰祥. 夏文化论集. 北京：文物出版社：298-306.
顾丹玮，2021. 新石器时代晚期至二里头文化时期豫西晋南地区社会复杂化研究[D]. 新乡：河南师范大学.
管清玉，潘保田，高红山，等，2004. 粘粒含量——夏季风的良好替代指标[J]. 干旱区资源与环境(S2)：17-19.
郭正堂，丁仲礼，刘东生，1996. 黄土中沉积成壤事件与第四纪气候旋回[J]. 科学通报，36(1)：56-59.
郭正堂，任小波，吕厚远，等，2016. 过去 2 万年以来气候变化的影响与人类适应——中国科学院战略性先导科技专项“应对气候变化的碳收支认证及相关问题”之影响与适应任务群研究进展[J]. 中国科学院院刊, 31(1):142-151,153.

国家文物局,2006. 中国文物地图集·山西分册[M]. 北京:中国地图出版社.

韩建业,2010. 良渚、陶寺与二里头——早期中国文明的演进之路[J]. 考古(11):71-78,113.

韩建业,2017. 龙山时代的中原和北方——文明化进程比较[J]. 中原文化研究,5(4):81-84.

韩建业,2020. 新石器时代战争与早期中国文明演进[J]. 社会科学战线(10):99-107.

韩静,芮旸,杨坤,等,2020. 基于地理探测器和 GWR 模型的中国重点镇布局定量归因[J]. 地理科学进展,39(10):1687-1697.

韩茂莉,2005. 中国北方农牧交错带的形成与气候变迁[J]. 考古(10):57-67,52.

何抚顺,2009. 河套地区新石器时代环境考古学初步研究[D]. 西安:西北大学.

何瑾,刘演,田彦国,等,2021. 西辽河流域中晚全新世气候环境演变及其对农牧业演替的影响[J]. 地理学报, 76(7):1618-1633.

何驽,严志斌,宋建忠,2003-01-31(1-2). 襄汾陶寺城址发掘显现暴力色彩[N]. 中国文物报.

何驽,2006. 陶寺文化谱系研究综述[J]. 考古学集刊(1):151-177.

何驽,高江涛,2018. 薪火相传探尧都一陶寺遗址发掘与研究四十年历史述略[J]. 南方文物(4):26-40.

何驽,2019. 陶寺遗址的水资源利用和水控制[J]. 故宫博物院院刊(11):85-98,111.

何驽,2020. 制度文明:陶寺文化对中国文明的贡献[J]. 南方文物(3):22-46.

贺秀斌,梁一民,田均良,2000. 延安地区全新世黄土孢粉分析及其植被演化[J]. 水土保持研究(2):124-127.

侯光良,刘峰贵,萧凌波,等,2008. 青海东部高庙盆地史前文化聚落演变与气候变化[J]. 地理学报(1):34-40.

侯光良,刘峰贵,刘翠华,等,2009. 中全新世甘青地区古文化变迁的环境驱动[J]. 地理学报(64):53-58.

侯光良,许长军,吕晨青,等,2019. 中全新世仰韶文化扩张的环境背景[J]. 地理研究,38(2):437-44.

胡传东,侯光良,2013. 全新世中国北方人类活动与气候变化[J]. 重庆师范大学学报:自然科学版,30(2): 119-122.

胡金明,崔海亭,李宜垠,2002. 西辽河流域全新世以来人地系统演变历史的重建[J]. 地理科学(5):535-542.

胡珂,莫多闻,毛龙江,等,2010. 榆林地区全新世聚落时空变化与人地关系[J]. 第四纪研究,30(2):344-355.

胡砚泊,BERND W,张永战,等,2019. 14 ka 以来苦海沉积物地球化学记录及其古环境意义[J]. 沉积学报, 37(1):104-114.

胡泽学,2011. 三晋地区新石器时期的农具[J]. 当代农机(3):64-65.

黄春长,庞奖励,黄萍,等,2002. 关中盆地西部黄土台塬全新世气候事件研究[J]. 干旱区地理,25(1):10-15.

黄春长,1998. 环境变迁[M]. 北京;科学出版社.

黄润,朱诚,郑朝贵,2005. 安徽淮河流域全新世环境演变对新石器遗址分布的影响[J]. 地理学报(5): 742-750.

黄小忠,2006. 新疆博斯腾湖记录的亚洲中部干旱区全新世气候变化研究[D]. 兰州:兰州大学.

吉德炜,陈星灿,曹兵武,1993. 考古学与思想状态——中国的创建[J]. 华夏考古(1):97-108.

吉笃学,陈发虎,BETTINGE R L,等,2005. 末次盛冰期环境恶化对中国北方旧石器文化的影响[J]. 人类学学报,24(4):270-282.

吉云平,2007. 不同类型沉积物中磁化率的解释[D]. 北京:北京大学.

季峻峰,陈骏,BALSAM W,等,2007. 黄土剖面中赤铁矿和针铁矿的定量分析与气候干湿变化研究[J]. 第四纪研究,27(2):221-229.

贾兰坡,1955. 山西襄汾縣丁村人類化石及旧石器發掘報告[J]. 科学通报,1(1):46-51.

贾鑫,王琳,董广辉,2008. 中全新世关中陕北陇东地区文化演变及环境驱动力[J]. 兰州大学学报(自然科学版),44(6):8-14.

贾耀锋,庞奖励,黄春长,等,2012. 关中盆地全新世黄土-土壤剖面微量元素的地球化学特征及其古气候意义

[J]. 土壤通报,43(3):513-520.
姜瑾斐,公培臻,王栋,等,2021. 基于SRTM的山东省地形起伏度研究[J]. 河北地质大学学报,44(3):71-75.
金雅琪,2021. 黄土高原泾川红粘土晚中新世以来地球化学记录的环境演化[D]. 昆明:昆明理工大学.
靳桂云,刘东生,2001. 华北北部中全新世降温气候事件与古文化变迁[J]. 科学通报,46(20):1725-1730.
孔昭宸,刘长江,张居中,等,2003. 中国考古遗址植物遗存与原始农业[J]. 中原文物(2):4-9.
黎海明,2018. 黄土高原西部新石器至历史时期人类对主要农作物的利用策略研究[D]. 兰州:兰州大学.
李冰,2014. 太湖东部平原平望孔全新世环境演变[D]. 南京:南京大学.
李炳元,潘保田,韩嘉福,2008. 中国陆地基本地貌类型及其划分指标探讨[J]. 第四纪研究,28(4):535-543.
李钢,陈未雨,杨兰,等,2019. 武汉市快递自提点的空间格局与集聚模式研究[J]. 地理科学进展,38(3):407-416.
李寒冰,2022. 三门峡地区仰韶文化研究[D]. 开封:河南大学.
李红春,顾德隆,DORTE P,等,2000. 陕南石笋稳定同位素记录中的古气候和古季风信息[J]. 地震地质,22(增刊):63-78.
李吉均,1990. 中国西北地区晚更新世以来环境变迁模式[J]. 第四纪研究,10(3):197-204.
李江风,1985. 楼兰王国的消亡和丝路变迁与气候关系[M]//干旱区新疆第四纪研究论文. 乌鲁木齐:新疆人民出版社:81-94.
李开封,马春梅,高文华,等,2015. 河南地区全新世环境考古研究进展及未来趋势[J]. 地理科学进展,34(7):883-897.
李容全,1990. 中国北方冰缘与分期[J]. 第四纪研究,10(2):125-136.
李拓宇,莫多闻,胡珂,等,2014. 晋南地区仰韶至东周时期人地关系研究[J]. 古地理学报,16(6):955-962.
李拓宇,莫多闻,朱高儒,等,2013. 晋南全新世黄土剖面常量元素地球化学特征及其古环境意义[J]. 地理研究,32(8):1411-1420.
李拓宇,2013. 山西陶寺遗址及临汾地区全新世环境演化与古文化发展[D]. 北京:北京大学.
李徐生,杨达源,韩辉友,1998. 皖南风尘堆积一古土壤序列磁化率初步研究[J]. 安徽师范大学学报(自然科学版),21(1):64-69.
李友谋,1985. 东庄村西王村遗存的文化性质与年代分析[J]. 中原文物(4):40-49.
李铮华,王玉海,1998. 黄土沉积的地球化学记录与古气候演化[J]. 海洋地质与第四纪地质(2):42-44,46-48.
李志鹏,2008. 二里头文化墓葬研究[M]//中国社会科学院考古研究所. 中国早期青铜文化——二里头文化专题研究. 北京:科学出版社.
连丽聪,2020. 内蒙古西部及陕甘宁地区新石器时代文化演化与气候变化的关系[D]. 南昌:江西师范大学.
铃木秀夫,1988. 3500年前的气候变迁与古文明[J]. 地理译报(4):37-43.
凌智永,2022. 雅鲁藏布江流域晚第四纪黄土沉积与环境演变[D]. 兰州:兰州大学.
刘博,张虎勤,2005. 浐河流域新石器时代遗址人地关系特征因素研究[J]. 西安文理学院学报(自然科学版),8(2):10-15.
刘东生,1985. 黄土与环境[M]. 北京:科学出版社.
刘峰,王昊秦,艺帆,等,2015. 南京周家山下蜀黄土色度特征及其意义[J]. 海洋地质与第四纪地质(5):143-151.
刘嘉麒,吕厚远,NEGENDANK J,等,2000. 湖光岩玛珥湖全新世气候波动的周期性[J]. 科学通报,45(11):1190-1195.
刘嘉麒,倪云燕,储国强,2001. 第四纪的主要气候事件[J]. 第四纪研究,21(3):239-248.
刘进峰,陈杰,雷生学,等,2009. 南京市区埋藏古河道沉积物的年代[J]. 第四纪研究,29(4):837-844.
刘俊峰,苏英,1996. 黄土地层中微量元素含量与古植被古气候的关系[J]. 咸阳师专学报(6):21-29.
刘俊余,查小春,黄春长,等,2020. 甘肃天水全新世黄土粒度、磁化率特征及其古气候意义[J]. 兰州大学学报:

自然科学版,56(2):180-186.
刘莉,2007.中国新石器时代:迈向早期国家之路[M].北京:文物出版社.
刘连文,陈骏,季峻峰,等,1999.陕西洛川黄土的粒度分维值及其意义[J].高校地质学报,5(4):412-417.
刘青松,邓成龙,2009.磁化率及其环境意义[J].地球物理学报,52(4):1041-1048.
刘晓琼,赵景波,2007.关中平原中西部地区全新世 11500～3100 a BP 成壤环境演变和沙尘暴活动研究[J].中国沙漠(5):775-779.
刘秀铭,刘东生,HELLER F,等,1990.黄土频率磁化率与古气候冷暖变换[J].第四纪研究,10(1):42-50.
刘秀铭,夏敦胜,刘东生,等,2007.中国黄土和阿拉斯加黄土磁化率气候记录的两种模式探讨[J].第四纪研究,27(2):210-220.
刘玉兰,文启忠,陈庆沐,1981.陕西洛川黄土剖面中的 F/Cl 比值——反映古气候的一种地球化学标志[J].地球化学(4):388-391.
鹿化煜,安芷生,1997.洛川黄土粒度组成的古气候意义[J].科学通报,42(1):66.
鹿化煜,安芷生,1998.黄土高原黄土粒度组成的古气候意义[J].中国科学(D 辑:地球科学),28(3):278-283.
吕厚远,1991.新石器以来的北温带草原文化与气候变迁[J].文物保护与考古科学,3(2):43-50.
吕厚远,韩家懋,吴乃琴,等,1994.中国现代土壤磁化率分析及其古气候意义[J].中国科学(B 辑),284(12):1290-1297.
吕厚远,刘东生,郭正堂,2003.黄土高原地质、历史时期古植被研究状况[J].科学通报,48(1):2-7.
吕厚远,张健平,2008.关中地区的新石器古文化发展与古环境变化的关系[J].第四纪研究,28(6):1050-1060.
马敏敏,王琳,董广辉,等,2009.山西省新石器时代中晚期文化演化及驱动因素分析[M]//科技部社会发展科技司等.中华文明探源工程文集(环境卷 I).北京:科学出版社:102-111.
莫多闻,李非,李水城,1996.甘肃葫芦河流域中全新世环境演化及其对人类活动的影响[J].地理学报,51(1):59-69.
莫多闻,王辉,李水城,2003.华北不同地区全新世环境演变对古文化发展的影响[J].第四纪研究,23(2):200-210.
莫多闻,赵志军,夏正楷,等,2009.中华文明探源工程环境课题主要进展[M]//科技部社会发展科技司等.中华文明探源工程文集环境卷(I).北京:科学出版社:1-27.
穆文娟,冯银珍,马志正,2007.7000a BP 以来临汾盆地新石器文化演替的探讨[M]//莫多闻,等.环境考古研究(第四辑).北京:北京大学出版社:238-241.
庞奖励,黄春长,刘安娜,等,2007.黄土高原南部全新世黄土—古土壤序列若干元素分布特征及意义[J].第四纪研究,27(3):357-364.
庞奖励,黄春长,2003.关中地区新石器文化发展与环境演变耦合关系研究[J].地理科学,23(4):448-453.
庞小霞,高江涛,2006.中原地区文明化进程中农业经济考察[J].农业考古(4):1-13,26.
裴文中,1958.山西襄汾县丁村附近 103 地点的哺乳动物化石[J].古生物学报(4):359-374.
裴瑜,2021.临汾盆地黄土记录的末次间冰期以来气候的不稳定性特征[D].太原:山西师范大学.
强小科,安芷生,常宏,2003.佳县红粘土堆积序列频率磁化率的古气候意义[J].海洋地质与第四纪地质(3):91-96.
乔彦松,郭正堂,郝青振,等,2006.中新世黄土——古土壤序列的粒度特征及其对成因的指示意义[J].中国科学:地球科学,36(7):646-653.
任式楠,吴耀利,2010.中国考古学・新石器时代卷[M].北京:中国社会科学出版社.
芮旸,唐蓓佩,王兴,等,2018.国家园林城市时空演变特征及其影响机理[J].地理研究,37(1):20-36.
山西省考古研究所,1994.山西考古四十年[M].太原:山西人民出版社:1-5.
邵晶,2020.石峁遗址与陶寺遗址的比较研究[J].考古(5):65-77,480.

邵晓华,汪永进,程海,等,2006.全新世季风气候演化与干旱事件的湖北神农架石笋记录[J].科学通报,51(1):80-86.

施少华,1992.中国全新世高温环境与新石器时代古文化的发展[M]//施雅风.中国全新世大暖期气候与环境.北京:海洋出版社:185-191.

施少华,1993.中国全新世高温期中的气候突变事件及其对人类的影响[J].海洋地质与第四纪地质(4):65-73.

施雅风,孔昭宸,王苏民,等,1992.中国全新世大暖期的气候波动与重要事件[J].地球科学(B辑),22(12):1300-1308.

石兴邦,2000.下川文化的生态特点与粟作农业的起源[J].考古与文物(4):17-35.

史宝琳,2014.中原地区公元前三千纪下半叶和公元前两千纪的聚落分布研究[D].长春:吉林大学.

史辰羲,莫多闻,李春海,等,2011.浙江良渚遗址群环境演变与人类活动的关系[J].地学前缘:中国地质大学(北京),18(3):347-356.

史培军,1991.地理环境演变研究的理论与实践[M].北京:科学出版社:57-67.

史运坤,2021.门源盆地黄土记录的古环境演化[D].西宁:青海师范大学.

舒培仙,李保生,牛东风,等,2016.毛乌素沙漠东南缘滴哨沟湾剖面DGS1层段粒度特征及其指示的全新世气候变化[J].地理科学,36(3):448-457.

宋高,郑绵平,2022.青藏高原中部色林错中晚全新世以来古气候变化特征[J].地质学报,96(7):2272-2280.

宋昊南,王恩宝,刘沐筱,等,2024.松嫩平原东部巴彦黄土的粒度特征及成因探讨[J].地质科学,59(6):1748-1758.

宋瑞卿,朱芸,吕镔,等,2016.青藏高原表土的色度特征及其环境意义[J].亚热带资源与环境学报,11(1):14-20.

宋扬,郝青振,葛俊逸,等,2012.黄土高原表土磁化率与气候要素的定量关系研究[J].第四纪研究,32(4):679-689.

苏秉琦,殷玮璋,1981.关于考古学文化的区系类型问题[J].文物(5):10-17.

苏秉琦,1988.中华文明的新曙光[J].东南文化(5):1-7.

苏家寅,2014.史前社会复杂化理论与陶寺文化研究[D].北京:中国社会科学院研究生院.

孙爱芝,冯兆东,唐领余,等,2008.13 ka BP以来黄土高原西部的植被与环境演化[J].地理学报,63(3):280-292.

孙东怀,周杰,吴锡浩,1995.全新世气候适宜期黄土高原及黄土/沙漠过渡区年降水量的初步恢复[J].中国沙漠,15(4):339-344.

孙焕宇,宋友桂,李越,等,2018.天山北麓地区博乐黄土磁化率、粒度特征与古气候意义[J].地球环境学报,9(2):123-136.

孙继敏,刁桂仪,文启忠,等,1999.用黄土地球化学参数进行古气候定量估算的初步尝试[J].地球化学,28(3):265-272.

孙建中,1987.黄土还要更老些[J].海洋地质与第四纪地质(1):105-112.

孙建中,2005.黄土学:上篇[M].香港:香港考古出版社.

孙建中,盛学斌,刘云霞,2000.坝上地区一万年来的环境变化[J].第四纪研究,20(3):298.

孙楠,李夏博,尚雪,等,2022.黄土高原南部白水河流域全新世中期植被特征及气候意义[J].第四纪研究,42(6):1541-1553.

孙茹,2022.毛乌素沙地东南缘全新世沉积物粒度和磁化率特征及环境意义[D].大连:辽宁师范大学.

孙湘君,杜乃秋,陈明洪,1981."河姆渡"先人生活时期的古植被、古气候[J].中国植物学报,23(2):64-69,100-102.

孙有斌,卢红选,章泽科,2024.黄土高原古气候变化定量重建的新进展[J].地质学报,98(3):1006-1023.

孙有斌，周杰，鹿化煜，等，2002. 风化成壤对原始粉尘粒度组成的改造证据[J]. 中国沙漠，22(1)：16-20.
谭亮成，安芷生，蔡演军，等，2008. 4.2 ka BP 气候事件在中国的降雨表现及其全球联系[J]. 地质论评，54(1)：94-104.
唐进年，丁峰，张进虎，等，2017. 库姆塔格沙漠东南缘 BL 剖面粒度记录的全新世快速气候事件[J]. 干旱区地理，40(6)：1171-1178.
田广金，郭素新，1988. 鄂尔多斯式青铜器的渊源[J]. 考古学报(3)：257-277.
田广金，1991. 内蒙古中南部龙山时代文化遗存研究[M]//内蒙古考古文物研究所. 内蒙古中南部原始文化研究文集. 北京：海洋出版社：140-160.
田均良，李雅琦，陈代中，1991. 中国黄土元素背景值分异规律研究[J]. 环境科学学报，11(3)：253-262.
田敏，田庆春，尹佳男，等，2023. 晋南地区全新世中期遗址时空分布与气候演化的关系[J]. 海洋地质与第四纪地质(3)：175-184.
田庆春，2012. 青藏高原腹地湖泊沉积物记录的中更新世以来的气候变化[D]. 兰州：兰州大学.
田庆春，杨太保，石培宏，等，2011. 可可西里 BDQ0608 钻孔沉积物色度环境意义及其影响因素[J]. 海洋地质与第四纪地质(1)：133-140.
田庆春，杨太保，石培宏，等，2017. 末次间冰期—末次冰期可可西里地区气候演化形式[J]. 地理研究，36(2)：336-344.
田庆春，杨太保，石培宏，等，2018. 可可西里地区湖泊深钻揭示的中更新世以来环境变化[J]. 第四纪研究，38(5)：1101-1110.
田庆春，石小静，石培宏，2021. 青藏高原腹地湖泊沉积粒度特征及其古环境意义[J]. 盐湖研究，29(1)：25-32.
田庆春，尹佳男，郝晓龙，2022a. 临汾盆地黄土沉积记录的 MIS3 气候变化[J]. 干旱区研究，39(1)：10-20.
田庆春，石小静，郝晓龙，2022b. 临汾盆地黄土沉积记录的末次冰期千年尺度气候事件[J]. 干旱区研究，36(5)：87-93.
田庆春，郝晓龙，韩军青，等，2022c. 临汾盆地黄土沉积微量元素地球化学特征及其气候意义[J]. 干旱区资源与环境，39(4)：1027-1035.
田伟，2023. 晋南地区龙山至西周区域聚落形态及相关问题研究[J]. 南方文物(3)：65-73.
汪海斌，2001. 最近三个间冰期气候变化的高分辨率黄土记录[D]. 兰州：兰州大学.
汪海斌，陈发虎，张家武，2002. 黄土高原西部地区黄土粒度的环境指示意义[J]. 中国沙漠，22(1)：21-26.
王浩宇，贾雅娜，张玉柱，等，2021. 黄河流域末次冰消期以来古洪水事件研究进展[J]. 地理科学进展，40(7)：1220-1234.
王杰民，闫宝华，吴松，等，2012. 柴达木盆地东北部中新世沉积物色度记录的气候变化[J]. 甘肃地质，21(1)：6-11.
王劲峰，等，2006. 空间分析[M]. 北京：科学出版社.
王开发，张玉兰，叶志华，等，1978. 根据孢粉分析推断上海地区近六千年以来的气候变迁[J]. 大气科学，2(2)：139-144，181.
王丽娟，2011. 大荔 TSG 剖面记录的关中东部全新世环境演变高分辨率研究[D]. 西安：陕西师范大学.
王丽彬，王肖惠，王龙升，等，2021. 威海地区中全新世文化遗址时空分布及驱动因素[J]. 地球环境学报，6(12)：605-614.
王铭，孙元巩，仝立功，1994. 山西山河志[M]. 太原：山西科学技术出版社.
王乃樑，杨景春，夏正楷，等，1996. 山西地堑系新生代沉积与构造地貌[M]. 北京：科学出版社.
王琼，2015. 豫西南鄂西北地区龙山晚期至二里头时代考古学文化研究[D]. 郑州：郑州大学.
王仁湘，2010. 中国史前的艺术浪潮——庙底沟文化彩陶艺术的解读[J]. 文物(3)：46-55.
王绍武，2005. 2200—2000BC 的气候突变与古文明的衰落[J]. 自然科学进展，15(9)：1094-1099.
王绍武，2011. 全新世气候变化[M]. 北京：气象出版社.

王绍武,闻新宇,黄建斌,2011.五帝时代(距今6~4 ka)中国的气候[J].中国历史地理论丛,26(2):5-13.
王思凯,张玉柱,王宁练,等,2023.洛阳盆地龙山——二里头文化转变与水文气候的关系[J].地球科学,doi:10.3799/dqkx.2023.155.
王思齐,2022.大连花红沟黄土粒度特征指示的粉尘堆积过程及物源研究[D].大连:辽宁师范大学.
王苏民,王富葆,1992.全新世气候变化的湖泊记录[M]//施雅风,孔昭宸.中国全新世大暖期气候与环境.北京:海洋出版社:146-152.
王天艺,2020.黄土高原地区史前房址的考古学研究[D].西安:西北大学.
王万辉,薛新明,孔富安,等,1991.山西侯马东呈王新石器时代遗址[J].考古(2):110-124,142,195-196.
王昕梅,2019.汾河流域新石器文化演化与中全新世气候变化的关系[D].南昌:江西师范大学.
王月前,洪梅,戴向明,2009.山西夏县辕村遗址发掘简报[J].考古(11):3-25,97-101,115.
魏建晶,郭正堂,2003.900ka以来黄土-古土壤序列记录的风尘铁含量变化及其古气候意义[J].科学通报,48(11):1214-1218.
魏兴涛,2010.豫西晋西南地区新石器时代文化与社会[M].北京:北京大学.
魏兴涛,2014.豫西晋西南地区新石器时代植物遗存的发现与初步研究[J].东方考古(0):343-364.
魏兴涛,2016.庙底沟二期文化再研究——以豫西晋西南地区为中心[J].考古与文物(5):83-99.
温瑞艳,2019.渭河上游地区黄土剖面记录的全新世成壤环境及人地关系变化研究[D].西安:陕西师范大学.
文启忠,刁桂仪,余素华,等,1985.中国黄土地球化学的若干问题[J].第四纪研究,5(1):149-157.
邬光剑,潘保田,管清玉,等,2002.中更新世全球大冰期与中国沙漠扩张[J].冰川冻土,24(5):544-549.
吴利杰,石建省,郭娇,等,2015.沙漠/黄土过渡带杨桥畔全新世地层微量元素特征及其所揭示的古气候变化[J].矿物岩石地球化学通报,34(2):323-329.
吴文祥,刘东生,2001.4000 a BP前后降温事件与中华文明的诞生[J].第四纪研究,21(5):443-451.
吴文祥,刘东生,2002.5500 a BP气候事件在三大文明古国古文明和古文化演化中的作用[J].地学前缘,91(1):155-162.
吴文祥,刘东生,2004.4000 a BP前后东亚季风变迁与中原周围地区新石器文化的衰落[J].第四纪研究,24(3):278-284.
吴文祥,葛全胜,2005.全新世气候事件及其对古文化发展的影响[J].华夏考古(3):62-69.
吴文祥,郑洪波,侯梅,等,2018.5.5 cal ka BP气候事件、人口增长、条件限制与中国史前复杂社会产生[J].中国科学:地球科学,48(2):138-151.
吴旭东,沈吉,汪勇,2011.湖光岩玛珥湖沉积物反映的全新世以来古环境演化[J].海洋地质与第四纪地质(4):155-162.
吴梓林,1983.古粟考[J].史前研究(1):151-155.
夏敦胜,马玉贞,陈发虎,等,1998.秦安大地湾高分辨率全新世植被演变与气候变迁初步研究[J].兰州大学学报,34(1):123-131.
夏正楷,2004.豫西—晋南地区华夏文明形成过程的环境背景研究[J].古代文明(辑刊),3(1):102-114.
夏正楷,邓辉,武弘麟,2000.内蒙古西拉木伦河流域考古文化演变的地貌背景分析[J].地理学报,55(3):329-336.
夏正楷,陈福方,陈戈,等,2001.我国北方泥河湾盆地新-旧石器文化过渡的环境背景[J].中国科学(D辑),31(5):393-400.
夏正楷,王赞红,赵青春,2003a.我国中原地区3500 aBP前后的异常洪水事件及其气候背景[J].中国科学(D辑),33(9):881-888.
夏正楷,杨晓燕,2003b.我国北方4 ka B.P.前后异常洪水事件的初步研究[J].第四纪研究,23(6):667-674.
夏正楷,杨晓燕,叶茂林,2003c.青海喇家遗址史前灾难事件[J].科学通报,48(11):1200-1204.
夏正楷,张俊娜,2019.中国环境考古学的兴起、发展和展望[J].古地理学报,21(1):175-188.

肖河，2017. 东北泥炭记录的全新世气候环境变化与大气汞沉降研究[D]. 北京：中国地质大学.

肖路安，2022. 柴达木盆地新生代碳酸盐岩碳氧同位素特征及其古气候意义[D]. 兰州：兰州大学.

徐树建，丁新潮，倪志超，2014. 山东埠西黄土剖面沉积特征及古气候环境意义[J]. 地理学报，69(11)：1707-1717.

徐紫瑾，2021. 试论史前黄河流域随葬鳄鱼骨板现象[J]. 江汉考古(1)：80-87.

许宏，2001."连续"中的"断裂"[J]. 文物(2)：86-91.

许靖华，1998. 太阳、气候、饥荒与民族大迁移[J]. 中国科学(D辑)，28(4)：366-384.

许俊杰，莫多闻，王辉，等，2013. 河南新密溱水流域全新世人类文化演化的环境背景研究[J]. 第四纪研究，33(5)：954-964.

许清海，肖举乐，中村俊夫，等，2003. 孢粉资料定量重建全新世以来岱海盆地的古气候[J]. 海洋地质与第四纪地质(4)：99-108.

薛新明，2021. 山西地区庙底沟文化的考古发现与研究[J]. 中原文物(5)：64-74.

闫丽洁，石忆邵，杨瑞霞，等，2013. 环嵩山地区史前聚落选址偏好区划分[J]. 同济大学学报(自然科学版)，41(4)：624-629.

严文明，1965. 论庙底沟仰韶文化的分期[J]. 考古学报(2)：49-78，184-187.

严文明，1980. 论半坡类型和庙底沟类型[J]. 考古与文物(1)：64-72.

严文明，1981. 龙山文化和龙山时代[J]. 文物(6)：41-48.

严文明，1984. 论中国的铜石并用时代[J]. 史前研究(1)：36-44，35.

严文明，1987. 中国史前文化的统一性与多样性[J]. 文物(3)：38-50.

严行志，2017. 黄土高原东南缘黄土粒度磁化率特征及古气候[D]. 浙江：浙江师范大学.

严文明，韩建业，陈洪海，2004. 黄土高原新石器时代——青铜时代环境变迁的考古学观察[M]//刘东生. 西北地区水资源配置生态环境建设和可持续发展战略研究. 北京：科学出版社：245-280.

严永耀，安聪荣，苗运法，等，2017. 新疆青海地区现代地表沉积物颜色指标与气候参数关系[J]. 干旱区地理，40(2)：355-364.

严志斌，何驽，2005. 山西襄汾陶寺城址 2002 年发掘报告[J]. 考古学报(3)：307-346，381-387，390.

杨东，方小敏，董光荣，等，2006. 1.8 Ma BP 以来陇西断岘黄土剖面沉积特征及其反映的腾格里沙漠演化[J]. 中国沙漠，26(1)：6-13.

杨丹，庞奖励，黄春长，等，2016. 陕西商丹盆地一级阶地上黄土的微量元素分布特征及其气候意义[J]. 干旱区研究，33(6)：1195-1201.

杨帆，靳鹤龄，李孝泽，等，2017. 中晚全新世毛乌素沙地东南部气候变化过程[J]. 中国沙漠，37(3)：431-438.

杨林，裴安平，郭宁宁，等，2012. 洛阳地区史前文化遗址空间形态研究[J]. 地理科学，32(8)：993-999.

杨前进，2004. 临汾盆地全新世成壤环境演变及人类活动影响[D]. 西安：陕西师范大学.

杨瑞琛，邸楠，贾鑫，等，2022. 从石峁遗址出土植物遗存看夏时代早期榆林地区先民的生存策略选择[J]. 第四纪研究，42(1)：101-118.

杨胜利，2001. 土壤颜色的气候意义[D]. 兰州：兰州大学.

杨胜利，方小敏，李吉均，等，2001. 表土颜色和气候定性至半定量关系研究[J]. 中国科学(D辑)，31(增刊)：175-181.

杨石岭，丁仲礼，2017. 黄土高原黄土粒度的空间变化及其古环境意义[J]. 第四纪研究，37(5)：934-944.

杨晓燕，夏正楷，崔之久，2005. 环境考古学发展回顾与展望[J]. 北京大学学报(自然科学版)，41(2)：329-334.

杨宇哲，岳大鹏，赵景波，等，2023. 毛乌素沙地东南缘 L3、S3 黄土-古土壤色度特征及古气候意义[J]. 中国沙漠，43(1)：176-186.

杨志荣，索秀芬，1996. 我国北方农牧交错带人类活动与环境的关系[J]. 北京师范大学学报：自然科学版，32(3)：415-420.

杨子赓,李幼军,丁秋玲,等,1979. 试论河北平原东部第四纪地质几个基本问题[J]. 地质学报(4):263-279,363-364.

姚檀栋,THOMPSON L G,施雅风,等,1992. 古里雅冰芯中末次间冰期以来气候变化记录研究[J]. 中国科学(B辑),27(5):447-452.

殷志强,秦小光,李玉梅,等,2008. 源区距离对黄土粒度多组分分布特征的影响[J]. 中国地质,35(5):1037-1044.

于学峰,周卫健,FRANZEN L G,等,2006. 青藏高原东部全新世冬夏季风变化的高分辨率泥炭记录[J]. 中国科学:地球科学,36(2):182-187.

禹文豪,艾廷华,刘鹏程,等,2015. 设施 POI 分布热点分析的网络核密度估计方法[J]. 测绘学报,44(12):1378-1383.

袁宝印,邓成龙,吕金波,等,2002. 北京平原晚第四纪堆积期与史前大洪水[J]. 第四纪研究,22(5):474-482.

袁靖,2015. 中国动物考古学[M]. 北京:文物出版社.

袁靖,2019. 中国新石器时代至青铜时代生业研究[M]. 上海:复旦大学出版社.

张德光,1956. 晋南五县古代人类文化遗址初步调查简报[J]. 文物参考资料(9):53-56.

张东菊,陈发虎,BETTINGER R L,等,2010. 甘肃大地湾遗址距今 6 万年来的考古记录与旱作农业起源[J]. 科学通报,55(10):887-894.

张东菊,陈发虎,2013. 中国北方地区旧石器时代环境考古学研究进展[J]. 海洋地质与第四纪地质(4):55-66.

张东菊,董广辉,王辉,等,2016. 史前人类向青藏高原扩散的历史过程和可能驱动机制[J]. 中国科学:地球科学,46(8):1007-1023.

张国硕,1998. 从夏族北上晋南看夏族的起源[J]. 郑州大学学报(哲学社会科学版),31(6):101-105.

张宏彦,2009. 黄河流域史前文化变化过程的环境考古学观察[J]. 考古与文物(4):48-52.

张建军,杨达源,李徐生,1999. 长江中下游地区下蜀黄土磁化率曲线比较研究[J]. 华东地质学院学报,22(2):124-129.

张健,赵景波,杜鹃,等,2004. 西安临潼白庙剖面全新世黄土与环境演化[J]. 干旱区研究,21(2):117-121.

张俊娜,夏正楷,2011. 中原地区 4 ka BP 前后异常洪水事件的沉积证据[J]. 地理学报,66(5):685-697.

张兰生,方修琦,任国玉,1997. 我国北方农牧交错区的环境演变[J]. 地学前缘,4(1-2):127-134.

张丽娜,王肖惠,姜川,等,2020. 青岛地区全新世聚落遗址空间分布及其影响因素研究[J]. 干旱区资源与环境,34(11):72-77.

张素琳,2003. 山西垣曲古文化与环境之关系探究[J]. 中国历史文物(3):73-81.

张素琳,2007. 山西垣曲盆地龙山时代的聚落与环境[M]//莫多闻,等. 环境考古研究(第四辑). 北京:北京大学出版社:100-107.

张天恩,2009. 论关中东部的夏代早期文化遗存[J]. 中国历史文物(1):17-24.

张伟,李爱农,2012. 基于 DEM 的中国地形起伏度适宜计算尺度研究[J]. 地理与地理信息科学,28(4):8-12.

张雪莲,仇士华,钟建,等,2010. 中原地区几处仰韶文化时期考古遗址的人类食物状况分析[J]. 人类学学报,29(2):197-207.

张之恒,1998. 黄河流域的史前粟作农业[J]. 中原文物(3):5-11.

张志平,2022. 中国北方达里湖沉积记录的末次冰消期以来东亚夏季风变化研究[D]. 兰州:兰州大学.

张忠培,1987. 齐家文化研究:下[J]. 考古学报(2):153-175.

赵成双苹,莫多闻,2020. 长江中游江汉—洞庭盆地全新世以来水文环境演变与人类活动[J]. 地理学报,75(3):529-543.

赵春燕,何驽,2014. 陶寺遗址中晚期出土部分人类牙釉质的锶同位素比值分析[J]. 第四纪研究,34(1):66-72.

赵格格,田庆春,杜五喜,等,2020. 临汾盆地黄土粒度分布的端元模型研究[J]. 海洋地质与第四纪地质(3):

192-199.

赵辉,2000. 以中原为中心的历史趋势的形成[J]. 文物(1):41-47.

赵辉,2006. 中国的史前基础——再论以中原为中心的历史趋势[J]. 文物(8):50-54.

赵家驹,2010. 新疆东部巴里坤湖记录的末次盛冰期以来气候变化研究[D]. 兰州:兰州大学.

赵景波,侯甬坚,杜娟,等,2003. 关中平原全新世环境演变[J]. 干旱区地理,26(1):17-22.

赵景波,郝玉芬,岳应利,2006. 陕西洛川地区全新世中期土壤与气候变迁[J]. 第四纪研究,26(6):969-975.

赵艳,岳大鹏,赵景波,等,2022. 西安全新世环境变化及对人类活动的影响[J]. 地理科学进展,41(7):1274-1287.

赵越云,樊志民,2016. 粟·黍·猪:论原始旱作农业类型的形成与发展[J]. 中国农史,35(6):29-43,64.

赵志军,2014. 中国古代农业的形成过程——浮选出土植物遗存证据[J]. 第四纪研究,34(1):73-84.

赵志军,2020. 新石器时代植物考古与农业起源研究[J]. 中国农史,39(3):3-13.

赵志军,何驽,2006. 陶寺城址 2002 年度浮选结果及分析[J]. 考古(5):77-86,104,102.

赵志军,徐良高,2004. 周原遗址(王家嘴地点)尝试性浮选的结果及初步分析[J]. 文物(10):8.

郑铎,2023. 环太湖地区马家浜文化聚落分布空间动态研究[J]. 江汉考古(3):60-68.

郑丽波,郝秀东,禚彬,等,2016. 全新世以来浙江余姚河姆渡——田螺山遗址的古环境演变及人类活动[J]. 古地理学报,18(5):879-894.

支钰,卞惠瑛,宋飞,等,2023. 陕西洛南盆地黄土剖面色度参数及古气候变化[J/OL]. 地质通报,https://link.cnki.net/urlid/11.4648.P.20231109.0857.002.

中国科学院考古研究所二里头工作队,1974. 河南偃师二里头早商宫殿遗址发掘简报[J]. 考古(4):234-248,278-281.

中国社会科学院考古研究所山西工作队,1989. 晋南考古调查报告[M]. 考古学集刊(6):1-51.

中科院考古所甘青工作队,1974. 甘肃永靖大何庄遗址发掘报告[J]. 考古学报(2):29-62.

中科院考古所甘青工作队,1975. 甘肃永靖秦魏家遗址发掘报告[J]. 考古学报(2):57-96.

钟聪,2015. 山西太原、大同、临汾等六大盆地农田生态系统区域生态地球化学评价[D]北京:中国地质大学.

周笃珺,马海州,高东林,等,2004. 青海湖南岸全新世黄土地球化学特征及气候环境意义[J]. 中国沙漠(2):32-36.

周慧,吴立,马春梅,等,2020. 巢湖杭埠河流域湖相沉积物多指标揭示的全新世以来环境演变[J]. 湖泊科学,32(6):1869-1881.

周金艳,2012. 环嵩山地区史前聚落数据库建设研究与应用[D]. 郑州:河南工业大学.

周昆叔,1993. 中原古文化与环境. 中国生存环境历史演变规律研究(一)[M]. 北京:海洋出版社.

周烨,2022. 塔克拉玛干沙漠表层沉积物特征及其对地表过程及古气候的指示意义[D]. 杭州:浙江大学.

朱红春,陈楠,刘海英,等,2005. 自 1:100 00 比例尺 DEM 提取地形起伏度:以陕北黄土高原的实验为例[J]. 测绘科学(1):86-88,7.

朱芃宇,2020. 中原地区二里头文化时期墓葬研究[D]. 开封:河南大学.

朱艳,陈发虎,张家武,等,2001. 距今五千年左右环境恶化事件对我国新石器文化的影响及其原因的初步探讨[J]. 地理科学进展,20(2):111-121.

朱芸,陈晔,舒强,等,2007. 苏北盆地 XH1 钻孔中更新世以来的彩度指标记录及其气候环境变化[J]. 海洋地质与第四纪地质(2):23-31.

竺可桢,1973. 中国近五千年来气候变迁的初步研究[J]. 中国科学,3(2):168-189.

ALLEY R B, MAYEWSKI P A, SOWERS T, et al, 1997. Holocene climatic instability—a prominent, widespread event 8200 yr[J]. Geology, 25: 483-486.

ALLEY R B, AGUSTSDOTTIR A M, 2005. The 8k event: cause and consequences of a major Holocene abrupt climate change[J]. Quaternary Science Reviews, 24: 1123-1149.

AN Z S, KUKLA G J, PORTER S C, et al, 1991. Magnetic susceptibility evidence of monsoon variationon the Loess Plateau of central China during the last 130,000 years[J]. Quaternary Research, 36(1): 29-36.

AN Z S, 2000. The history and variability of the East Asian paleomonsoon climate[J]. Quaternary Science Reviews, 19: 171-187.

AN Z S, PORTER S C, KUTZBACH J E, et al, 2000. Asychronous Holocene optimum of the East Asian monsoon[J]. Quaternary Science Reviews, 19: 743-762.

AN Z S, KUTZBACH J E, Prell W L, et al, 2001. Evolution of Asian monsoons and phased up lift of the Himalaya-Tibetan plateau since Late Miocene times[J]. Nature, 411(6833): 62-66.

AN C B, TANG L Y, BARTON L, et al, 2005. Climate change and cultural response around 4000cal yr B. P, in the western part of Chinese Loess Plateau[J]. Quaternary Reasearch, 63(3): 347-352.

AN C B, LV Y B, ZHAO J J, et al, 2011. A high resolution record of Holocene environmental and climatic changes from Lake Balikun (Xinjiang): Implications for Central Asia[J]. The Holocene, 21 (7): 1-10.

ASHLEY G M, 1978. Interpretation of ploy modal sediments[J]. Journal of Geology, 86(4): 411-421.

ASTUDILLO F J, 2018. Environmental and historical archaeology of the Galápagos islands: archaeobotany of Hacienda El Progreso, 1870—1920[J]. Vegetation History & Archaeobotany, 27(5): 1-15.

BAI Y J, ZHANG P Z, GAO T, et al, 2017. The 5400 a BP extreme weakening event of the Asian summer monsoon and cultural evolution[J]. Science China Earth Sciences, 60(6): 1171-1182.

BARONI C, OROMBELLI G, 1996. The Alpine "Iceman" and Holocene Climatic Change[J]. Quaternary Research, 46: 78-83.

BENITO G, SOPEÑA A, SÁNCHEZ-MOYA Y, et al, 2003. Palaeoflood record of the Tagus River (Central Spain) during the Late Pleistocene and Holocene[J]. Quaternary Science Reviews, 22(15): 1737-1756.

BERGER A, LOUTRE M F, 1991. Insolation values for the climate of the last 10 million years[J]. Quaternary Science Reviews, 10(4): 297-317.

BEYER R M, KRAPP M, ERIKSSON A, et al, 2021. Climatic windows for human migration out of Africa in the past 300,000 years[J]. Nature Communications, 12(1): 4889.

BOND G, SHOWERS W, CHESEBY M, et al, 1997. A pervasive millennial-scale cycle in North Atlantic Holocene and Glacial climates[J]. Science, 278:1257-1266.

BOND G, SHOWERS W, ELLIOT M, et al, 1999. The North Atlantic's 1-2 kyr climate rhythm: Relation to Heinrich Events, Dansgaard/Oeschger cycle and the Little lceAge[M]//Clark P, Webb R, Keigwin L. Mechanisms of Global Climate Changeat Millennial Time Scales. Geophysical Monograph Series: 35-58.

BOND G, KROMER B, BEER J, et al, 2001. Persistent solar influence on North Atlantic climate during the Holocene[J]. Science, 294: 2130-2136.

BOOTH R K, JACKSON S T, FORMAN S L, et al, 2005. A severe centennial-scale drought in mid-continental North America 4200 years ago and apparent global linkages[J]. The Holocene, 15: 321-328.

BOYLE J, 2004. A comparison of two methods for estimating the organic matter content of sediments[J]. Journal of Paleolimnology, 31(1): 125-127.

BRANCH N, 2015. Environmental Archaeology :2 Edition [M]. London: A Hodder Arnold Publication: 692-698.

BRUNSON K, HE N, DAI X, 2016. Sheep, Cattle, and Specialization: New Zooarchaeological Perspectives on the Taosi Longshan[J]. International Journal of Osteoarchaeology, 26(3): 460-475.

BUCKLAND P I, ERIKSSON E, LINDERHOLM J, et al, 2011. Integrating human dimensions of Arctic palaeo environmental science: SEAD-the strategic environmental archaeology database [J]. Journal of Archaeological Science, 38(2): 345-351.

BUCKLEY B M, ANCHUKAITIS K J, PENNY D, et al, 2010. Climate as a contributing factor in the demise of Angkor, Cambodia[J]. Proceedings of the National Academy of Sciences, 107(15): 6748-6752.

BÜNTGEN Ulf, TEGEL W, NICOLUSSI K, et al, 2011. 2500 Years of European Climate Variability and Human Susceptibility[J]. Science, 331(6017): 578-582.

BUTZER K W, 1960. Archaeology and geology in Acient Egypt[J]. Science, 132: 1617-1624.

BUTZER K W, 1976. Early Hydraulic Civilization in Egypt[M]. Chicago: University of Chicago Press: 212.

CAI Y, TAN L, CHENG H, et al, 2010. The variation of summer monsoon precipitation in central China since the last deglaciation[J]. Earth & Planetary Science Letters, 291(1-4): 21-31.

CAMPBELL C, 1998. Late Holocene Lake sedimentology and climate change in southern Alberta, Canada [J]. Quaternary Research, 49: 96-101.

CARNEIRO R L, 1970. A theory of the origin of the state[J]. Science, 169(3947): 733-738.

CHARLES C D, RIND et al, 1995. Seasonal precipitation timing and ice core records[J]. Science, 5221: 247-248.

CHEN F H, BLOEMENDAL J, WANG J M, et al, 1997. High- resolution multi-proxy climate records from Chinese loess: evidence for rapid climatic changes over the last 75 kyr[J]. Palaeogeography, Palaeoclimatology Palaeontology, 130: 323-335.

CHEN F H, SHI Q, WANG J M, 1999. Environmental changes documented by sedimentation of Lake Yiema in arid China since the late glaciation[J]. Journal of Paleolimnology, 22: 159-169.

CHEN F H, FENG Z D, ZHANG J W, 2000. Loess particle size data indicative of stable winter monsoons during the last interglacial in the western part of the Chinese Loess Plateau[J]. Catena, 39: 233-244.

CHEN F H, YU Z C, YANG M L, et al, 2008a. Holocene moisture evolution in arid central Asia and its out-of-phase relationship with Asian monsoon history[J]. Quaternary Science Reviews. 27: 351-364.

CHEN Z, ZONG Y, Wang Z, et al, 2008b. Migration patterns of Neolithic settlements on the abandoned Yellow and Yangtze River deltas of China[J]. Quaternary Research, 70(2): 301-314.

CHEN F H, DONG G H, ZHANG D J, et al, 2015a. Agriculture facilitated permanent human occupation of the Tibetan Plateau after 3600 BP[J]. Science, 348(6237): 248-250.

CHEN F H, XU Q H,CHEN J H, et al, 2015b. East Asian summer monsoon precipitation variability since the last deglaciation[J]. Scientific Reports, 5(1): 11186.

CHEN F H, JIA J, CHEN J H, et al, 2016a. A persistent Holocene wetting trend in arid central Asia, with wettest conditions in the late Holocene, revealed by multi-proxy analyses of loess-paleosol sequences in Xinjiang, China[J]. Quaternary Science Reviews. 146: 134-146.

CHEN F H, DONG G H, ZHANG D J, et al, 2016b. Agriculture facilitated permanent human occupation of the Tibetan Plateau after 3600 BP[J]. Science, 347(6291): 248-250.

CHEN F H, WU D, CHEN J, et al, 2016c. Holocene moisture and East Asian summer monsoon evolution in the northeastern Tibetan Plateau recorded by Lake Qinghai and its environs: A review of conflicting proxies [J]. Quaternary Science Reviews, 154: 111-129.

CHEN J, AN Z S, JOHN H, 2017. Variation of Rb /Sr ratios in the loess-paleosol sequences of central China during the last 130, 000 years and their implications for monsoon paleoclimatology [J]. Quaternary Research, 51(3): 215-219.

CHEN F H, CHEN J H, HUANG W, et al, 2019. Westerlies Asia and monsoonal Asia: Spatiotemporal differences in climate change and possible mechanisms on decadal to sub-orbital timescales[J]. Earth-Science Reviews, 192: 337-354.

CHEN S, LIU J, XIE C, et al, 2018. Evolution of integrated lake status since the last deglaciation: A high-resolution sedimentary record from Lake Gonghai, Shanxi, China[J]. Palaeogeography Palaeoclimatology Palaeoecology, S0031018217311914.

CHEN F H, CHEN S Q, ZHANG X, et al, 2020. Asian dust-storm activities dominated by Chinese dynasty changes since 2000 BP[J]. Nature Communications, 11(992): 1-7.

CHENG H, EDWARDS R L, SINHA A, et al, 2016. The Asian monsoon over the past 640,000 years and ice age terminations[J]. Nature, 534(7609): 640-646.

CHIVERRELL R C, HARVEY A M, FOSTER G C, 2007. Hillslope gullying in the Solway Firth-Morecambe Bay region, Great Britain: Responses to human impact and/or climatic deterioration? [J]. Geomorphology, 84(3-4): 317-343.

CHUN C H, JIANG L P, et al, 2002. An early Holocene erosion phase on the Loess table lands in the southern Loess Plateau of China[J]. Geomorphology, 43(3-4): 209-218.

CLAUSSEN M, KUBATZKI C, BROVKIN V,et al,1999. Simulation of an abrupt change in Saharan vegetation in the mid-Holocene[J]. Geophysical Research Letters, 26(14): 2037-2040.

COHEN K M, FINNEY S M, GIBBARD P L, et al, 2013. The ICS International Chronostratigraphic Chart [J]. Episodes, 36(3): 199-204.

COOK E R, ANCHUKAITIS K J, BUCKLEY B M, et al, 2010. Asian monsoon failure and megadrought during the last millennium[J]. Science, 328 (5977): 486-489.

COOKSON E, HILL D J, LAWRENCE D, 2019. Impacts of long term climate change during the collapse of the Akkadian Empire[J]. Journal of Archaeological Science, 106: 1-9.

CROUVI O, AMIT R, ENZEL Y, et al, 2008. Sand dunes as a major proximal dust source for late Pleistocene loess in the Negev Desert, Israel[J]. Quaternary Research, 70(2): 275-282.

CUI J X, CHANG H, BURR G S, et al, 2019. Climatic change and the rise of the Manchu from Northeast China during AD 1600-1650[J]. Climatic Change, 156(3): 405-423.

CULLEN H M, DE MENOCAL P B, HEMMING S, et al, 2000. Climate change and the collapse of the Akkadian empire: Evidence from the deep sea[J]. Geology, 28(4): 379-382.

CULLEN H M, KAPLAN A, ARKIN P A, et al, 2002. Impact of the North Atlantic Oscillation on Middle Eastern Climate and Streamflow[J]. Climatic Change, 55(3): 315-338.

DABISON K, DOLUKHANOV P, SARSON G R, et al, 2006. The role of waterways in the spread of the Neolithic[J]. Journal of Archaeological Science, 33: 641-652.

D'ALPOIM GUEDES J D, JIANG M, HE K, et al, 2013. Site of Baodun yields earliest evidence for the spread of rice and foxtail millet agriculture to South-West China[J]. Antiquity, 87(337):758-771.

DEARING J, 1999. Magnetic susceptibility. In Environmental magnetism: a practical guide'2[M]. (Eds J Walden, F Oldfield, J Smith). London: Quaternary Research Association: 35-36.

DEEPAK K J, PRASANTA S, ANNE P, 2020. Multi-proxy evidence of Late Quaternary climate and vegetational history of north-central India: Implication for the Paleolithic to Neolithic phases-Science Direct[J]. Quaternary Science Reviews, 229: 106121.

DEMENOCAL P B, 2001. Cultural responses to climate change during the Late Holocene[J]. Science, 292: 667- 673.

DEMENOCAL P B, ORTIZ J, GUINERSON, et al, 2000a. Abrupt onset and termination of the Africa Humid period: Rapid climate responses to gradual insolation forcing[J]. Quaternary Science Reviews, 19: 347-361.

DEMENOEAL P B, ORTIZ, GUILDERSON T, et al, 2000b. Coherent high-and low-latitude climate variability during the Holocene warm period[J]. Science, 288(23): 2198-2202.

DENG C L, VIDIC N J, VEROSUB K L, et al, 2005. Mineral magnetic variation of the Jiaodao Chinese loess/paleosol sequence and its bearing on long-term climate variability[J]. Journal of Geophysical Research, 110(B3): B03103.

DING Z L, YU Z, RUTTER N W, et al, 1994. Towards an orbital time scale for Chinese loess deposits[J]. Quaternary Science Reviews, 1994, 13(1): 39-70.

DING Z L, YANG S L, SUN J M, et al, 2001. Iron geochemistry of loess and red clay deposits in the Chinese Loess Plateau and implications for long-term Asian monsoon evolution in the last 7. 0 Ma[J]. Earth and Planetary Science Letters, 185: 99-109.

DING Z L, DERBYSHIRE E, YANG S L, et al, 2002a. Stacked 2. 6-Ma grain size record from the Chinese loess based on five sections and correlation with the deep-sea $\delta^{18}O$ record[J]. Paleoceanography, 17(3): 5-1-5-21.

DONG G H, JIA X, AN C B, et al, 2012. Mid-Holocene climate change and its effect on prehistoric cultural evolution in eastern Qinghai Province, China[J]. Quaternary Research, 77(1): 23-30.

DONG G H, LIU F W, CHEN F H, 2017. Environmental and technological effects on ancient social evolution at different spatial scales[J]. Science China Earth Sciences, 60(12): 2067-2077.

DONG G H, LI T, ZHANG S J, et al, 2021. Precipitation in surrounding mountains instead of lowlands facilitated the prosperity of ancient civilizations in the eastern Qaidam Basin of the Tibetan Plateau[J]. Catena, 203: 105318.

DOUGLAS P M J, BRENNER M, CURTIS J H, 2016a. Methods and future directions for paleoclimatology in the Maya Lowlands[J]. Global and Planetary Change, 138: 3-24.

DOUGLAS P M J, DEMAREST A A, BRENNER M, et al, 2016b. Impacts of climate change on the collapse of lowland Maya civilization[J]. Annual Review of Earth and Planetary Sciences, 44(1): 613-645.

DOW G K, REED C G, 2015. The origins of sedentism: Climate, population, and technology[J]. Journal of Economic Behavior & Organization, 119: 56-71.

DUTT S, GUPTA A K, CLEMENS S C, et al, 2015. Abrupt changes in Indian summer monsoon strength during 33,800 to 5500years B. P. [J]. Geophysical Research Letters, 42(13): 5526-5532.

DYKOSKIA C A, EDWARDS R L, CHENG H, et al, 2005. A high-resolution, absolute-dated Holocene and deglacial Asian monsoon record from Dongge Cave, China[J]. Earth and Planetary Science Letters, 233(1): 71-86.

ELY L L, 1997. Response of extreme floods in the southwestern United States to climatic variations in the late Holocene[J]. Geomorphology, 19(3-4): 175-201.

ELY L L, ENZEL Y, BAKER V R, et al, 1993. A 5000-year record of extreme floods and climate change in the southwestern United States[J]. Science, 262(5132): 410-412.

ENZEL Y, ELY L L, MISHRA S, et al, 1999. High-Resolution Holocene Environmental Changes in the Thar Desert, Northwestern India[J], Science, 284: 125-129.

EWANS J G, 1978. An Introduction to Environmental Archaeology[M]. New York, Ithaca: Cornell University Press.

FENG Z D, WANG H B, OLSON C G, 2004. Pedogenic factors affecting magnetic susceptibility of the last interglacial palaeoso Sl in the Chinese Loess Plateau[J]. Earth Surface Processes and Landforms, 29: 1389-1402.

FIORENTINO G, CALDARA M, DE SANTIS V, et al, 2013. Climate changes and human-environment interactions in the Apulia region of southeastern Italy during the Neolithic period[J]. Holocene, 23: 1297-1316.

FLEITMANN D, BURNS S J, MUDELSEE M, et al, 2003. Holocene Forcing of the Indian Monsoon Recorded in a Stalagmite from Southern Oman[J]. Science, 300(5626): 1737-1739.

GASSE F, CAMPO E V, 1994. Abrupt post-glacial climate events in West Asia and North Africa monsoon domains[J]. Earth and Planetary Science Letters, 126(1): 435-456.

GASSE F, 2000. Hydrological changes in the African tropics since the last glacial maximum[J]. Quaternary Science Reviews, 19(1-5): 189-211.

GIRAUD J, 2009. The evolution of settlement patterns in the eastern Oman from the Neolithic to the Early Bronze Age (6000—2000 BC)[J]. Comptes Rendus-Géoscience, 341(8): 739-749.

GLASSOW M A, KENNETT D J, KENNETT J P, et al, 1994. Confirmation of middle Holocene ocean cooling inferred from stable isotopic analysis of prehistoric shells from Santa Cruz Island, California[M]//Halvorson W, Maender G. The Fourth California Islands Symposium: Update on the Status of Resources. Santa Barbara, California: Santa Barbara Museum of Natural History: 223-232.

GÓMEZ A, BERRÍO J C, HOOGHIEMSTRA H, et al, 2006. A Holocene pollen record of vegetation change and human impact from Pantano de Vargas, an intra-Andean basin of Duitama, Colombia[J]. Review of Palaeobotany and Palynology, 145(1): 143-157.

GREENLAND ICE-CORE PROJECT (GRIP) MEMBERS, 1993. Climate instability during the last interglacial period recorded in the GRIP ice core[J]. Nature, 364: 203.

GROOTES P M, STUIVETM,WHITE J W C, et al, 1993. Comparison of Oxygen Isotope Records from the GISP2 and GRIP Greenland Ice Cores[J]. Nature, 366: 552- 554.

GUO Z, BISCAYE P, WEI L, et al, 2000a. Summer monsoon variations over the last 1. 2 Ma from the weathering of loess-soil sequences in China[J]. Geophys Res Lett, 27(12): 1751-1754.

GUO Z T, PETIT-MAIRE N, KRÖPELIN S, 2000b. Holocene non-orbital climatic events in present-day arid areas of northern Africa and China[J]. Global and Planetary Change, 26: 97-103.

GUO Y Q, HUANG C C, PANG J L, et al, 2017. Reconstruction paleoflood hydrology using slackwater flow depth method in the Yanhe River valley, middle Yellow River Basin, China[J]. Journal of Hydrology, 544: 156-171.

GUO Y Q, HUANG C C, ZHOU Y L, et al, 2018. Sedimentary record and luminescence chronology of palaeoflood events along the gold gorge of the upper Hanjiang River, middle Yangtze river basin, China[J]. Journal of Asian Earth Sciences, 156: 96-110.

GUPTA A K, ANDERSON D M, OVERPECK J T, 2003. Abrupt changes in the Asian southwest monsoon during the Holocene and their links to the North Atlantic Ocean[J]. Nature, 421: 354-357.

HACK J T, 1943. The changing physical environment of the Hopi Indians[J]. Papers of the Peabody Museum of American archaeology and ethology, 45(1): 129-130.

HAN J, KEPPENS E, LIU T, et al, 1997. Stable isotope composition of the carbonate concretion in loess and climate change[J]. Quaternary International. 37(1): 37-43.

HAN J M, LV H Y, WU N Q, et al, 2005. The magnetic susceptibility of modern soils in China and its use for paleoclimate reconstruction[J]. Studia Geophysica et Geodaetica, 3: 262-275.

HASSAN F A, 1997. The dynamics of a riverine civilization: a geoarcheological perspective on the Nile Valley, Egypt[J]. World Archaeology, 29: 51-74.

HAUG G H, GÜNTHER D, PETERSON L C, et al, 2003. Climate and the collapse of Maya civilization[J]. Science, 299(5613): 1731-1735.

HE K, LU H, ZHENG Y, et al, 2018. Middle-Holocene sea-level fluctuations interrupted the developing Hemudu Culture in the lower Yangtze River, China[J]. Quaternary Science Reviews, 188: 90-103.

HELLER F, LIU T S, 1984. Magnetism of Chinese loess deposits[J]. Geophysical Journal of the Royal Astronomical Society, 77(1): 125-141.

HELLER F, SHEN C D, BEER, et al, 1993. Ouantitative estimates of pedogenic ferromagnetic mineral formation in Chinese loess and palaeoclimatic implications[J]. Earth and Planetary Science Letters. 114(2-3): 385-390.

HERZSCHUH U, TARASOV P, BERND WÜNNEMANN, et al, 2004. Holocene vegetation and climate of the Alashan Plateau, NW China, reconstructed from pollen data[J]. Palaeogeography Palaeoclimatology Palaeoecology, 211(1-2): 1-17.

HIGGS E S, BIRA-FINZI C,1972. Prehistoric economies: A territorial approach[M]//Higgs E S. Papers in Economic Prehistory. Cambridge: Cambridge University Press: 27-36.

HODDER IAN, 1985. Postprocessual archaeology[J]. Advances in Archaeological Method and Theory, 8: 1-26.

HODELL D A, CURTIS H J, BRENNER M, 1995. Possible role of climate in collapse of classic Maya civilization[J]. Nature, 375: 391-394.

HODELL D A, BRENNER M, CURTIS J H, et al, 2001. Solar forcing of drought frequency in the Maya lowlands[J]. Science, 292(5520): 1367-1370.

HONG Y T, WANG Z G, JIANG H B, et al, 2001. A 6000-year record of changes in drought and precipitation in northeastern China based on a $\delta^{13}C$ time series from peat cellulose[J]. Earth and Planetary Science Letters, 185(1): 111-119.

HONG Y T, HONG B, LIN Q H, et al, 2003. Correlation between Indian Ocean summer monsoon and North Atlantic climate during the Holocene[J]. Earth and Planetary Science Letters, 211: 371-380.

HOSNER D, WAGNER M, TARASOV P E, et al, 2016. Spatiotemporal distribution patterns of archaeological sites in China during the Neolithic and Bronze Age: An overview[J]. Holocene, 26(10): 1576-1593.

HSU J K, 1998. Sun, climate, hunger, and mass migration[J]. Science in China, 41(4): 449-472.

HU C, HENDERSON G, HUANG J, et al, 2008. Quantification of Holocene Asian monsoon rainfall from spatially separated cave records[J]. Earth and Planetary Science Letters: A Letter Journal Devoted to the Development in Time of the Earth and Planetary System, (3/4): 266.

HUANG C C, PANG J L, ZHAO J B, 2000. Chinese loess and the evolution of the East Asian monsoon[J]. Progress in Physical Geography, 24(1):75-96.

HUANG C C, PANG J L, HUANG P, et al, 2002. Holocene climatic evens on the loess tableland in western Guanzhong basin, China[J]. Arid Land Geography, 25(1): 10-15.

HUANG C C, ZHAO S C, PANG J L, et al, 2003. Climatic aridity and the relocations of the Zhou culture in the southern Loess Plateau of China[J]. Climatic Change, 61: 361-378.

HUANG C C, PANG J L, ZHA X C, et al, 2010. Extraordinary floods of 4100-4000 a BP recorded at the late neolithic ruins in the Jinghe River Gorges, middle reach of the Yellow River, China[J]. Palaeogeography Palaeoclimatology Palaeoecology, 289(1): 1-9.

HUANG W, CHEN J, ZHANG, X et al, 2015. Definition of the core zone of the "westerlies-dominated climatic regime", and its controlling factors during the instrumental period[J]. Science China, Earth Sciences, 58 (5): 676.

HUANG X Z, REN X X, CHEN X M, et al, 2021a. Anthropogenic mountain forest degradation and soil erosion recorded in the sediments of Mayinghai Lake in northern China[J]. Catena, 207: 105597.

HUANG X Z, XIANG L X, LEI G L, et al, 2021b. Sedimentary pediastrum record of middle-late holocene temperature change and its impacts on early human culture in the desert-oasis area of northwestern China

[J]. Quaternary Science Reviews, 265: 107054.

INNES J B, ZONG Y, CHEN Z, et al, 2009. environmental history, palaeoecology and human activities at the early Neolithic forager/cultivator site at Kuahuqiao, Hangzhou, eastern China[J]. Quaternary Science Reviews, 28 (23-24): 2277-2294.

INNES J B, ZONG Y, WANG Z, et al, 2014. Climatic and palaeoecological changes during the mid to Late Holocene transition in eastern China: high-resolution pollen and non-pollen palynomorph analysis at Pingwang, Yangtze coastal lowlands[J]. Quaternary Science Reviews, 99(9): 164-175.

ITZSTEIN-DAVEY F, ATAHAN P, DODSON J, et al, 2007a. A sediment-based record of Lateglacial and Holocene environmental changes from Guangfulin, Yangtze delta, eastern China[J]. The Holocene, 17(8): 1221-1231.

ITZSTEIN-DAVEY F, ATAHAN P, DODSON J, et al, 2007b. Environmental and cultural changes during the terminal Neolithic: Qingpu, Yangtze delta, eastern China[J]. The Holocene, 17 (7): 875-887.

IVANOCHKO T S, GANESHRAM R S, BRUMMER G J A, et al, 2005. Variations in tropical convection as an amplifier of global climate change at the millennial scale[J]. Earth and Planetary Science Letters, 235 (1-2): 302-314.

JASON U R, 2009. Cycles of civilization in Northern Mesopotamia, 4400-2000BC[J]. Journal of Archaeological Research, 18: 1-10.

JIN L, SCHNEIDER B, PARK W, et al, 2014. The spatial-temporal patterns of Asian summer monsoon precipitation in response to Holocene insolation change: a model-data synthesis [J]. Quaternary Science Reviews, 85:47-62.

KAJITA H, KAWAHATA H, WANG K, et al, 2018. Extraordinary cold episodes during the mid-Holocene in the Yangtze delta: Interruption of the earliest rice cultivating civilization [J]. Quaternary Science Reviews, 201: 418-428.

KANG S G, DU J H, WANG N, et al, 2020. Early Holocene weakening and mid-to late Holocene strengthening of the East Asian winter monsoon[J]. Geology, 48(11), 1043-1047.

KATHAYAT G, CHENG H, SINHA A, et al, 2017. The Indian monsoon variability and civilization changes in the Indian subcontinent[J]. Science Advances, 3(12): 1-9.

KERR R A, 1998. Black Sea deluge may have helped spread forming[J]. Science, 279(5354): 1132.

KERR R A, 2000. A victim of the Black Sea flood found[J]. Science, 289(5487): 2021-2022.

KIDDER T R, ADELSBERGER K A, ARCO L J, et al, 2008. Basin-scale reconstruction of the geological context of human settlement: an example from the lower Mississippi Valley, USA[J]. Quaternary Science Reviews, 27(11-12): 1255-1270.

KIDDER T R, HENRY E R, ARCO L J, 2018. Rapid climate change-induced collapse of hunter-gatherer societies in the lower Mississippi River valley between ca. 3300 and 2780 cal yr BP[J]. Science China, 61(2): 1-12.

KNOX J C, 1993. Large increases in flood magnitude in response to modest changes in climate[J]. Nature, 361: 430.

KUKLA G J, 1987a. Correlation of Chinese, European and American Loess Series with Deep-sea Sediments [M]. Aspects of Loess Research, SLT, Beijing: China Ocean Press, 27-28.

KUKLA G, 1987b. Loess stratigraphy in central China[J]. Quaternary Science Reviews, 6(3-4): 191-207, 209-219.

KUKLA G, AN Z, 1989. Loess stratigraphy in Central China[J]. Palaeogeography, Palaeoclimatology, Palaeoecology, 72(C): 203-225.

KUPER R, KROPELIN S, 2006. Climate-controlled holocene occupation in the Sahara: Motor of Africa's Evolution[J]. Science, 313: 803-807.

KUTZBACH J E, 1981. Monsoon climate of the early holocene: climate experiment with the earth's orbital parameters for 9000 years ago[J]. Science, 214(4516): 59-61.

L VON POST, 1946. The prospect for pollen analysis in the study for earth's climatic history[J]. New Phytologist, 45(2): 193-217.

LAZAROVA M, MARINOVA E, TONKOV S, et al, 2015. A 5000-year pollen and plant macrofossil record from the Osogovo Mountain, Southwestern Bulgaria: Vegetation history and human impact[J]. Review of Palaeobotany and Palynology, 223: 1-9.

LEE G-A, CRAWFORD G W, LIU L, et al, 2007. Plants and people from the Early Neolithic to Shang periods in North China[J]. Proceedings of the National Academy of Sciences of the United States of America, 104(3): 1087-92.

LEFEVER D W, 1926. Measuring Geographic Concentration by Means of the Standard Deviational Ellipse [J]. American Journal of Sociology, 32(1): 88-94.

LESPEZ L, GLAIS A, LOPEZ-SAEZ J A, et al, 2016. Middle Holocene rapid environmental changes and human adaptation in Greece[J]. Quaternary Research, 85: 227-244.

LI S H, SUN J M, LI B, 2011. Holocene environmental changes in the central Inner Mongolia revealed by luminescence dating of the sediments from the Sala Us River valley[J]. Holocene, 22(4): 397-404.

LI B, ZHU C, WU L, et al, 2013. Relationship between environmental change and human activities in the period of Shijiahe culture of Tanjialing site, Jianghan Plain, China[J]. Quaternary International, 308-309: 45-52.

LI B, LIU H, WU L, et al, 2014a. Linking the vicissitude of Neolithic cities with environment and climate changes in the middle reaches of the Yangtze River, China[J]. Quaternary International, 321: 22-28.

LI T, MO D, KIDDER T, et al, 2014b. Holocene environmental change and its influence on the prehistoric culture evolution and the formation of the Taosi site in Linfen basin, Shanxi province, China[J]. Quaternary International, 349(2): 402-408.

LI H, AN C, FAN W, et al, 2015a. Population history and its relationship with climate change on the Chinese Loess Plateau during the past 10,000 years[J]. Holocene, 25(7): 1144-1152.

LI Z, ZHU C, WU G, et al, 2015b. Spatial pattern and temporal trend of prehistoric human sites and its driving factors in Henan Province, Central China[J]. Journal of Geographical Sciences, 9: 1109-1121.

LI J Y, DODSON J, YAN H, et al, 2017. Quantitative precipitation estimates for the northeastern Qinghai - Tibetan Plateau over the last 18,000 years[J]. Journal of Geophysical Research: Atmospheres, 122(10): 5132-5143.

LI J Y, YAN H, DODSON J, et al, 2018. Regional - scale precipitation anomalies in northern China during the holocene and possible impact on prehistoric demographic changes[J]. Geophysical Research Letters, 45 (22): 12477-12486.

LI K G, WEN H, 2021a. Human settlement distribution patterns during the Longshan and Xinzhai-Erlitou periods and their hydrogeomorphic contexts in the Central Plains, China[J]. Catena, 204: 105433.

LI H, LIU Z, JAMES N, et al, 2021b. Agricultural transformations and their influential factors revealed by archaeobotanical evidence in Holocene Jiangsu Province, Eastern China[J]. Frontiers in Earth Sciences, 9: 661-684.

LIBBY W F, 1952. Radiocarbon Dating[M]. Chicago: University of Chicago Press.

LIU L, 1996. Mortuary ritual and social hierarchy in the Longshan culture[J]. Early China, 21: 1-46.

LIU T, DING Z, 1998. Chinese loess and the paleomonsoon[J]. Annual Review of Earth and Planetary Sciences, 26(1): 111-145.

LIU F G, ZHANG Y, FENG Z, et al, 2010. The impacts of climate change on the Neolithic cultures of Ganse-Qinghai region during the late Holocene Megathermal[J]. Journal of Geographical Sciences, 20(3): 417-430.

LIU Q S, DENG C L, TORRENT J, et al, 2007. Reviews of recent developments in mineral magnetism of the Chinese loess[J]. Quaternary Science Reviews, 26(3-4): 368-385.

LIU F G, FENG Z D, 2012. A dramatic climatic transition at ~4000 cal. yr BP and its cultural responses in Chinese cultural domains[J]. The Holocene, 22(10): 1181-1197.

LIU Z Y, WEN X Y, BRADY E C, et al, 2014. Chinese cave records and the east Asia summer monsoon[J]. Quaternary Science Reviews, 83: 115-128.

LIU Y, SUN Q, FAN D, et al, 2018. Early to Middle Holocene sea level fluctuation, coastal progradation and the Neolithic occupation in the Yaojiang Valley of southern Hangzhou Bay, eastern China[J]. Quaternary Science Reviews, 189: 91-104.

LIU L, CHEN X, WRIGHT H, et al, 2019. Rise and fall of complex societies in the Yiluo region, North China: The spatial and temporal changes[J]. Quaternary International. doi: https://doi. org/10. 1016/j. quaint. 2019. 05. 025.

LIU X K, LIU J B, CHEN S Q, et al, 2020. New insights on Chinese cave $\delta^{18}O$ records and their paleoclimatic significance[J]. Earth-Science Reviews, 207: 103216.

LONG H, SHEN J, TSUKAMOTO S, et al, 2014. Dry early holocene revealed by sand dune accumulation chronology in bayanbulak basin (Xinjiang, NW China) [J]. Holocene, 24(5): 614-626.

LU H Y, ZHANG J P, LIU K B, et al, 2009. Earliest domestication of common millet (Panicum miliaceum) in East Asia extended to 10,000 years ago[J]. Proc Natl Acad Sci USA, 106: 7367-7372.

LU H Y, YI S, LIU Z, et al, 2013. Variation of East Asian monsoon precipitation during the past 21 k. y. and potential CO_2 forcing[J]. Geology, 41: 1023-1026.

LÜ J Q, MO D W, ZHUANG Y J, et al, 2019. Holocene geomorphic evolution and settlement distribution patterns in the mid-lower Fen River basins, China[J]. Quaternary International, 521: 16-24.

LUONGO G, PERROTTA A, SCARPATI C, et al, 2003. Impact of the AD 79 explosive eruption on Pompeii, Causes of death of the inhabitants inferred by stratigraphic anlysis and areal distribution of the human casualties[J]. Journal of Volcanology & Geothermal Research, 126(3): 169-200.

MA M M, DONG G H, JIA X, et al, 2016. Dietary shift after 3600 cal yr BP and its influencing factors in northwestern China: Evidence from stable isotopes[J]. Quaternary Science Reviews, 145: 57-70.

MACKLIN M G, LEWIN J, 2003. River sediments, great floods and centennial - scale Holocene climate change[J]. Journal of Quaternary Science, 18(2): 101-105.

MARCOTT S A, SHAKUN J D, CLARK P U, et al, 2013. A reconstruction of regional and global temperature for the past 11,300 Years[J]. Science, 339(6124): 1198-1201.

MARK B A, BRENTB W, ALEXANDRE P W, et al, 2003. Holocene paleohydrology and glacialhistory of the central Andes using multiproxy lake sedment studies[J]. Palaeogeography, Palaeoclimatology, Palaeoecology, 194(1-3): 123-138.

MAYEWSKI P A, ROHLING E E, STAGER J C, et al, 2004. Holocene climate variability[J]. Quaternary Research, 62(3): 243-255.

MENOCAL P B, 2001. Cultural Responses to climate change during the late Holocene[J]. Science, 292 (5517): 667-673.

MISCHKE S, LIU C L, ZHANG J F, et al, 2017. The world's earliest Aral-Sea type disaster: The decline of the Loulan Kingdom in the Tarim Basin[J]. Scientific Reports, 7: 43102.

MISKOVSKY J R, 1985. Tage Nilsson the pleistocene, geology and life in the quaternary ice age[J]. Quaternaire, 177-178.

MITCHELL A, 1999. The ESRI Guide to GIS Analysis: Geographic Patterns & Relationships[M]. California: Esri Press.

MORALES M, BARBERENA R, BELARDI J B, et al, 2009. Reviewing human-environment interactions in arid regions of southern South America during the past 3000 years[J]. Palaeogeography Palaeoclimatology Palaeoecology, 281(3-4): 290-295.

MOROS M, EMEIS K, RISEBROBAKKEN B, et al, 2004. Sea surface temperatures and ice rafting in the Holocene North Atlantic: climate influences on northern Europe and Greenland[J]. Quaternary Science Reviews, 23(20-22): 2113-2126.

MUNSELL A H, 1905. A Color Notation a Measured Color System, Based on the Three Qualities Hue,V lue and Chroma[M]. USA Boston Montana: Kessinger Publishing.

NEME G, GIL A, 2009. Human occupation and increasing mid-holocene aridity: southern andean perspectives [J]. Current Anthropology, 50(1): 149-163.

NICK B, 2006. Cultural responses to aridity in the middle Holocene and increased social complexity[J]. Quaternary International, 151: 29-49.

NICOLL K, 2004. Recent environmental change and prehistoric human activity in Egypt and Northern Sudan [J]. Quaternary Science Reviews, 23(5-6): 561-580.

NILSSON T, 1983. The Holocene Link to the Present, The Pleistocene Geology and Life in the Quaternary Ice Age[M]. Enke Press: 526-529.

O'BRIEN S R, MAYEWSKI P A, MEEKER L D, et al, 1995. Complexity of Holocene Climate as Reconstructed from a Greenland Ice Core[J]. Science, 270(5244): 1962-1964.

OLDFIELD F, 1991. Environmental magnetisma personal pers peetive[J]. Quaternary Scinece Rebiews, 10: 73-85.

PARK E Z, 1936. Human ecology[J]. American Journal of Sociology, 42(1): 1-15.

PEDERSON D C, PETEET D M, KURDYLA D, et al, 2005. Medieval Warming, Little Ice Age, and European impact on the environment during the last millennium in the lower Hudson Valley, New York, USA [J]. Quaternary Research, 63(3): 238-249.

PERRY C A, 1989. A Solar Chronometer for Climate[D]. Lawrence: Kansas University.

PERRY C A, HSU K J, 2000. Geophysical, archaeological, and historical evidence support a solar-output model for climate change[J]. Proceedings of National Academy of Science of United States of America, 97 (23): 12433-12438.

PORTER S C, KUKLA G, 1990. The long-term paleomonsoon variation recorded by the loess-paleosol sequence in Central China[J]. Quaternary International, 7-8: 91-95.

PORTER S C, ZHISHENG A N, 1995. Correlation between climate events in the North Atlantic and China during the last glaciation[J]. Nature, 375(6529), 305-308.

PORTER S C, HALLET B, WU X H, et al, 2001. Dependence of nearnur face magnetic susceptibility on dust accumulation rate and precipitation on the Chinese Loess Plateau[J]. Quaternary Research, 55: 271-283.

PYE K, 1995. The nature, origin and accumulation of loess[J]. Quaternary Science Reviews, 14(7-8): 653-667.

RAPP G J R, GIFFORD J A, eds, 1985. Environmental Archaeology[M]. New Haven: Yale University Press.

READING H G, 2009. Sedimentary Environments: Processes, Facies and Stratigraphy[M]. New Jersey, Hoboken: John Wiley & Sons.

REITZ E J, NEWSOM L A, SCUDDER S J, 1996. Case Studies in Environmental Archaeology[M]. New York: Plennum Press: 1-16.

RISEBROBAKKEN B, JANSEN E, ANDERSSON C, et al, 2003. A high-resolution study of Holocenepaleo-climatic and paleoceanographic changes in the Nordic Seas[J]. Paleoceanography, 18(1): 1-14.

ROSEN A M, 2008. The impact of environmental change and human land use on alluvial valleys in the Loess Plateau of China during the Middle Holocene[J]. Geomorphology, 101(1): 298-307.

ROSEN A M, RIVERA-COLLAZO I, 2012. Climate change, adaptive cycles, and the persistence of foraging economies during the late Pleistocene/Holocene transition in the Levant[J]. Proceedings of the National Academy of Sciences of the United States of America, 109: 3640-3645.

RUDOLPH K, STEFAN K, 2006. Climate-controlled holocene occupation in the sahara: Motor of Africa's evolution[J]. Science, 313: 1243-1247.

SAID, R, 1981. The Geological Evolution of the River Nile[M]. New York: Springer-Verlag.

SANDWEISS D H, MAASCH K A, ANDERSON D G,1999. Transitions in the Mid-Holocene[J]. Science, 283(5401): 499.

SCOTT DAVID W, 2015. Multivariate Density Estimation: Theory, Practice, and Visualization[M]. New Jersey, Hoboken: John Wiley & Sons, Inc.

SHACKLEY M L,1981. Environmental Archaeology[M]. London: George Allen and Unwin.

SHAO X, WANG Y, CHENG H, et al, 2006. Long-term trend and abrupt events of the Holocene Asian monsoon inferred from a stalagmite $\delta^{18}O$ record from Shennongjia in Central China[J]. Science Bulletin, 51(2): 221-228.

SLAGLE A L, RYAN W B F, CARBOTTE S M, et al. 2006. Late-stage estuary infilling controlled by limited accommodation space in the Hudson River[J]. Marine Geology, 232(3): 181-202.

SOIL SURVEY STAFF, 1975. Soil Taxonomy—A Basic System of Soil Classification for Making and Interpreting Soil Surveys: USDA Handbook Number 436[M]. Washington D C: US Government Printing Office.

SONG B T, 2015. Institution and change of the public economy: a new interpretation of early modern civilization evolution[J]. Social Sciences in China, 36(1): 172-199.

SPENGLER R N, TARASOV P E, WAGNER M, et al, 2016. Spatiotemporal distribution patterns of archaeological sites in China during the Neolithic and Bronze Age: An overview[J]. The Holocene, 26(10): 1576-1593.

STANFORD J D, HEMINGWAY R, ROHLING E J, et al, 2010. Sea-level probability for the last deglaciation: A statistical analysis of far-field records[J]. Global and Planetary Change, 79(3): 193-203.

STANLEY D J, CHEN Z Y, 1991. Distinguishing sand facies in the Nile Delta, Egypt, by stained grain and compositional component analyses[J]. Journal of Coastal Research, 7: 863-877.

STAUBWASSER M, SIROCKO F, GROOTES P M, et al, 2003. Climate change at the 4.2 ka BP termination of the Indus valley civilization and Holocene south Asian monsoon variability[J]. Geophysical Research Letters, 30(8): 1425.

STINER M C, MUNRO N D, SUROVELL T A, et al, 1999. Paleolithic population growth pulses evidenced by small animal exploitation[J]. Science, 283: 190-194.

STOTT L, CANNARIATO K, THUNELL R, et al, 2004. Decline of surface temperature and salinity in the western tropical Pacific Ocean in the Holocene epoch[J]. Nature, 431(7004): 56-59.

STUIVER M, GROOTES P M, BRAZIUNAS T F, 1995. The GISP2 climate record of the past 16500 years and the role of the sun, ocean and volcanoes[J]. Quaternary Research, 44: 341-254.

STWIG J E, 1999. Mid-Holocene climate change[J]. Science, 286: 148-149.

SUN J M, LI S H, PENG H, et al, 2006a. Holocene environmental changes in the central Inner Mongolia, based on single-aliquot-quartz optical dating and multi-proxy study of dune sands[J]. Palaeogeography Palaeoclimatology Palaeoecology, 233(1-2): 51-62.

SUN Y B, CHEN J, CLEMENS S C, et al, 2006b. East Asian monsoon variability over the last seven glacial cycles recorded by a loess sequence from the northwestern Chinese Loess Plateau[J]. Geochemistry, Geophysics, Geosystems, 7(12). DOI:10.1029/2006gc001287.

SUN Y B, WANG X, LIU Q, et al, 2010. Impacts of post-depositional processes on rapid monsoon signals recorded by the last glacial loess deposits of northern China[J]. Earth and Planetary Science Letters: A Letter Journal Devoted to the Development in Time of the Earth and Planetary System (1/2): 289.

SUN Y B, KUTZBACH J, AN Z S, et al, 2015. Astronomical and glacial forcing of East Asian summer monsoon variability[J]. Quaternary Science Reviews, 115: 132-142.

SUN Q, LIU Y, WÜNNEMANN B, et al, 2019. Climate as a factor for Neolithic cultural collapses approximately 4000 years BP in China[J]. Earth Science Reviews. DOI:10.1016/J.EARSCIREV.2019.102915.

SUN Y B, CLEMENS S C, GUO F, et al, 2021. High sedimentation-rate loess records: A new window into understanding orbital-andmillenniakscale monsoon variability[J]. Earth Science Reviews, 220: 103731.

SUZUKI H, 1979. 3500 years ago-climatic changes and ancient civilization[J]. University Tokyo, Bulletin of the Department of Geography, 11: 43-58.

TALLAVAARA M, SEPPÄ H, 2012. Did the mid-Holocene environmental changes cause the boom and bust of hunter-gatherer population size in eastern Fennoscandia? [J]. The Holocene, 22(2): 215-225.

TAN L C, SHEN C C, CAI Y J, et al, 2018. Great flood in the middle- lower Yellow River reaches at 4000 a BP inferred from accurately- dated stalagmite records[J]. Science Bulletin, 63(4): 206-208.

TAN L C, LI Y, WANG X, et al, 2020. Holocene monsoon change and abrupt events on the western Chinese loess plateau as revealed by accurately dated stalagmites[J]. Geophysical Research Letters, doi: 10.1029/2020GL090273.

TAN L C, DONG G H, AN Z S, et al, 2021. 6 Megadrought and cultural exchange along the proto-silk road [J]. Science Bulletin, 6(6): 603-611.

THOMPSON R, BLOEMENDAL J, DEARING J A, et al, 1980. Environmental applications of magnetic measurements[J]. Science, 207(4430): 481-861.

THOMPSON R, OLDFIELD F, 1986. Environmental Magnetism[M]. London: Allen and Unwin Press.

THOMPSON L G, MOSLEY-THOMPSON E, DAVIS M E, et al, 2002. Kilimanjaro ice core records: Evidence of Holocene climate change in tropical Africa[J]. Science, 298: 589-93.

THOMPSON L G, MOSLEY-THOMPSON E, DAVIS M E, et al, 2003. Tropical glacier and ice core evidence of climate change on annual to Millennial time scales[J]. Climatic Change(2): 137-155.

TIAN Z, JIANG D, 2015. Mid-Holocene and last glacial maximum changes in monsoon area and precipitation over China[J]. Chinese Science Bulletin, 60(4): 400.

TIERNEY J E, DE MENOCAL P B, ZANDER P D, 2017. A climatic context for the out-of-Africa migration [J]. Geology, 45(11): 1023-1026.

TOBLER W R, 1970. A computer movie simulating urban growth in the Detroit region[J]. Economic Geography, 46(2): 234-240.

TSOAR H, PYE K, 2010. Dust transport and the question of desert loess formation[J]. Sedimentology, 34(1): 139-153.

UNDERHILL A P, 1990. Changing patterns of pottery production during the Longshan Period of northern China, ca. 2500—2000 B. C. [D]. Vancouver: University of British Columbia.

WAGNER M, TARASOV P, HOSNER D, et al, 2013. Mapping of the spatial and temporal distribution of archaeological sites of northern China during the Neolithic and Bronze Age[J]. Quaternary International, 290-291: 344-357.

WANG Y B, CHENG H, CHENG H, et al, 2005. The holocene asian monsoon: Links to solar changes and north Atlantic climate[J]. Science, 308: 854-857.

WANG Y B, LIU X Q, HERZSCHUH U, 2010. Asynchronous evolution of the Indian and East Asian Summer Monsoon indicated by Holocene moisture patterns in monsoonal central Asia [J]. Earth-Science Reviews, 103: 135-153.

WANG W, FENG Z, 2013a. Holocene moisture evolution across the Mongolian Plateau and its surrounding areas: A synthesis of climatic records[J]. Earth-Science Reviews, 122: 38-57.

WANG X, SUN D H, WANG F, et al, 2013b. A high-resolution multi-proxy record of late Cenozoic environment change from central Taklimakan Desert, China[J]. Climate of the Past, 9(6): 2731-2739.

WANG X, XIAO J L, CUI L L, et al, 2013c. Holocene changes in fire frequency in the Daihai Lake region (north-central China): indications and implications for an important role of human activity[J]. Quaternary Science Reviews, 59: 18-29.

WANG X, CUI L L, XIAO J L, et al, 2013d. Stable carbon isotope of black carbon in lake sediments as an indicator of terrestrial environmental changes: An evaluation on paleorecord from Daihai Lake, Inner Mongolia, China[J]. Chemical Geology, 347: 123-134.

WANG C, LU H Y, ZHANG J P, et al, 2014a. Prehistoric demographic fluctuations in China inferred from radiocarbon data and their linkage with climate change over the past 50,000 years[J]. Quaternary Science Reviews, 98: 45-59.

WANG H, CHEN J, ZHANG X. et al, 2014b. Palaeosol development in the Chinese Loess Plateau as an indicator of the strength of the East Asian summer monsoon: Evidence for a mid-Holocene maximum[J]. Quaternary International, 334: 155-164.

WANG X, FULLER B T, ZHANG P C, et al, 2018. Millet manuring as a driving force for the Late Neolithic agricultural expansion of North China[J]. Scientific Reports, 8(1): 5552.

WEISS H, COURTY M A, WETTERSTROM W, et al, 1993. The genesis and collapse of third millennium north Mesopotamian civilization[J]. Science, 261(5124): 995-1004.

WEISS H, BRADLEY R S, 2001. Archaeology-What drives societal collapse? [J]. Science, 291(5504): 609-610.

WELC F, MARKS L, 2014. Climate change at the end of the Old Kingdom in Egypt around 4200aBP: New geoarchaeological evidence[J]. Quaternary International, 324(4): 124-133.

WEN R J, XIAO Z, CHANG D, et al, 2010. Holoceneclimate changes in the mid-high-latitude-monsoon margin reflected by the pollenrecord from Hulun Lake, northeastern Inner Mongolia[J]. Quaternary Research, 73(2): 293-303.

WEN R J, XIAO J, FAN J, et al, 2017. Pollen evidence for a mid-Holocene East Asian summer monsoon maximum in northern China[J]. Quaternary Science Reviews. 176: 29-35.

WIENER M H, 2014. The interaction of climate change and agency in the collapse of civilizations ca. 2300—

2000 BC[J]. Treering Research, 70(4): 1-16.

WIGLEY T M L, 1985. Impact of extreme, events[J]. Nature, 361: 106-107.

WILLIAM F, 2001. Ruddiman. Earth's Climate Past and Future[M]. New York: W H Freeman and Company.

WRIGHT H E, Joanna L T, 2005. Climatic Change and The Origin of Agriculture in the Near East[M]//Anson Mackay, Rick Battarbee, Frank Oldfield. Global Change in the Holocene. Oxford: Oxford University Press: 36-48.

WU W X, LIU D S, 2004a. Variations in east Asia monsoon around 4000 aBP and the collapse of neolithic cultures around central plain[J]. Quaternary Sciences, 24(3): 279-284.

WU W X, LIU T, 2004b. Possible role of the "Holocene Event 3" on the collapse of Neolithic Cultures around the Central Plain of China[J]. Quaternary International, 117(1): 153-166.

WU L, ZHU C, ZHENG C G, et al, 2014. Holocene environmental change and its impacts on human setlement in the Shanghai Area, East China[J]. Catena, 114(2): 78-89.

WU Q L, ZHAO Z J, LIU L, 2016. Outburst flood at 1920 BCE supports historicity of China's great flood and the Xia dynasty[J]. Science, (6299): 579-582.

XIA D, JIA J, LI G, et al, 2014. Out-of-phase evolution between summer and winter East Asian monsoons during the Holocene as recorded by Chinese loess deposits[J]. Quaternary Research, 81(3): 500-507.

XIA H, ZHANG D J, WANG J, et al, 2024. Middle and Late Pleistocene Denisovan Subsistence at Baishiya Karst Cave[J]. Nature, 632: 108-113.

XIAO J, XU Q, NAKAMURA T, et al, 2004. Holocene vegetation variation in the Daihai Lake region of north-central China: A direct indication of the Asian monsoon climatic history[J]. Quaternary Science Reviews, 23(14-15):1669-1679.

XIAO J L, FAN J W, ZHAI D Y, et al, 2015. Testing the model for linking grain-size component to lake level status of modern clastic lakes[J]. Quaternary International, 355(Jan. 12): 34-43.

XIE S, EVERSHED R P, HUANG X, 2013. Concordant monsoon-driven postglacial hydrological changes in peat and stalagmite records and their impacts on prehistoric cultures in central China[J]. Geology, 41: 827-830.

XU Q, XIAO J, LI Y, et al, 2010. Pollen-based quantitative reconstruction of Holocene climate changes in the Daihai Lake area, Inner Mongolia, China[J]. Journal of Climate, 23(11): 2856-2868.

XU D K, LU H Y, CHU G Q, et al, 2019. Synchronous 500-year oscillations of monsoon climate and human activity in Northeast Asia[J]. Nature Communications, 10: 4105.

YANG S L, FANG X M, LI J J, et al, 2001. Transformation functions of soil color and climate[J]. Science in China Series D: Earth Sciences, 44(suppl): 218-226.

YANG S L, DING Z L, 2003. Color reflectance of Chinese loess and its implications for climate gradient changes during the last two glacial-interglacial cycles[J]. Geophysical Research Letters, 30(20): 2058.

YANG X P, SCUDERI L A, WANG X L, et al, 2015. Groundwater sapping as the cause of irreversible desertification of Hunshandake Sandy Lands, Inner Mongolia, Northern China[J]. Proceedings of the National Academy of Sciences of the United States of America, 112(3): 702-706.

YANG B, QIN C, BRÄUNING A, et al, 2021. Long-term decrease in Asian monsoon rainfall and abrupt climate change events over the past 6,700 years[J]. Proceedings of the National Academy of Sciences, 118(30): e2102007118.

YU Z, ZHENG Q, ZHENG, Y, 1988. Mössbauer studies on ancient Chinese pottery of Yangshao Culture Period[J]. Hyperfine Interact, 41: 863-866.

YU S Y, COLMAN S M, LOWELL T V, et al, 2010. Freshwater outburst from Lake Superior as a Trigger for the Cold Event 9300 Years Ago[J]. Science, 328(5983): 1262-1266.

YU S Y, HOU Z F, CHEN X X, et al, 2020. Extreme flooding of the lower Yellow River near the Northgrippian-Meghalayan boundary: Evidence from the Shilipu archaeological site in southwestern Shandong Province, China[J]. Geomorphology, 350: 106878.

ZENG M, MA C, ZHU C, et al, 2016. Influence of climate change on the evolution of ancient culture from 4500 to 3700 cal. yrBP in the Chengdu Plain, upper reaches of the Yangtze River, China[J]. Catena, 147: 742-754.

ZHANG Q, ZHU C, LIU C L, et al, 2005. Environmental change and its impacts on human settlement in the Yangtze Delta, P. R. China[J]. Catena, 60(3): 267-277.

ZHANG P Z, CHENG H, EDWARDS R L, et al, 2008. A Test of Climate, Sun, and Culture Relationships from an 1810-Year Chinese Cave Record[J]. Science, 322(5903): 940-942.

ZHANG J N, XIA Z K, 2011. Deposition Evidences of the 4 ka BP flood events in central China plains[J]. Acta Geographica Sinica, 66(5): 685-697.

ZHANG E L, SUN W W, JI M, et al, 2015a. Late Quaternary carbon cycling responses to environmental change revealed by multi-proxy analyses of a sediment core from an upland lake in southwest China[J]. Quaternary Research: An Interdisciplinary Journal, 84(3): 415-422.

ZHANG E L, SUN W W, ZHAO C, et al, 2015b. Linkages between climate, fire and vegetation in southwest China during the last 18.5 ka based on a sedimentary record of black carbon and its isotopic composition[J]. Palaeogeography, Palaeoclimatology, Palaeoecology, 435: 86-94.

ZHANG X J, JIN L, JIA W, 2015c. Centennial-scale teleconnection between North Atlantic sea surface temperatures and the Indian summer monsoon during the Holocene[J]. Climate Dynamics, 46(10):3323-3336.

ZHANG J N, XIA Z K,ZHANG X H, et al, 2018a. Early-middle Holocene ecological change and its influence on human subsistence strategies in the Luoyang Basin, north-central China[J]. Quaternary Research, 89(2): 446-458.

ZHANG W C, YAN H, DODSON J, et al, 2018b. The 9.2 ka event in Asian summer monsoon area: the strongest millennial scale collapse of the monsoon during the Holocene[J]. Climate Dynamics, 50(7): 2767-2782.

ZHANG H W, ZHANG X, CAI Y J, et al, 2021. A data-model comparison pinpoints Holocene spatiotemporal pattern of East Asian summer monsoon[J]. Quaternary Science Reviews, 261: 106911.

ZHAO Y, CHEN F H, ZHOU A F, et al, 2010. Vegetation history, climate change and human activities over the last 6200years on the Liupan Mountains in the southwestern Loess Plateau in central China[J]. Palaeogeography, Palaeoclimatology, Palaeoecology, 293(1): 197-205.

ZHAO K, WANG Y J, EDWARDS R L, et al, 2015. A high-resolved record of the Asian Summer Monsoon from Dongge Cave, China for the past 1200 years[J]. Quaternary Science Reviews, 122: 250-257.

ZHENG J Y, XIAO L B, FANG X Q, et al, 2014. How climate change impacted the collapse of the Ming dynasty[J]. Climatic Change, 127(2): 169-182.

ZHENG Z, MA T, PATRICK R, et al, 2021. Anthropogenic impacts on Late Holocene land-cover change and floristic biodiversity loss in tropical southeastern Asia[J]. Proceedings of the National Academy of Sciences of the United States of America, 118(40): e2022210118.

ZHONG W, XUE J B, ZHENG, Y M, et al, 2010. Climate changes since the last deglaciation inferred form a lacustrine sedimentary sequence in the eastern Nanling Mountains, South China[J]. Journal of Quaternary Science, 25: 975-984.

ZHONG H E, ZHOU J, YANG L H, et al, 2013. Holocene dune mobility and forcing mechanisms at the Northern Margin of the East Asian Monsoon[J]. Acta Geologica Sinica(English Edition), 87: 1168-1178.

ZHOU S Z, CHEN F H, PAN B T, et al, 1991. Environmental change during the Holocene in Western China on a millennial timescale[J]. Holocene, 1: 151-156.

ZHOU W J, DONAHUE D J, PORTER S C, et al, 1996. Variability of monsoon climate in East Asia at the end of the last glaciation[J]. Quaternary Research, 46: 219-229.

ZONG Y, CHEN Z, INNES J B, et al, 2007. Fire and flood management of coastal swamp enabled first rice paddy cultivation in east China[J]. Nature, 449(7161): 459-62.

后　记

史前文明的兴衰及其驱动机制是环境考古学研究的热点之一。晋南属中原文化区，地处黄土高原东南缘，中国半干旱—半湿润的季风气候敏感区，是古气候研究的理想区域，也是古人类文明的起源地之一，丰富的史前人类遗存为环境考古研究提供了大量的考古资料。而全新世处于气候环境和人类社会演化的关键时期，是环境考古研究的重要时段，因此研究该时期文化演化和环境之间的关系，有利于深入了解文明兴替，对认识古文明发展过程中外部环境机制、内部社会因素的耦合机制有着重要的意义。

本书取位于晋南地区陶寺遗址附近的中梁剖面为研究对象，通过对中梁剖面沉积物高分辨率的研究，利用粒度、磁化率、微量化学元素等指标测试结果，并结合 AMS^{14}C 测年结果，重建了晋南地区 11.5～3.1 ka BP 气候演化史。对晋南地区全新世遗址时空分布与演化特征以及考古资料进行分析研究，对比古气候序列，探讨晋南地区全新世古气候变化对古文明演化的影响，

对于本书的撰写，许多人都做出了直接或间接的贡献。其中相当的功劳要归于我的几名研究生，正是他们的前期工作使得本书得以脱稿和交付出版。感谢山西师范大学地理科学学院对我提供过帮助的同事和朋友。此外，我也要感谢中国社会科学院考古研究所、山西省考古研究院、太原市文物保护研究院的同仁在我研究过程中提供资料、案例和帮助，他们的无私奉献使本书更加丰富和具有深度。还要感谢家人给予我最无私的鼓励和帮助，没有他们的支持与理解，本书是不可能完成的，而且他们的支持也将一直激励我在人生与学术道路上不断进取和创新。

最后，我要向气象出版社和本书编辑表达我的谢意。他们为本书的出版付出了辛勤的努力，并为提升本书的质量提供了宝贵的建议。

田庆春

2024 年 10 月